基于环保的
油气储运技术管理研究

耿孝恒◎著

煤炭工业出版社
·北　京·

图书在版编目(CIP)数据

基于环保的油气储运技术管理研究/耿孝恒著.--
北京:煤炭工业出版社,2017
ISBN 978-7-5020-5322-2

Ⅰ.①基…　Ⅱ.①耿…　Ⅲ.①石油与天然气储运—技
术管理—研究　Ⅳ.①TE8

中国版本图书馆CIP数据核字(2017)第316796号

基于环保的油气储运技术管理研究

著　　者　耿孝恒
责任编辑　马明仁
封面设计　马静静

出版发行　煤炭工业出版社(北京市朝阳区芍药居35号　100029)
电　　话　010—84657898(总编室)
　　　　　　010—64018321(发行部)　010—84657880(读者服务部)
电子邮箱　cciph612@126.com
网　　址　www.cciph.com.cn
印　　刷　三河市铭浩彩色印装有限公司
经　　销　全国新华书店

开　　本　710mm×1000　1/16　**印张**　17　**字数**　220千字
版　　次　2018年5月第1版　2018年5月第1次印刷
社内编号　8179　**定价**　59.00元

前　言

石油及天然气是国家的重要能源之一，随着我国经济的飞速发展，社会对油气能源需求量日渐增加，油气储运工程的建设也逐步扩大。但油气介质为碳氢化合物，具有易燃易爆、易挥发、易产生静电、有毒有害等特性，由于腐蚀、误操作以及第三方破坏等原因，极易造成油气储运系统的跑、冒、滴、漏，甚至发生中毒、火灾、爆炸等恶性事故。而且在石油化工领域，石油天然气等产品的储运是相当重要的一个环节，这个环节存在着一定的风险，会造成石油资源的浪费、影响设备的使用以及造成管道的腐蚀等问题。因此，做好安全与环保管理工作是油气储运工程的重中之重。保障油气能源安全是国家的大政方针，在油气储运工程的建设过程中要时刻保证油气储运的安全性和环保性，时刻把这一理念贯穿油气储运工程设计及建设的全过程。

油气储运工作的开展对于促进石化企业的发展具有十分重要的作用。基于此，本书重点介绍了油气储运安全的管理，简单分析了油气储运设备设施安全的重要性，探讨了油气储运设备设施的安全管理措施，并提出了油气储运设施腐蚀与防护技术以及节能技术。旨在与同行加强相关知识的交流，以更好地提升油气储运安全管理工作的成效。

油气储运技术管理的新技术、新方法、新架构层出不穷，作者水平有限，加之时间仓促，错误和遗漏在所难免，恳请广大读者批评指正。

作　者

2017 年 9 月

目　次

0 概 述

石油、烃类天然气是储存于地下,可流动、可燃、不可再生的矿产资源,是自然界化石燃料的重要类别。

石油、烃类天然气是各种碳氢化合物组成的、复杂的自然混合物。其构成的主要元素为碳和氢,也通称为烃类矿产。石油是一种液态的、可燃的碳氢化合物的混合物。在地下形成并储集于各种孔隙、缝隙岩石中的称为天然石油,也叫原油;从煤或油页岩中提炼出来的可燃液体,称为人造石油。从广义上说,天然气指的是在大气圈和地壳内形成的各种天然的气体,包括氮气、二氧化碳、硫化氢、碳氢化合物以及氦气。

石油、天然气是当今世界主要的能源和重要的化工原料。其产品广泛应用于人类社会活动的各个领域,渗透在人们生活的方方面面,几乎是无所不在。

0.1 石油、原油及天然气

根据 1983 年第 11 届世界石油大会对石油、原油和天然气的定义,石油是指在地下储集层中以气相、液相和固相天然存在的,通常以烃类为主并含有非烃类的复杂混合物。原油是指在地下储集层中以液相天然存在的,并在常温和常压下仍为液相的那部分石油。天然气则是指在地下储集层中以气相天然存在的,并且在常温和常压下仍为气相,或在地下储集层中溶解在原油内,在常温和常压下从原油中分离出来时又呈气相的那部分石油。

石油是从地层深处开采出来的黄褐色乃至黑色的可燃性黏稠液体矿物，常与天然气并存。从油田开采出来的未经加工的及经过初步加工的石油统称为原油；经过炼油厂炼制后所获得的各种产品则叫石油产品。石油的组分主要是烃类，也有非烃类。石油、天然气的分类、组成和性质之间密切相关。

0.1.1 油气田产品和石油产品的分类

我国油气田产品除原油、天然气外还有少量的油田液化石油气和天然汽油。这4项产品是根据它们的组成、主要性质和质量来分类、分级的。根据我国石油资源条件和油气田的实际情况，已经制定并发布实施了油气田4项产品标准。原油、天然气等按下述标准进行分类、分级。

1.原油分类

我国原油按其关键组分分为：凝析油、石蜡基油、混合基油和环烷基油4类。原油的分级是按照国际惯例以硫含量作为分级指标的，4类7个编号的原油一律分为3级。表0-1为原油分类标准。

表0-1 原油分类标准

项目		凝析油	石蜡基油		混合基油		环烷基油	
		0	Ⅰ	Ⅱ	Ⅲ	Ⅳ	Ⅴ	Ⅵ
密度(20℃)(g·cm^{-3})		<0.82	≤0.86	≤0.86	≤0.89	≤0.89	≤0.93	>0.93
硫含量/%	低硫	<0.5	<0.5	<0.5	<0.5	<0.5	<0.5	<0.5
	含硫	0.5～2.0	0.5～2.0	0.5～2.0	0.5～2.0	0.5～2.0	0.5～2.0	0.5～2.0
	高硫	>2.0	>2.0	>2.0	>2.0	>2.0	>2.0	>2.0
水含量/%	优质	—	<0.5	<0.5	<0.5	<0.5	<1.0	<1.0
	合格	<0.5	<1.0	<1.0	<1.5	<1.5	<2.0	<2.0
盐含量/(mg·L^{-1})		实测						
饱和蒸气压		在储存温度下应低于油田当地的大气压						

2. 天然气分类

按照来源不同，天然气可分为 3 类，纯气田天然气、凝析气田天然气和油田原油伴生天然气。

目前天然气大部分是用作工业燃料和化工原料，而且又是以管道输送的大宗商品，因此天然气分级的主要指标是：热值、H_2S 含量和总硫含量、凝液含量。

天然气中的硫化氢对人体有毒害，而其中的硫含量在燃烧后会形成 SO_2，对人体也有危害。表 0-2 是天然气分级标准，其中将天然气按硫化氢含量和总硫含量高低分为 3 级。

表 0-2 天然气分级标准

项目	一类	二类	三类
高位发热量/($MJ \cdot m^{-3}$)	>31.4		
总硫(以硫计)/($mg \cdot m^{-3}$)	≤100	≤200	≤460
硫化氢/($mg \cdot m^{-3}$)	≤6	≤20	≤460
二氧化碳(体积分数)/%	≤3.0		—
水露点/℃	在天然气交接点的压力和温度条件下，天然气的水露点应比最低环境温度低 5℃		

3. 油田液化石油气分类

油气田生产的液化石油气是油气田从压缩天然气和不稳定原油中提取的以丙烷和丁烷为主要成分的液态烃类混合物，它与炼厂生产的以丙烷、丙烯、丁烷和丁烯为主要成分的液化石油气不完全相同，故宜称为“油田液化石油气”。表 0-3 是油田液化石油气分类标准。

表 0-3　油田液化石油气分类标准

项　　目	质量指标		
	商品丙烷	商品丁烷	商品丙烷、丁烷混合物
37.8℃时蒸气压(表压)/kPa　不大于	1430	485	1430
组分 φ/%			
丁烷及以上组分　不大于	2.5	—	—
戊烷及以上组分　不大于	—	2.0	3.0
残留物			
100mL 蒸发残留物/mL　不大于	0.05	0.05	0.05
油渍观察	通过	通过	通过
密度(20℃或 15℃)/(kg·m^{-3})	实测	实测	实测
铜片腐蚀　不大于	一级	一级	一级
总硫含量/10^{-6}　不大于	185	140	140
游离水	—	无	无

4.天然汽油分类

天然汽油是从天然气中提取的、经稳定处理得到的液体石油产品,其组分主要是戊烷和更重的烃类,也允许含一定数量的丁烷。天然汽油按用途分为调和车用汽油和化工原料两类。表 0-4 是天然汽油分类标准。

表 0-4　天然汽油分类标准

项　　目	质量指标	
	调和车用汽油	化工原料
饱和蒸气压/kPa	<67	67～234
馏程:10%馏出温度/℃	≥35	≤135
90%馏出温度/℃	≤135	≤190
干点/℃	≤190	实测
60℃馏出率/%		
铜片腐蚀　不大于	一级	一级

续表

项目	质量指标	
	调和车用汽油	化工原料
硫含量/%	≤0.15	≤0.05
铅含量/10^{-9}		≤100
砷含量/10^{-9}		≤100
颜色赛波特比色计		≥+25
机械杂质及水分	无	无

5.石油产品的类别

石油产品是原油经过一系列石油炼制过程和石油产品精制而得到的各种产品，表0-5是中国石油产品分类、分组简表。

表0-5　中国石油产品分类、分组简表

产品分类	各类产品分组	品种数
石油燃料	气态燃料组，液化气燃料组，馏分燃料组（如汽油、煤油、喷气燃料、柴油等），残渣燃料组	40
石油溶剂及化工原料	轻质型组，汽油型组，煤油型组，纯芳烃组，化工原料组	44
润滑剂及有关产品	内燃机组，压缩机组，透平机组，液压系统机，主轴、轴承组，电器绝缘组，风动工具组，金属加工组，脱模组，润滑脂组等19个组	447
石油蜡	石蜡组，地蜡组，石油脂组，液体石蜡组，特种蜡组	57
石油沥青	道路沥青组，建筑沥青组，乳化沥青组，专用沥青组	43
石油焦	—	7

0.1.2　石油的化学组成

石油的化学组成十分复杂，不同产地甚至同一产地而不同油井的原油，在组成成分上也有一定差异。

1.石油的组成元素

石油的组成元素主要是C、H、O、S和N这5种。其中主要元素是C,占83%～87%:其次是H,占11%～14%;两者合计占96%～98%,两者比例(C∶H)为6～7.5。S、O和N三种元素合计占1%～4%。

除上述5种元素外,原油中发现的金属和非金属元素的种类很多,如Ni、V、Fe、K、Na、Ca、Mg、Cu、Al、Cl、I、P、As和Si等。上述各种元素在原油中都不是以单质的结构存在,而是相互结合为含碳的各种化合物。

2.石油的烃类组成

烃是由碳和氢两种元素组成的碳氢化合物。烃的品种多到难以想象,但是组成原油的烃大体上只有烷烃、环烷烃和芳香烃3类;少数原油则含有很少量的烯烃。石蜡基原油中烷烃居多数,因为烷烃的碳原子数为18～30时又称为石蜡,故称“石蜡基原油”。

(1)烷烃。原油中的烷烃包括正构烷烃和异构烷烃。从含量上讲原油中异构烷烃均少于正构烷烃,结构复杂的异构烷烃又少于结构简单的异构烷烃。

(2)环烷烃。环烷烃和烷烃不同之处是碳原子连接成环状。环烷烃的分子结构有单环、双环和多环3种类型。原油中的环烷烃大多带1～2个烷基侧链。

环烷烃在石油中的分布以石油的中间馏分稍多。石油的汽油馏分中大都是带短烷基侧链的环戊烷和环己烷,只有极少量的双环环烷烃。在煤油和柴油馏分中,大多是带较长烷基侧链的单环环烷烃,其次是双环环烷烃。在高沸点的润滑油馏分中,大多是带烷基侧链的双环环烷烷烃,其次是3环以上环烷烃。

(3)芳香烃。具有苯环结构的烃称为芳香烃。有单环、双环和稠环芳香烃。

芳香烃在石油中的分布随石油馏分沸点的升高而逐渐增多。带短烷基侧链的单环芳香烃大都分布在石油的汽油馏分中。在煤油、柴油和润滑油馏分中，也都有单环芳香烃分布，但随着沸点的升高，其侧链越长，数量越多。

3.石油的非烃类组成

石油中除了各种烃类以外，还含有一些非烃类化合物。这些非烃类化合物大都对原油储运、加工以及石油产品的质量带来不利影响。

(1)含硫化合物。原油随产地的不同，都或多或少地含有硫化合物。一般说来，含烷烃和环烷烃多的原油，其硫含量较低；含芳香烃和胶质较多的原油，其硫含量较高。

硫在石油中存在的形态包括单质硫(S)、硫化氢(H_2S)、硫醇(RSH)、硫醚(RSR′)、二硫化物(RSSR′)、环硫醚等，以及噻吩及其同系物，如苯并噻吩类、二苯并噻吩类等。

石油馏分中单质硫和硫化氢多是其他含硫化合物的分解产物，因而含量很少，硫化氢有恶臭和毒性。硫醇在石油中的含量也不多，低分子的甲硫醇(CH_3SH)、乙硫醇(C_2H_5SH)等具有极为强烈的特殊臭味。单质硫、硫化氢及低分子硫醇都能与金属作用而腐蚀金属设备，统称为“活性硫化物”。

硫醚是石油中含量很大的硫化物，呈硫醚型的硫化物往往占石油轻馏分和中间馏分总含硫量的50%；占石油高沸馏分总含硫量的70%。硫醚是中性液体，对金属没有腐蚀作用。

(2)含氧化合物。石油中的含氧量在千分之几的范围内。石油中的含氧化合物主要是环烷酸，占含氧化合物的90%左右，其次是酚类，此外还有很少量的脂肪酸、醛和酮等。环烷酸呈弱酸性，会对金属设备造成腐蚀。

(3)含氮化合物。石油中的含氮量在千分之几的范围内，其中有一半以上集中在胶质、沥青质中。石油中的含氮化合物为碱性氮化物和非碱性氮化物两类。

(4)胶质和沥青质。石油中的硫、氧、氮，除少数以含硫、含氧和含氮化合物的形态存在外，其余 90%以上的氧、80%以上的氮和 50%以上的硫都集中在胶质和沥青质中。胶质和沥青质都是由碳、氢、硫、氧、氮 5 种元素，或其中 4 种元素所组成的多环化合物的混合物，其化学结构十分复杂。

0.2 油气的基本性质

0.2.1 石油的性质

从外观性质上看，原油大都呈流体或半流体状态，颜色多是黑色或深棕色，少数为暗绿、赤褐或黄色，并有特殊气味。原油含胶质和沥青质越多，颜色越深，气味越浓；含硫化物和氮化物多则气味发臭。不同产地的原油其密度也不相同，多数在 0.80～0.98 g/cm^3。凝固点的差异也较大，有的高达 30℃以上，有的低于 −50℃。其原因是原油的化学组成成分不完全相同，含蜡量越多凝固点也越高。

原油的性质包括密度、馏分、黏度、凝点、蒸气压、导电性等。这些性质之间存在着内在联系，例如，原油的密度是原油的重要性质，它与原油的 350℃馏出率存在如下的关联公式：

石蜡基油　　$y=58.7-4.05X$

混合基油　　$y=62.6-3.29X$

环烷基油　　$y=76.3-3.79X$

式中，y 为 350℃时馏出率，%；$X=(x-0.8)\times100$，x 为 20℃时的密度，g/cm^3。

由原油的密度可以计算出原油的 350℃馏出率，进而知道原油中汽油、煤油和柴油馏分所占的比率。此外，若原油的密度较小，也可预示该原油的蒸气压较高、黏度较小。

我国一些主要油田原油的相对密度都在 0.86 以上，属于较重原油。此外，这些油田原油的凝点和蜡含量均较高，但硫含量较低，属于低硫(含量小于 0.5%)或含硫(含量为 0.5%～2.0%)原油。上述油田原油的氮含量则偏高(含量大于 0.3%)。表 0-6 是我国部分油田原油的某些性质。

表 0-6 我国部分油田原油的某些性质

性质	大庆原油	胜利原油	辽河原油	任丘原油
相对密度 d_4^{20}	0.8554	0.9005	0.8662	0.8837
运动黏度(50℃)/($mm^2 \cdot s^{-1}$)	20.19	83.36	9.05	57.1
凝点/℃	30	28	17	36
蜡含量/%	26.2	14.6	13.6	22.8
沥青质/%	0	5.1	0.17	2.5
胶质/%	8.9	23.2	14.4	23.2
硫含量/%	0.12	0.8	—	0.3
氮含量/%	0.13	0.41	—	0.38

0.2.2 天然气的组成和性质

天然气是指在不同地质条件下生成、运移，并以一定压力储集在地下构造中的气体。我国天然气是指可燃性气体，主要成分是气态烃类，还含有少量非烃气体。天然气的烃类气体主要是甲烷(纯气田天然气甲烷含量达 90%以上)，其次是乙烷、丙烷、正丁烷、异丁烷、正戊烷、异戊烷等，而烯烃、环烷烃、芳香烃仅以痕量或极少量存在。天然气的非烃类气体有硫化氢、二氧化碳、氢气、氮气以及极少量的硫醇、硫醚、二硫化碳等有机硫化合物。表 0-7 给出了我国某些油气田天然气组成(按体积%计)。(痕量分析指

物质中被测成分百万分之一以下的化学分析）

表 0-7　我国某些油气田天然气组成(体积分数)　　　　%

类别	油气田名称	天然气组成(体积分数)									
		CH_4	C_2H_6	C_3H_8	$i\text{-}C_4H_{10}$	$n\text{-}C_4H_{10}$	$i\text{-}C_5H_{12}$	$n\text{-}C_5H_{12}$	CO_2	H_2S	N_2
四川纯气田	庙高寺	96.42	0.73	0.14	—		—		无		1.93
	傅家庙	95.77	1.10	0.37	—		—		0.08	0.69	2.24
	宋家场	97.17	1.02	0.20	—		—		0.47	无	1.09
	阳高寺	97.81	1.05	0.17	0.04		—		0.44	0.01	0.48
	兴隆场	96.74	1.07	0.32	0.16		—		0.045	无	1.54
	自流井	97.12	0.56	0.07	0.07　10.09		0.076		1.135	0.02	1.06
	威远	86.80	0.11	—	—		—		4.44	0.88	8.10
油气田	大庆油田	79.8 91.3	1.9 2.0	7.6 1.3	5.6 0.9	5.6 0.9			0.2	0.2	0.38
	胜利伴生气	86.6	4.2	3.5	0.7	1.9			0.6	0.6	1.1
	胜利气井气	90.7	2.6	2.8	0.6	0.1	0.6	0.5	1.3	1.3	0.7
	大港油田	76.3	11.0	6.0	4.0	4.0	0.5	0.5	1.4	1.4	.07
	辽河油田	81.5	8.5	8.5	5.0	5.0			1.0	1.0	1.0

由表 0-7 可以看出，四川某些气田代表了纯气田天然气的典型组成，其特点是甲烷含量一般超过 90％；其他油气田则是原油伴生天然气或凝析气田天然气的典型组成，它们的 $C_2 \sim C_5$ 气态烃的含量有所增多。

天然气在常温下为无色的易燃、易爆气体。天然气的性质是它所含各组分性质的综合体现。天然气中重要组分与燃烧和安全有关的某些性质包括：相对分子质量、相对密度、凝点、沸点、临界温度、临界压力、燃烧 $1m^3$ 气体所需氧量和空气量、自燃点、爆炸极限、热值等。

0.2.3　石油、天然气的易燃性

可燃物质、助燃物质和点火源是可燃物质燃烧的三个基本要

素，是发生燃烧的必要条件。三个要素中缺少任何一个，燃烧便不会发生。对于正在进行的燃烧，只要充分控制三个要素中的任何一个，燃烧就会终止。这三个要素构成的三角形就是燃烧三角形，如图 0-1 所示。

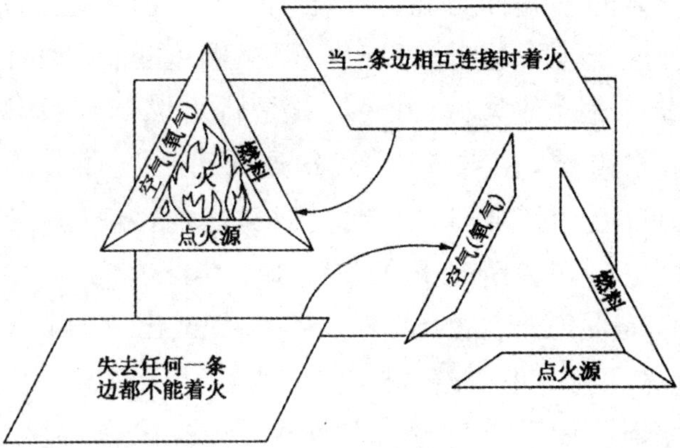

图 0-1　燃烧三角形

1.燃烧过程

可燃物质可以是固体、液体或气体，绝大多数可燃物质的燃烧是在气体（或蒸气）状态下进行的，燃烧过程随可燃物质聚集状态的不同而异。各种物质的燃烧过程如图 0-2 所示。

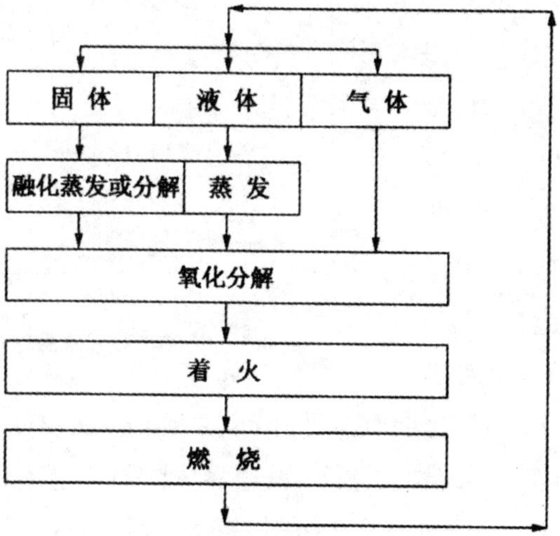

图 0-2　物质的燃烧过程

2.燃烧类别

气体最易燃烧，只要提供相应气体的最小点火能，便能着火燃烧。其燃烧形式分为两类：可燃气体和空气或氧气预先混合成混合可燃气体的燃烧称为混合燃烧，混合燃烧由于燃料分子已与氧分子充分混合，所以燃烧时速度很快，温度也高，通常混合气体的爆炸反应就属这种类型；另一类就是将可燃气体，如煤气，直接由管道中放出点燃，在空气中燃烧，这时可燃气体分子与空气中的氧分子通过互相扩散，边混合边燃烧，这种燃烧称为扩散燃烧。

液体燃烧。许多情况下并不是液体本身燃烧，而是在热源作用下由液体蒸发所产生的蒸气与氧发生氧化、分解以至着火燃烧，这种燃烧称为蒸发燃烧。

固体燃烧。如果是简单固体可燃物质，像硫在燃烧时，先受热熔化（并有升华），继而蒸发生成蒸气而燃烧；而复杂固体物质，如木材，燃烧时先是受热分解，生成气态和液态产物，然后气态和液态产物的蒸气再氧化燃烧，这种燃烧称为分解燃烧。

物质在燃烧时，其温度变化是很复杂的，如图 0-3 所示。

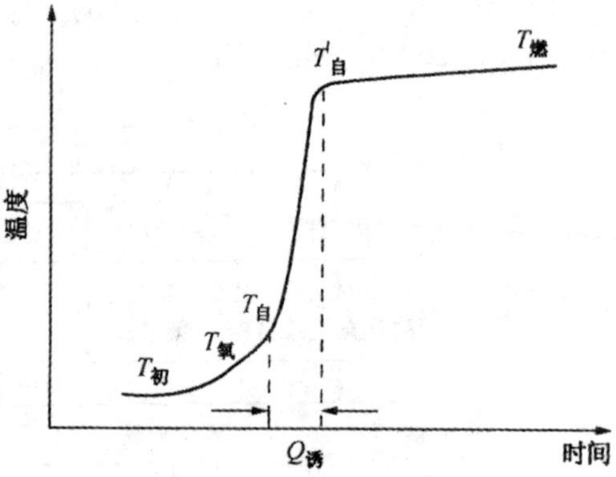

图 0-3　燃烧时间与温度的变化曲线

$T_{\text{初}}$ 为可燃物开始加热时的温度，大部分热量用于熔化、蒸发或分解，故可燃物温度上升缓慢。到 $T_{\text{氧}}$ 时，可燃物开始氧化。由于温度较低，氧化速度不快，氧化所产生的热量还较少，若此时停止加热，仍不致引起燃烧。如继续加热，则氧化反应速度加快，温升亦快，当达到 $T_{\text{自}}$ 时，氧化产生热量的速度与向环境散发热量的速度相等；若温度再稍升高，就突破这种平衡状态，即使不再加热，温度也能自行上升，到 $T_{\text{自}}'$就出现火焰并燃烧起来。因此，$T_{自}$ 为理论上的自燃点，$T_{自}'$为实验时测得的自燃点，$T_{燃}$ 为物质的燃烧温度。自 $T_{自}$ 到 $T_{自}'$这一段延迟时间称为诱导期 $Q_{诱}$。诱导期(也叫着火延滞期)是指物质温度虽已达到 $T_{自}$，但并不立即着火，而要经过若干时间才会出现火焰的这段时间。

3.石油的沸溢、爆喷特性

原油和重质油在储罐中着火燃烧时，时间稍长则容易产生沸溢、爆喷现象，使燃烧的油品大量外溢，甚至从罐中猛烈地喷出，形成巨大的火柱。这种现象是由热波造成的。石油及其产品是多种烃类的混合物，油品燃烧时，液体表面的轻馏分首先被烧掉，而留下的重馏分则逐步下沉，并把热量带到下层，从而使油品逐层地往深部加热，这种现象称为“热波”。

油品中只有原油、重油等重质油品存在明显的热波，并具有足够的黏度可形成泡沫，它们着火后容易产生沸溢、爆喷。因此，决不能因重质油的闪点高，着火燃烧危险性较小而放松对它们防火的警惕。

4.石油、天然气的爆炸

石油、天然气的爆炸往往与燃烧相联系，爆炸可转为燃烧，燃烧也可转为爆炸。当空气中石油蒸气达到爆炸极限范围时，一旦接触火源，混合气就先爆炸后燃烧；当空气中石油蒸气超过爆炸上限时，与火源接触就先燃烧，待石油蒸气下降达到爆炸上限以内时，随即会发生爆炸，即先燃烧后爆炸。

0.3 油气储运系统

油气储运指的是石油天然气(简称油气)产品的储存和运输。其在石油工业内部是联系油气生产、加工、运输、分配、销售等各个环节的纽带。

0.3.1 油气储运的主要内容

如图 0-4 所示，油气储运系统主要包括矿场油气集输与处理，油气长距离管道输送，各转运枢纽的储存与装卸，终点分配油库（或配气站）的营销，炼油厂和石油化工厂（简称炼化厂）油气产品的储运与营销等。

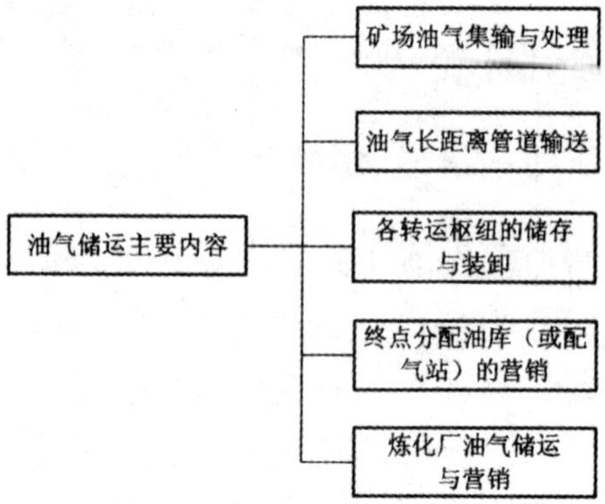

图 0-4 油气储运主要内容

0.3.2 油气储运的过程

油气储运是把油井、气井产物高效地处理成合格的天然气、原油、水和固体排放物，调节油气田的生产，把原油和天然气安全、经济地输送到各个炼油企业和用户，以保障国家成品油和天然气销售系统的安全、高效运行，实现国家的战略石油储备和商业石油储备的过程。油气储运的过程如图 0-5 所示。

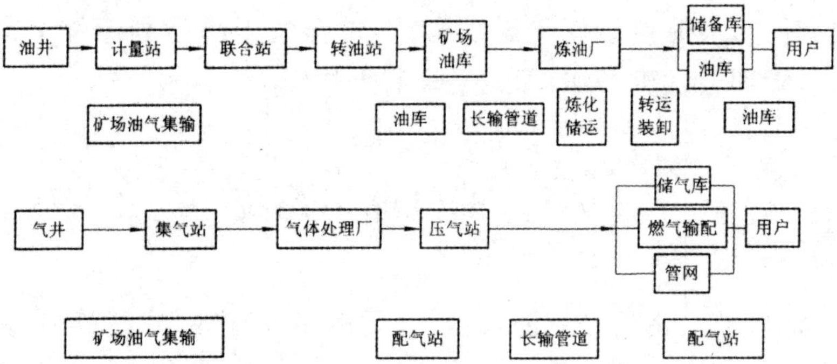

图 0-5 油气储运过程示意图

1 油气储运自动化

油气储运系统是连接油气生产、加工、分配、销售等环节的纽带，它主要包括油气集输、长距离管道输送、储存与装卸等，在保障国家能源供应、维护能源安全中具有重要意义。为了保证安全生产、提高经济效益，达到节能、降耗、改善环境和增加效益的目的，必须实现油气储运系统自动化。

1.1 自动控制系统的基本概念

1.1.1 油气储运自动化的基本内容

利用各种仪表和设备代替人的一些复杂性、重复性的劳动，按照人们所预定的要求，自动地进行生产和操作，这种管理生产的办法，称为工业生产自动化。

按照功能不同，油气储运自动化系统可分为若干类型，一般包括自动检测、开环控制、逻辑控制、自动切断、自动控制、火灾消防等方面的内容，在实际应用中它们常常组合使用。

自动检测系统只能完成“了解”生产过程进行情况的任务；开环控制系统和逻辑控制系统只能按照预先规定好的步骤进行某种周期性操纵；自动切断系统只能在工艺条件进入某种极限状态时，采取安全措施，以避免生产事故的发生；火灾消防系统只能在火灾发生后进行灭火，起到保护作用；只有自动控制系统能自动排除各种干扰因素对工艺参数的影响，使它们始终保持在预先规定的数值上，保证生产维持在正常或最佳的工艺操作状态。因此，自动控制系统是油气储运自动化的核心部分，也是需要了解的重点。

1.1.2　自动控制系统的组成及方块图

1. 自动控制系统的组成

自动化系统由自动检测系统、逻辑控制系统、自动切断系统、自动控制系统、火灾消防系统等组成。自动控制系统在石油、天然气开采和储运中应用最多，也是最主要的系统。

工业生产过程中，对各个工艺过程的工艺参数(比如压力、温度、流量、物位等)有一定的控制要求，这些工艺参数对产品的数量和质量起着决定性的作用。因此，在人工控制的基础上发展起来的自动控制系统，可以借助于一整套自动化装置，自动地克服各种干扰因素对工艺生产过程的影响，使生产能够正常运行。

图 1-1a 所示为工业生产中常见的锅炉汽包水位控制示意图，在锅炉正常运行中，汽包水位是一个重要的参数，它的高低直接影响着蒸汽的品质及锅炉的安全。水位过低，当负荷很大时，汽化速率很快，汽包内的液体将全部汽化，导致锅炉烧干甚至会引起爆炸；水位过高会影响汽包的汽水分离，产生蒸汽带液现象，降低了蒸汽的质量和产量，严重时会损坏后续设备。因此，对汽包水位应严加控制。

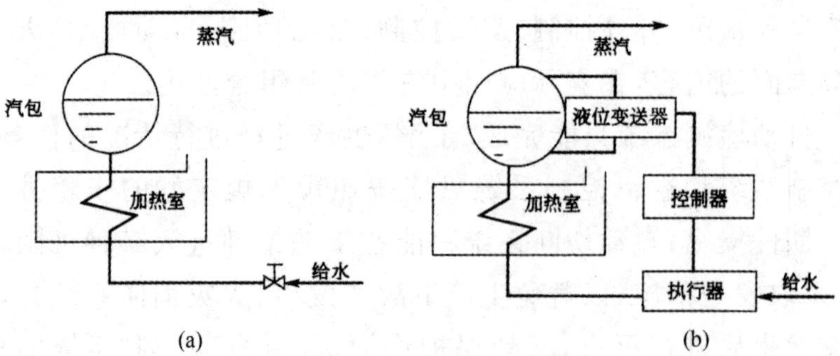

图 1-1　锅炉汽包水位控制示意

图1-1b中的液位变送器、控制器和执行器分别用来代替人的眼、脑和手的功能。

(1)测量元件与变送器的作用是测量汽包水位信号，并将其转换为一种特定的、统一的输出信号(气压信号或电压、电流信号等)。

(2)控制器作用是接收变送器送来的信号，与工艺上的设定信号相比较得出偏差，并按某种运算规律算出结果，然后将此结果以气压信号或电信号的方式发送出去。

(3)执行器通常指控制阀，它能自动地根据控制器送来的信号值改变阀门的开启度。从而使进入锅炉的水量发生变化，达到控制锅炉汽包水位的目的。

上述汽包水位的人工控制和自动控制的工作原理是相似的，因此这套自动化装置能代替人的眼睛、大脑和手完成自动控制锅炉汽包水位高低的任务。

在自动控制系统中，除了必须具有的自动化装置外，还必须具有控制装置所控制的生产设备即被控对象。在自动控制系统中，将需要控制其工艺参数的生产设备或机器称为被控对象，简称对象。锅炉汽包水位控制系统中的锅炉就是被控对象。化工生产中的各种塔器、换热器、反应器、泵和压缩机以及各种容器、储槽都是常见的被控对象。

2.自动控制系统的方块图

在研究自动控制系统时，为了便于对系统进行分析研究，一般都用方块图来表示控制系统的组成。图1-1的水位自动控制系统可以用如图1-2所示的方框图来表示。

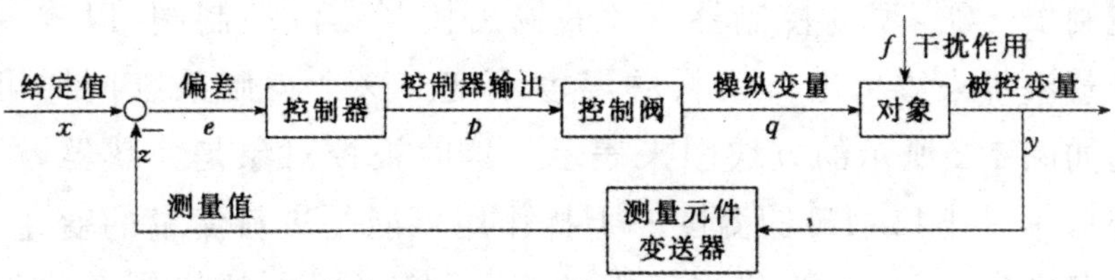

图1-2 锅炉汽包水位控制系统方框图

系统中的每一个环节用一个方框来表示，四个方框分别表示对象（锅炉汽包）、测量变送装置、控制器和控制阀。两个方块之间用一条带有箭头的线条表示其信号的相互关系，箭头指向方块表示为这个环节的输入，箭头离开方块表示为这个环节的输出。每个方框都分别标出各自的输入、输出变量，线旁的字母表示相互间的作用信号。如被控对象环节，给水流量变化会引起汽包水位的变化，因此给水流量（操纵变量）作为输入信号作用于被控对象，而汽包水位（被控变量）则作为被控对象的输出信号；引起被控变量（汽包水位）偏离设定值的因素还包括蒸汽负荷的变化和给水管压力的变化等扰动量，它们也作为输入信号作用于被控对象。

汽包水位信号（被控变量）y 是测量元件及变送器的输入信号，而变送器的输出信号 z 进入比较机构，与工艺上希望保持的被控变量数值，即设定值 x 进行比较，得出偏差信号 $e(e=x-z)$，并送往控制器。比较机构实际上只是控制器的一个组成部分，不是一个独立的仪表，在图 1-2 中把它单独画出来（一般方块图中是以○表示），为的是能更清楚地说明其比较作用。控制器根据偏差信号的大小，按一定的规律运算后，发出信号 p 送至控制阀，使控制阀的开度发生变化，从而改变进水流量以克服干扰对被控变量（水位）的影响。用来实现控制作用的物料一般称为操纵介质或操纵剂，如上述中流过控制阀的流体就是操纵介质。

用同一种形式的方块图可以代表不同的控制系统。例如如图 1-3 所示的换热器温度控制系统，当进料流量或温度变化等因素引起出口物料温度变化时，可以将该温度变化测量后送至温度控制器 TC。温度控制器 TC 的输出控制蒸汽控制阀，以改变加热蒸汽量来维持出口物料的温度不变。这个控制系统同样可以用如图 1-2 所示的方块图来表示。这时被控对象是换热器，被控变量 y 是出口物料的温度。干扰作用可能是进料流量的变化、进料温度的变化、加热蒸汽压力的变化、换热器内部传热系数的变化或环境温度的变化等。而控制阀的输出信号即操纵变量 q 是加热蒸汽量的变化，在这里，加热蒸汽是操纵介质或操纵剂。

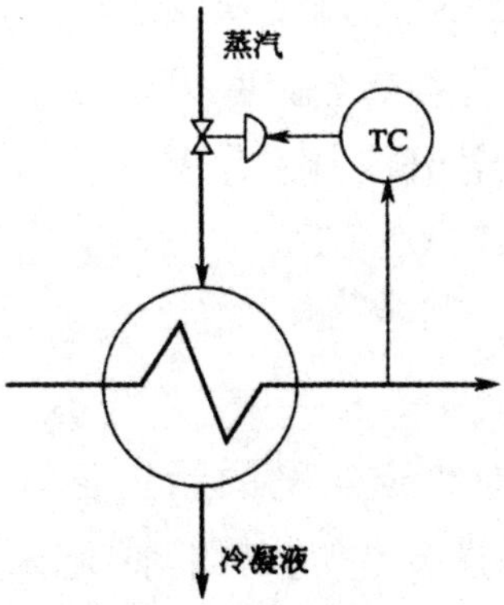

图 1-3 换热器温度控制系统

自动控制系统是具有被控变量负反馈的闭环系统，这也是它与自动检测、自动操纵等开环系统最本质的区别。自动控制系统由于是具有负反馈的闭环系统，它可以随时了解被控对象的情况，有针对性地根据被控变量的变化情况而改变控制作用的大小和方向，从而使系统的工作状态始终等于或接近于所希望的状态。

1.1.3 自动控制系统的分类

自动控制系统的分类方法有很多种，每一种方法反映出自动控制系统在某一方面的特点。按照被控变量的名称来分类，有压力控制系统、温度控制系统、流量控制系统及液位控制系统等。按照被控变量的数量来分类，有单变量控制系统和多变量控制系统。按照控制器具有的控制规律来分类，有比例控制系统、比例积分控制系统及比例积分微分控制系统等。在分析自动控制系统的特性时，经常将控制系统按照被控变量的给定值的不同来分类，这样可以分成以下三类。

1. 定值控制系统

“定值”是恒定给值的简称。工艺生产中，若要求控制系统的作用是使被控制的工艺参数保持在一个生产指标上不变，或者要求被控变量的给定值不变，就需要采用定值控制系统。在工业生产过程中，大多数工艺参数（温度、压力、流量、液位、成分等）都要求保持恒定。因此，定值控制系统是工业生产过程中应用最多的一种控制系统。

2. 随动控制系统

随动控制系统是被控变量的给定值随时间不断变化的控制系统，且这种变化不是预先规定的，而是未知的时间函数。该系统的目的就是使所控制的工艺参数准确而快速地跟随给定值的变化而变化。

3. 程序控制系统（顺序控制系统）

程序控制系统是被控变量的给定值按预定的时间程序变化的控制系统。这类系统在间歇生产过程中应用比较普遍。

1.1.4 自动控制系统的过渡过程和性能指标

1. 控制系统的静态与动态

自动控制系统在运行中有两种状态：一种是系统的被控变量不随时间而变化的平衡状态，称为静态；另一种是系统的被控变量随时间而变化的不平衡状态，称为动态。

当一个自动控制系统的输入（给定和干扰）和输出均恒定不变时，整个系统就处于一种相对稳定的平衡状态，系统的各个组成环节如变送器、控制器、控制阀都不改变其原先的状态，它们的输出信号也都处于相对静止状态，这种状态就是上述的静态或定态。例如，在前述锅炉汽包水位控制系统中，当给水量与蒸汽量相等时，水位保持不变，此时称系统达到了平衡，亦即处于静态。值得注意的是这里的静态与习惯上所讲的静止是不同的。这里所说的静态并非指系统内没有物料与能量流动，而是指各个参数的变化率为零，即参数保持不变。因此自动控制系统在静态时，生产仍在进行，物料和能量仍然有进有出，只是平稳进行，没有改变。

假若一个系统原来处于静态，由于受到干扰，系统平衡受到破坏，被控变量(即输出)发生变化，自动控制装置就会运作，产生一定的控制作用来克服干扰的影响，力图使系统恢复平衡。从干扰发生开始，经过控制，直到再建立平衡，在这段时间内整个系统的各个环节和变量都处于变化的过程中，这种状态称为动态。

2.控制系统的过渡过程

一个生产过程经常会受到各种扰动的影响，使被控变量偏离设定值，原来的稳定状态遭到破坏。当自动控制系统的输入发生变化后，被控变量(即输出)随时间不断变化，这个过程称为过渡过程，也就是系统从一个平衡状态过渡到另一个平衡状态的过程。

控制系统在过渡过程中，被控变量是随时间变化的。被控变量随时间的变化规律首先取决于作用于系统的干扰形式。在生产中，出现的干扰是没有固定形式的，且多半属于随机性质。为了便于了解控制系统的动态特性，通常是在系统的输入端施加一些特殊的试验输入信号，然后研究系统对该输入信号的响应。最常采用的试验信号是阶跃输入信号，其作用方式如图 1-4 所示。

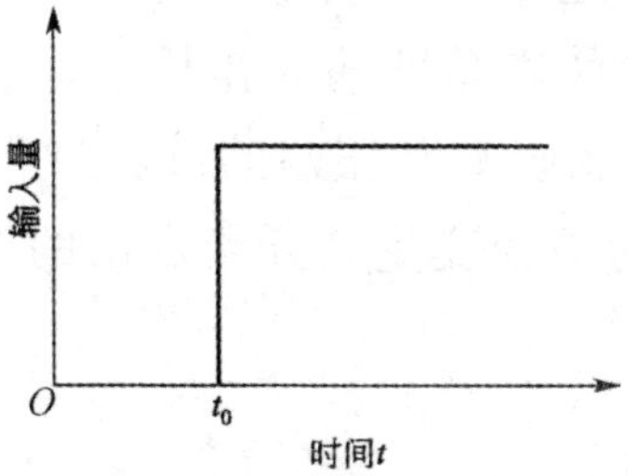

图 1-4　阶跃输入信号

实践表明，阶跃扰动作用对控制系统的被控变量影响最大。

在生产过程中，阶跃扰动最为多见。例如，负荷的改变、阀门开度的突然变化、电路的突然接通或断开等。另外，设定值的变化通常也是以阶跃形式出现的。

对于一个定值控制系统来说，当系统受到阶跃干扰作用时，系统的过渡过程有如图 1-5 所示的几种基本形式。

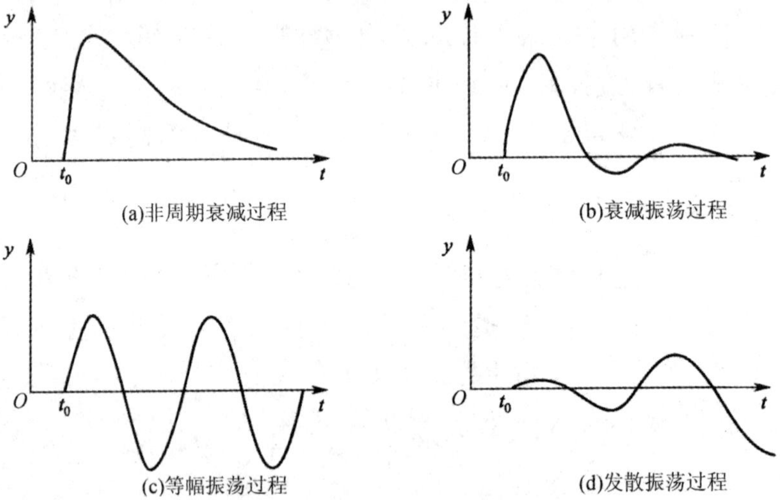

图 1-5 过渡过程的几种基本形式

3. 控制系统的性能指标

一个控制系统在受到外来干扰作用或设定值发生变化后，应平稳、迅速、准确地回到(或趋近)设定值上。因此，从稳定性、快速性和准确性三个方面提出各种单项控制指标和综合性控制指标。这些控制指标仅适用于衰减振荡过程。

假定自动控制系统在阶跃输入作用下，被控变量的变化曲线如图 1-6 所示。这是属于衰减振荡的过渡过程。图 1-6 上横坐标 t 为时间，纵坐标 y 为被控变量离开给定值的变化量。

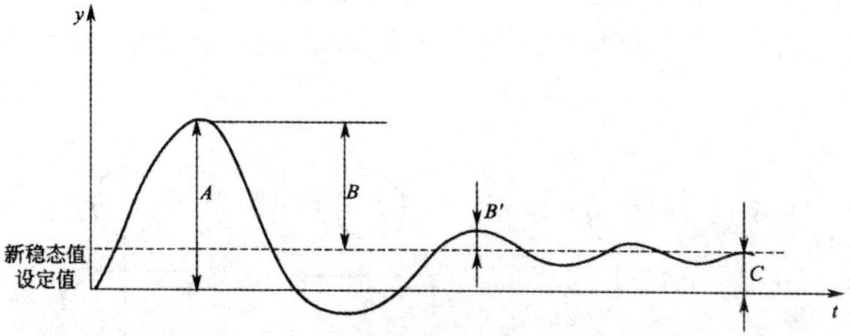

图 1-6 被控变量的变化曲线

假定在时间 $t=0$ 之前，系统稳定，且被控变量等于给定值，即 $y=0$；在 $t=0$ 的瞬间，外加阶跃干扰作用，系统的被控变量开始按衰减振荡的规律变化，经过相当长时间后，y 逐渐稳定在 C 值。

自动控制系统控制质量的好坏，取决于组成控制系统的各个环节，特别是过程的特性，也就是被控对象的特性。自动控制装置应按对象的特性加以适当的选择和调整，两者要很好地配合，才能达到预期的控制质量。总之，影响自动控制系统过渡过程品质的因素是很多的，在系统设计和运行过程中都应给予充分注意。只有在充分了解这些环节的作用和特性后，才能进一步研究和分析设计自动控制系统，提高系统的控制质量，这样才能有助于加快生产速度，提高产品的数量和质量。

1.1.5 管道及仪表流程图

管道及仪表流程图（PID）是自控设计的文字代号、图形符号在工艺流程图上描述生产过程控制的原理图，是控制系统设计、施工中采用的一种图示形式。

在绘制 PID 图时，图中采用的图例符号要按照有关的技术规定进行。

1. 图形符号

过程检测和控制系统图形符号包括测量点、连接线（引线、信号线）和仪表圆圈等。

(1)测量点。测量点是由过程设备或管道引至检测元件或就地仪表的起点,一般与检出元件或仪表画在一起表示,如图 1-7 所示。

图 1-7　测量点

(2)连接线。通用的仪表信号线均以细实线表示。连接线表示交叉及相接时,采用如图 1-8 所示的形式。必要时也可用加箭头的方式表示信号的方向。

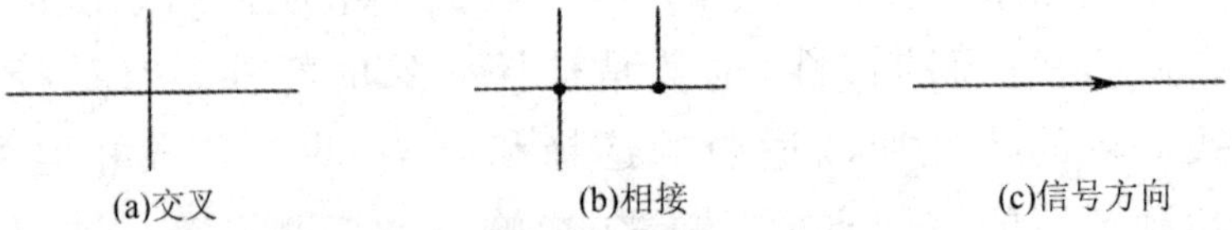

图 1-8　连接线

(3)仪表(包括检测、显示、控制)的图形符号。仪表的图形符号是直径为 12mm(或 10mm)的细实圆圈。仪表安装位置的图形符号如图 1-9 所示。

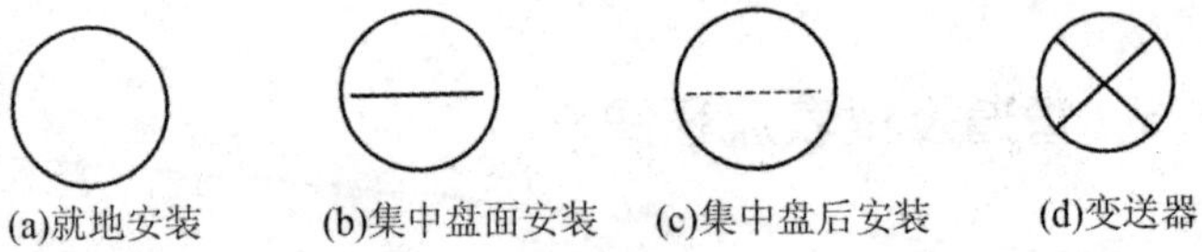

图 1-9　仪表安装位置的图形符号

执行器的图形符号是由执行机构和调节机构的图形符号组合而成,如图 1-10 所示。

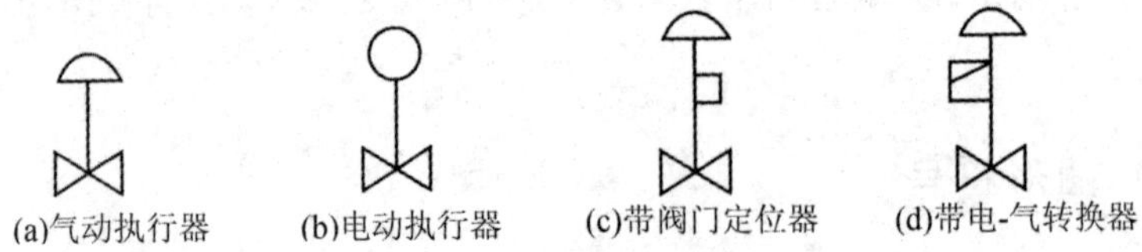

图 1-10　执行器的图形符号

2. 文字符号

(1)仪表功能。字母代号仪表功能标志是用几个大写英文字母的组合表示对某个变量的操作要求,如 TIC、PICA 等。其中第一位或前两位字母称为首位字母,表示被测变量,剩余一位或多位称为后继字母,表示对该变量的操作要求,仪表信号中表示被测变量和仪表功能的字母代号见表 1-1。

表 1-1 仪表信号中表示被测变量和仪表功能的字母代号

字母	第一位字母		后继字母
	被测变量	修饰词	功能
A	分析		报警
C	电导率		控制(调节)
D	密度	差	
E	电压		检测元件
F	滴甘	比(分数)	
I	电流		指示
K	时间或时间程序		自动手动操作器
L	物位		
M	水分或湿度		
P	压力或真空		
Q	数量或件数	积分、累积	积分、累积
R	放射性		记录或打印
S	速度或频率	安全	开关、联锁
T	温度		传送
V	黏度		阀、挡板、百叶窗
W	扎		套管
Y	供选用		继动器或计筑器
Z	位置		驱动、执行或未分类的终端执行机构

(2)仪表位号。在检测、控制系统中，构成回路的每个仪表(或元件)都用仪表位号来标识。在管道及仪表流程图中，仪表位号由字母代号组合和回路编号两部分组成。回路的编号由工序号和顺序号组成，一般用三位至五位阿拉伯数字表示，其第一位表示工序号，后续数字(两位或三位数字)表示仪表位号，如图 1-11 所示。

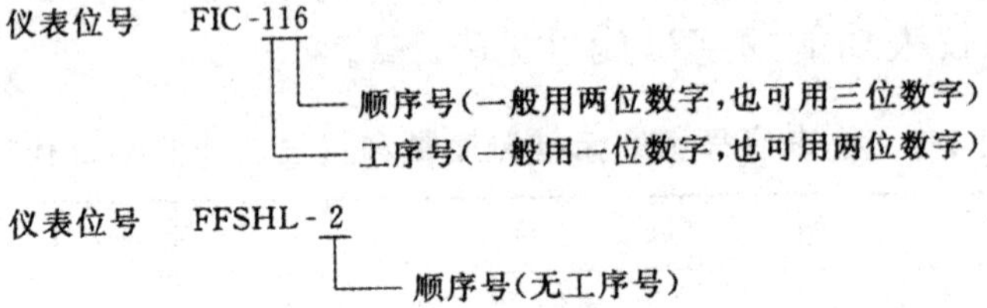

图 1-11　仪表位号的表示

在管道及仪表流程图中，仪表位号的标注方法是：字母代号填写在仪表圆圈的上半圆中；回路编号填写在下半圆中，如图 1-12 所示。

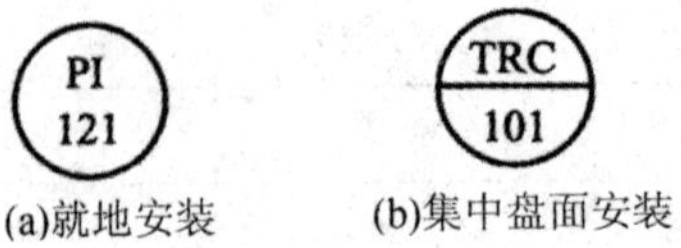

图 1-12　仪表位号的标注

如图 1-13 所示为某化工厂超细碳酸钙生产中碳化部分简化的工艺管道及仪表流程。

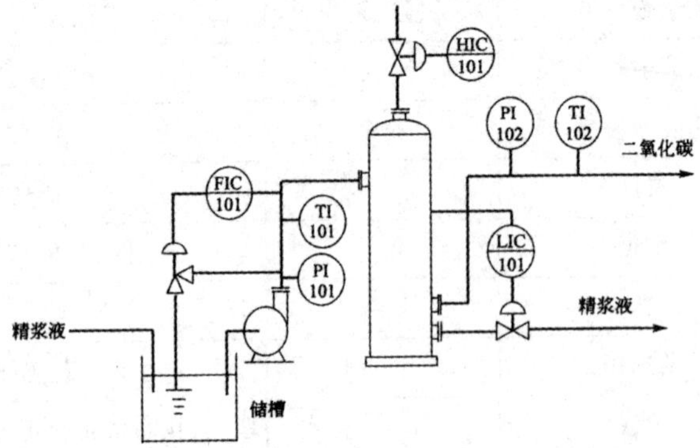

图 1-13　某化工厂超细碳酸钙生产中碳化部分简化的工艺管道及仪表流程

1.2 被控对象的特性分析

自动控制系统的控制品质是由组成系统的各个环节即被控对象、测量变送装置、控制器和执行器的特性所决定,其中被控对象是否易于控制,对整个控制系统运行的好坏起着重要作用。在油气储运过程中,最常见的被控对象是各类热交换器、塔器、反应器、加热炉、锅炉、储液槽、泵、压缩机等。

1.2.1 被控对象的特性

所谓对象特性就是指对象在输入信号的作用下,输出信号即被控变量随时间变化的特性。一般将被控变量看作对象的输出量,也叫输出变量,而将干扰作用(扰动变量)和控制作用(操纵变量)看作对象的输入量,也叫输入变量。干扰作用和控制作用都是引起被控变量变化的因素,如图 1-14 所示。

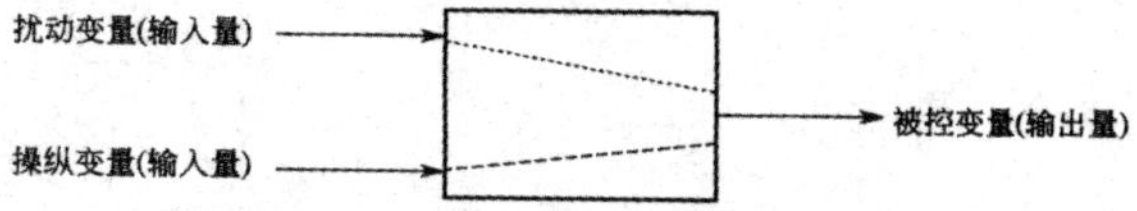

图 1-14 对象的输入输出量

1. 对象的负荷

当生产过程处于稳定状态时,在单位时间内流入或流出对象的物料或能量称为对象的负荷或生产能力。负荷的改变是由生产需要决定的,设备和机器只能限制负荷的极限值。当负荷在极限范围内时,设备就能正常运转。由于生产的调整而需要改变负荷时,往往会影响对象的特性。

在自动控制系统中,对象负荷变化情况(大小、快慢和次数)都可以看作是系统的扰动,它直接影响控制过程的稳定性。如果对象的负荷变化速度相当急剧,又很频繁,那么就要求自动控制系统具有较高的灵敏度,能够在被控变量偏差很小时就开始控制,以便迅速恢复平衡。所以对象的负荷稳定是有利于控制的。

2.对象的自衡

如果对象的负荷改变后,无须外加控制作用,被控变量就能自行趋近于一个新的稳定值,这种性质称作对象的自衡性。自衡液位对象及其响应曲线如图 1-15 所示。

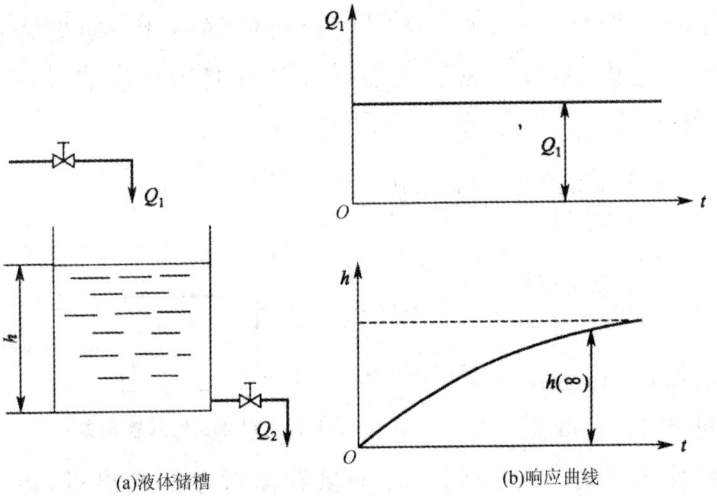

图 1-15　自衡液位对象及其响应曲线

如图 1-15a 所示为液体储槽,当它处于稳定状态时,流入量与流出量相等,液体保持在某一高度。如果流入量突然增加,液位开始上升。由于液位的升高,流出量将随着液体静压力的增大而增加,最后当流入量与流出量再次相等时,液位又自行稳定在一个新的高度。这就是一个常见的有自衡对象的例子,其响应曲线如图 1-15b 所示。

若在图 1-15a 中的储槽出口安装一台泵,如图 1-16 所示,此时流出量由泵的转速决定而与液位高度无关。若流入量突然增加,则液位将一直上升,不能自行重新稳定,所以它是无自衡特性的对象。

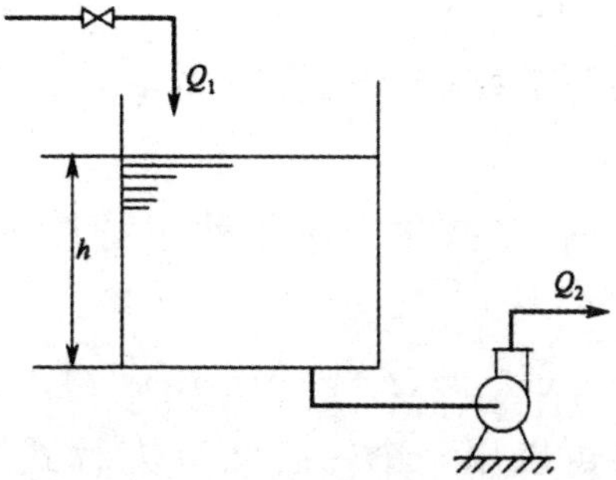

图 1-16 无自衡液位对象

由此可见，具有自衡特性的对象有利于进行控制，更易于获得满意的控制质量。

1.2.2 对象数学模型的建立

研究对象的特性是用数学的方法来描述出对象输入量与输出量之间的关系，这种对象特性的数学描述就称为对象的数学模型。与对象的特性相对应，数学模型也有静态数学模型和动态数学模型之分。动态数学模型描述了对象的输出变量与输入变量之间随时间而变化的规律。

1. 机理建模

通过对对象内部运动机理的分析，根据其物理或化学变化规律，推导出描述对象输入、输出变量之间关系的数学模型。针对不同的物理过程，可采用不同的定理和定律。

静态数学模型比较简单，一般可用代数方程式表示。动态数学模型的形式主要有微分方程、传递函数、差分方程及状态方程等。对于线性的集中参数对象，通常采用常系数线性微分方程式来描述。如果以 $x(t)$ 表示输入量，$y(t)$ 表示输出量，则对象特性可用下列微分方程式表示。

$$a_n y^{(n)}(t)+a_{n-1}y^{(n-1)}(t)+\cdots+a_1 y'(t)+a_0 y(t)$$
$$=b_m x^{(m)}(t)+b_{m-1}x^{(m-1)}(t)+\cdots+b_1 x'(t)+b_0 x(t)$$

式中，$y^{(n)}(t)$，$y^{(n-1)}(t)$，…，$y'(t)$ 为 $y(t)$ 的 n 阶，$(n-1)$ 阶，…，

一阶导数；$x^{(m)}(t)$，$x^{(m-1)}(t)$，…，$x'(t)$为$x(t)$的m阶，$(m-1)$阶，…，一阶导数；a_n，a_{n-1}，…，a_1，a_0为方程中的各项系数。

在允许的范围内，多数化工对象动态特性可以忽略输入量的导数项可表示为

$$a_n y^{(n)}(t)+a_{n-1}y^{(n-1)}(t)+\cdots+a_1 y'(t)+a_0 y(t)=x(t)$$

一个对象如果可以用一个一阶微分方程式来描述其特性(通常称一阶对象)，则可表示为

$$a_1 y'(t)+a_0 y(t)=x(t)$$

或表示成

$$Ty'(t)+y(t)=Kx(t)$$

式中，$T=\dfrac{a_1}{a_0}$，$K=\dfrac{1}{a_0}$。

(1)一阶对象。当对象的动态特性可以用一阶微分方程式来描述时一般称为一阶对象或单容对象。如图 1-17 所示，截面积为A是一个简单的液位控制对象，水经过阀门 1 不断地流入水槽，水槽内的水又通过阀门 2 不断流出。工艺上要求水槽的液位h保持一定数值。在这里，水槽就是被控对象，液位h就是被控变量。如果阀门 2 的开度保持不变，而阀门 1 的开度变化是引起液位变化的干扰因素，那么，这里所指的对象特性，就是指当阀门 1 开度变化时，液位h是如何变化的。在这种情况下，液位h是对象的输出量，流入水槽的流量Q_1是对象的输入量。

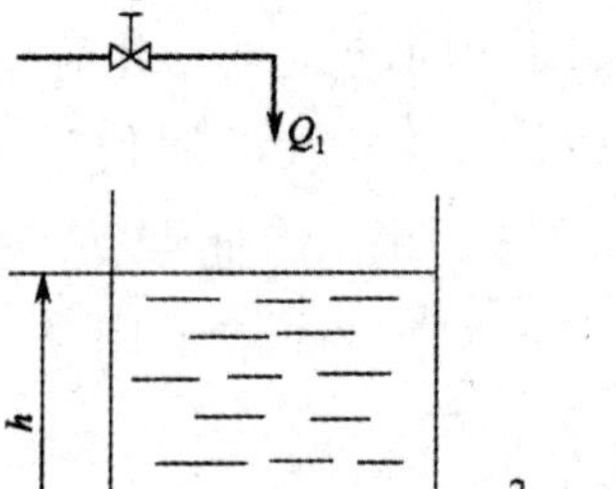

1、2—阀门

图 1-17　水槽对象

在用微分方程式来描述对象特性时，往往着眼于一些量的变化，而不注重这些量的初始值。所以下面在推导方程的过程中，假定 Q_1、Q_2、h 都代表它们偏离初始平衡状态的变化值。下面推导表征 h 与 Q_1 之间关系的数学表达式，根据动态物料平衡关系有

$$(Q_1-Q_2)=A\frac{\mathrm{d}h}{\mathrm{d}t}$$

该式的物理意义是水槽中储存量的变化率为单位时间内液体的流入量与流出量之差。

由工艺设备的特性可知，Q_2 与 h 的关系是非线性的。如果考虑变化量很微小，可以近似认为 Q_2 与 h 成正比，与出水阀的阻力系数 R 成反比，其表达式为

$$Q_2=\frac{h}{R}$$

代入动态物料平衡关系式中，整理后得

$$AR\frac{\mathrm{d}h}{\mathrm{d}t}+h=RQ_1$$

令 $T=AR, K=R$，得

$$T\frac{\mathrm{d}h}{\mathrm{d}t}+h=kQ_1$$

该式用来描述简单水槽对象的一阶常系数微分方程，式中，T 称为时间常数，K 称为放大系数。所有的一阶对象的数学模型都有类似的结构形式，但时间常数 T 和放大系数 K 是不同的。

(2)二阶对象。当对象的动态特性可以用二阶微分方程式来描述时，一般称为二阶对象或双容对象。如图 1-18 所示为串联水槽对象，其数学模型的建立和单容水槽对象的情况类似。

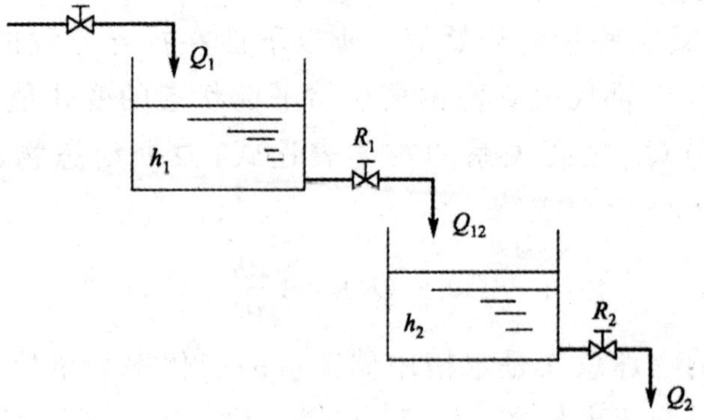

图 1-18　串联水槽对象

假定对象的输入量是 Q_1，输出量是 h_2，现在来研究对象的输入量 Q_1 变化时，输出量（被控变量）h_2 随时间变化的情况。同样假设在输入、输出量变化很小的情况下，水槽的液位与输出流量之间呈线性关系，即

$$Q_{12}=\frac{h_1}{R_1}$$

$$Q_2=\frac{h_2}{R_2}$$

式中，R_1、R_2 为第一个和第二个水槽出水阀的阻力系数。

假定两个水槽的横截面面积均为常数，分别用 A_1 和 A_2 表示，则对于每个水槽，都具有相同的物料平衡关系式，即

$$(Q_1-Q_{12})=A_1\frac{\mathrm{d}h_1}{\mathrm{d}t}$$

$$(Q_{12}-Q_2)=A_2\frac{\mathrm{d}h_2}{\mathrm{d}t}$$

故有

$$A_1\frac{\mathrm{d}h_1}{\mathrm{d}t}=Q_1-\frac{h_1}{R_1}$$

$$A_2\frac{\mathrm{d}h_2}{\mathrm{d}t}=\frac{h_1}{R_1}-\frac{h_2}{R_2}$$

两式相加整理得

$$\frac{\mathrm{d}h_1}{\mathrm{d}t}=\frac{1}{A_1}\left(Q_1-A_2\frac{\mathrm{d}h_2}{\mathrm{d}t}-\frac{h_2}{R_2}\right)$$

求导，得

$$A_2\frac{d^2h_2}{dt^2}=\frac{1}{R_1}\frac{dh_1}{dt}-\frac{1}{R_2}\frac{dh_2}{dt}$$

整理得

$$A_1R_1A_2R_2\frac{d^2h_2}{dt^2}+(A_1R_1+A_2R_2)\frac{dh_2}{dt}+h_2=R_2Q_1$$

令 $T_1=A_1R_1$，$T_2=A_2R_2$，$K=R_2$，代入上式中，得

$$T_1T_2\frac{d^2h_2}{dt^2}+(T_1+T_2)\frac{dh_2}{dt}+h_2=KQ_1$$

式中，T_1、T_2 为两个水槽的时间常数；K 为整个对象的放大系数。

对于其他类型的简单对象，也可以用这种方法来建立它的数学模型。但是，对于比较复杂的对象，用这种数学方法来研究则比较困难，所得的微分方程也比较复杂。

2.实验建模

实验建模的方法就是在所要研究的对象上，施加一个人为的输入信号(输入量)，并对该对象的输出量进行测试和记录，得到一系列实验数据(或响应曲线)，这些数据或曲线则可以用来表示对象的特性，或者对这些数据或曲线再加以必要的数据处理，使其转化为描述对象特性的数学模型。

实验建模的主要特点是把被研究的对象视为一个黑匣子，完全从外部特征上来测试和描述它的动态特性，不需要深入了解其内部机理，特别是对于一些复杂的对象，实验建模比机理建模要简单和省力。

对象特性的实验测取法有很多种，这些方法常以所加输入形式的不同来区分，现做以简单介绍。

(1)阶跃扰动法。阶跃扰动法又称反应曲线法或飞升曲线法。当过程处于稳定状态时，在对象的输入端施加一个幅度已知的阶跃信号，测取对象的输出随时间的变化响应曲线，根据响应曲线，再经过处理，就能得到对象特性参数。

根据如图 1-19 所示的简单水槽对象的动态特性，表征水槽

工作状况的物理量是液位 h，测取输入流量 Q_1 改变时输出 h 的反应曲线。假定在时间 t_0 之前，对象处于稳定状况，即输入流量 Q_1 等于输出流量 Q_2，液位维持 h 不变。在 t_0 时刻，突然开大进水阀，然后保持不变。Q_1 改变的幅度可以用流量仪表测得，假定为 A。这时若用液位仪表测得 h 随时间的变化规律，便是简单水槽的反应曲线，如图 1-20 所示。

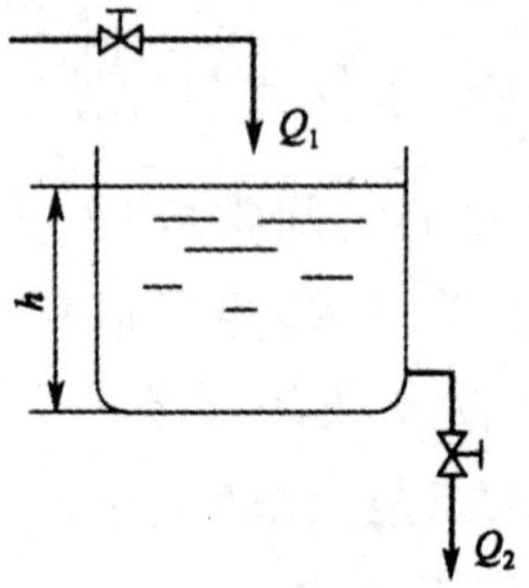

图 1-19 简单水槽对象

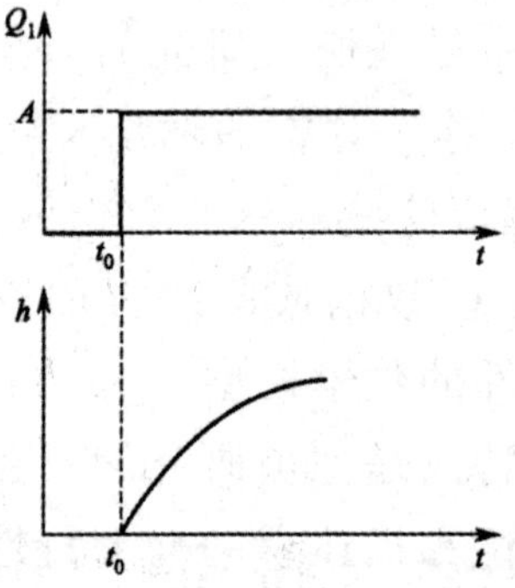

图 1-20 水槽的阶跃反应曲线

(2)矩形脉冲扰动法。矩形脉冲扰动法是当对象处于稳定工况下，在时间 t_0 突然加一个阶跃干扰，幅值为 A，在 t_1 时刻突然除去阶跃干扰，这时测得的输出量 y 随时间的变化规律。如图 1-21 所示，用矩形脉冲干扰来测取对象特性时，由于加在对象上的干扰，经过一段时间后即被除去，因此干扰的幅值可取得比较大，以提高实验精度，对象的输出量又不至于长时间地偏离给定值，因而对正常生产影响较小。

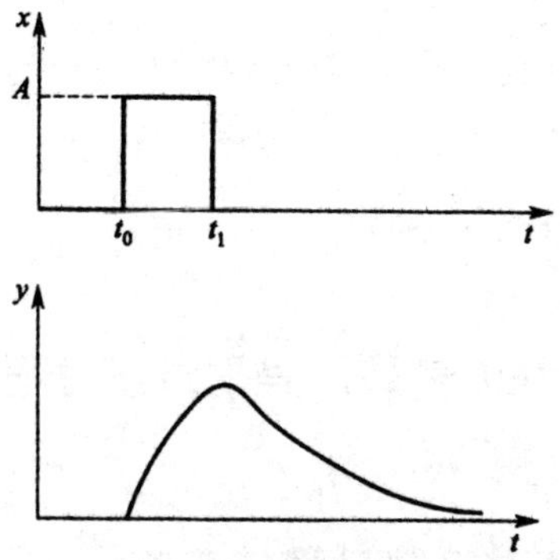

图 1-21 矩形脉冲特性曲线

(3)周期扰动法。周期扰动法是在对象的输入端施加一系列频率不同的周期性信号来测取对象的动态特性,如图 1-22 和图 1-23 所示分别为矩形脉冲波信号与正弦信号。

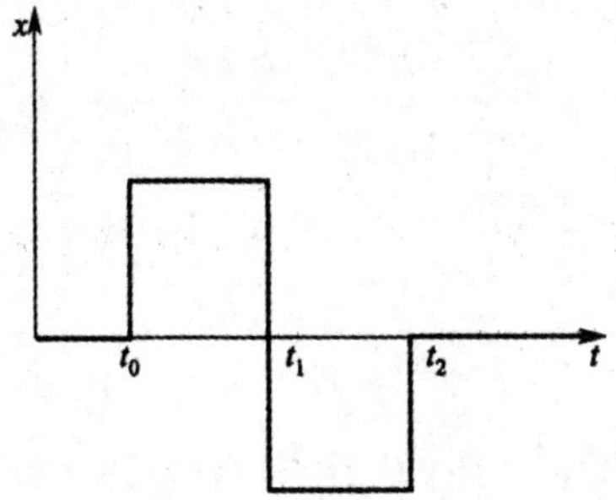

图 1-22 矩形脉冲波信号

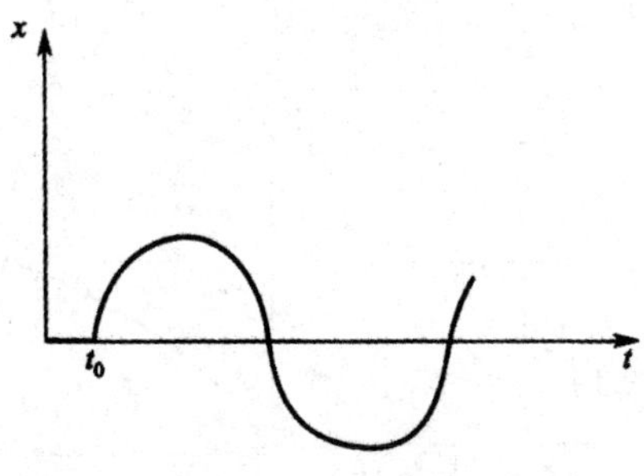

图 1-23 正弦信号

机理建模与实验建模各有其特点,比较实用的方法是将两者结合起来,称为混合建模。这种建模的途径是先由机理分析的方法提供数学模型的结构形式,然后对其中某些未知的或不确定的参数利用实测的方法给予确定。这种在已知模型结构的基础上，通过实测数据来确定其中的某些参数，称为参数估计。以换热器建模为例，可以先列写出其热量平衡方程式，而其中的换热系数 K 值等可以通过实测的试验数据来确定。

1.2.3 对象特性的参数及其对过渡过程的影响

1.放大系数及其对控制过程的影响

简单水槽的对象特性为

$$T\frac{\mathrm{d}h}{\mathrm{d}t}+h=kQ_1$$

假定输入信号为阶跃信号为

$$\begin{cases}Q_1=0, t<0\\Q_1=A, t\geqslant 0\end{cases}$$

如图 1-24a 所示，为了求得在 Q_1 作用下 h 的变化规律，对上述微分方程求解，得

$$h(t)=KA(1-\mathrm{e}^{-\frac{t}{T}})$$

该式为单容水槽受到阶跃作用 $Q_1=A$ 后（即进水阀开大）其被控变量 h 随时间变化的规律。其响应曲线如图 1-24b 所示，称为阶跃响应曲线。

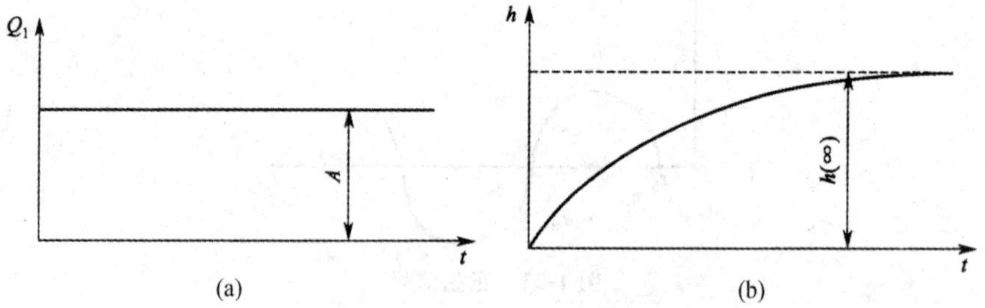

图 1-24 水槽的液位变化曲线

当 $t\rightarrow\infty$ 时，被控变量不再变化而达到了新的稳态值，此值 $h(\infty)=KA$，这就是说，一阶水槽的输出变化量与输入变化量之

比是一个常数，即

$$K=\frac{h(\infty)}{A}$$

因此，放大系数 K 的物理意义可以理解为：如果有一定的输入变量 A，通过对象就被放大 K 倍，最终变为输出变量 $h(\infty)$。它表示对象受到输入作用后，重新达到平衡状态时的性能是不随时间而变的，所以是对象的静态性能。

K 的大小反映对象的输入对输出影响的灵敏程度，对象的放大系数 K 越大，则表示当对象的输入量有一定变化时，对输出的影响也越大。对于同一个对象，不同的输入变量与被控变量之间的放大系数的大小有可能各不相同。

对象的输入至输出的信号联系通道分为控制通道与干扰通道，控制通道的放大系数（一般用 K_0 表示）越大，表示控制作用对被控变量的影响也越强；干扰通道的放大系数（一般用 K_f 表示）越大，表示干扰作用对被控变量的影响也越强。所以，在设计控制方案时，总是希望 K_0 要大一些，K_f 要尽量小一些。K_0 越大，控制作用对干扰的补偿能力也越强，越有利于克服干扰；K_f 越小，干扰对被控变量的影响就越小。但 K_0 也不能太大，否则过于灵敏，使过程不易控制，难以达到稳定。

2.时间常数 T 及其对控制过程的影响

从大量的生产实践中发现，有的对象受到干扰后，被控变量变化很快，较迅速地达到了稳定值；有的对象在受到干扰后，惯性很大，被控变量要经过很长时间才能达到新的稳态值。如图 1-25 所示，甲、乙两个水槽，甲水槽的截面积大于乙水槽，当进水流量改变同样一个数值时，乙水槽的液位变化很快，并迅速趋向新的稳态值。而甲水槽的惰性大，液位变化慢，需经过很长时间才能稳定。

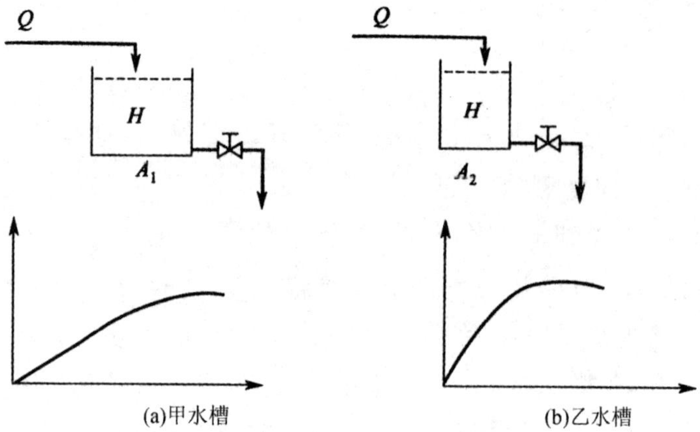

图 1-25 时间常数的对象反应曲线

这说明对于不同的对象,或同一个对象对于不同的输入变量,其输出对输入变化的响应速度是不一样的,有的快有的慢。一般用时间常数 T 来描述对象对输入响应的快慢程度。

当 $t=T$ 时,有

$$h(T)=KA(1-\mathrm{e}^{-1})=0.632KA=0.632h(\infty)$$

这就是说,当对象受到阶跃输入后,被控变量达到新稳态值的 63.2%所需的时间,就是时间常数 T。实际工作中,常用这种方法求取时间常数。显然,时间常数越大,被控变量的变化也越慢,达到新的稳定值所需的时间也越大。

求导,可得到液位 h 在 t 时刻的变化速率,即

$$\frac{\mathrm{d}h}{\mathrm{d}t}=\frac{KA}{T}\mathrm{e}^{-\frac{t}{T}}$$

当 $t=0$ 时,有

$$\frac{\mathrm{d}h}{\mathrm{d}t}\Big|_{t=0}=\frac{KA}{T}=\frac{h(\infty)}{T}$$

当 $t=\infty$时,有

$$\frac{\mathrm{d}h}{\mathrm{d}t}\Big|_{t=\infty}\rightarrow 0$$

从图 1-26 可以看出,该曲线在起始点处的切线斜率,就是 $t=0$ 液位变化的初始速率$\frac{h(\infty)}{T}$。这条切线与新的稳定值 $h(\infty)$的交点

所对应的时间正好等于 T。因此，可以把时间常数 T 的物理意义理解为当对象受到阶跃输入作用后，被控变量如果保持初始速度变化，达到新的稳态值所需的时间就是时间常数。由于实际上被控变量的变化速度是越来越小的。所以被控变量变化到新的稳态值所需要的时间要比 T 长得多。理论上说，需要无限长的时间。但是当 $t=3T$ 时，有

$$h(3T)=KA(1-\mathrm{e}^{-3})\approx 0.95KA=0.95h(\infty)$$

也就是说，在加入输入作用后，只需经过 $3T$ 时间，液位已经变化了全部变化范围的 95%。这时，可以近似地认为动态过程基本结束。所以，时间常数 T 是表示在输入作用下，被控变量完成其变化过程所需要的时间的一个重要参数。

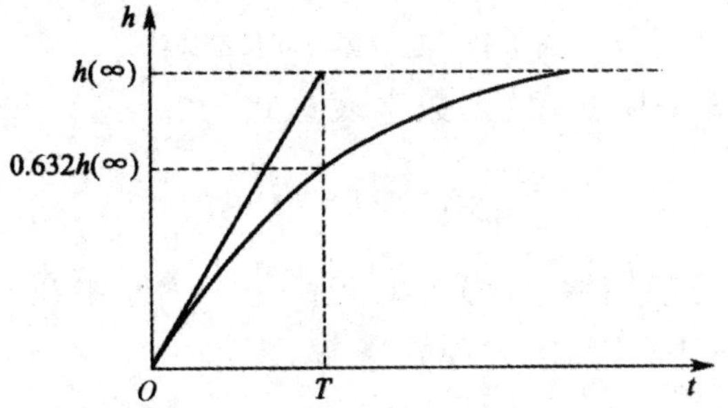

图 1-26　时间常数 T 的求法

3.滞后时间及其对控制过程的影响

很多对象在输入变化后，输出不是随之立即变化，而是需要间隔一段时间才发生变化的，这种现象称为滞后现象。滞后时间是描述过程滞后现象的动态参数，包括纯滞后和容量滞后。

(1)传递滞后。传递滞后又称纯滞后，常用 τ_0 表示。它的产生一般是由于介质的输送需要一段时间而引起的。

图 1-27a 所示的反应器，料斗中的固体用带式输送机送至加料口，再由加料口进入反应器内进行反应。当以料斗的加料量作为对象的输入，反应器内溶液浓度作为输出时，其反应曲线如图 1-27b 所示，该图中所示的 τ_0 为纯滞后时间：

$$\tau_0=\frac{l}{u}$$

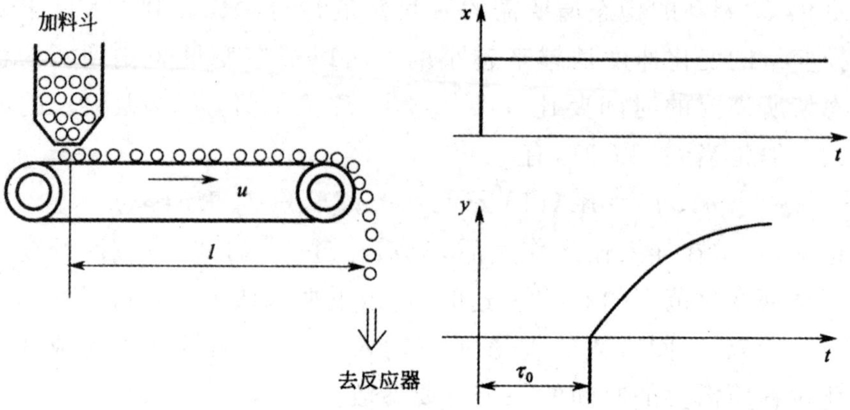

(a)　　　　(b)

图 1-27　反应器及其反应曲线

假设该对象为一阶对象，则数学表达式为

$$T\frac{\mathrm{d}y(t)}{\mathrm{d}t}+y(t)=kx(t-\tau_0)$$

当假定 $y(t)$ 的初始值 $y(0)=0$，$x(t)$ 是一个发生在 $t=0$ 的阶跃输入，设幅值为 A，对上述方程式求解，可得

$$y(t)=KA(1-\mathrm{e}^{-\frac{t-\tau_0}{T}})\quad (t\geqslant\tau_0)$$

可见，具有纯滞后的一阶对象与无纯滞后的一阶对象，它们的反应曲线在形状上完全相同，只是具有时滞的反应曲线在时间上错后一段时间 τ_0。

(2)容量滞后。容量滞后又称过渡滞后，常用 τ_h 表示。它是多容量过程的固有属性，一般是由于物料或能量的传递需要通过一定阻力而引起的。图 1-28 所示为具有容量滞后对象的反应曲线，对象在受到阶跃输入作用 x 后，被控变量 y 开始变化很慢，然后加快，最后又变慢直至逐渐接近稳定值。

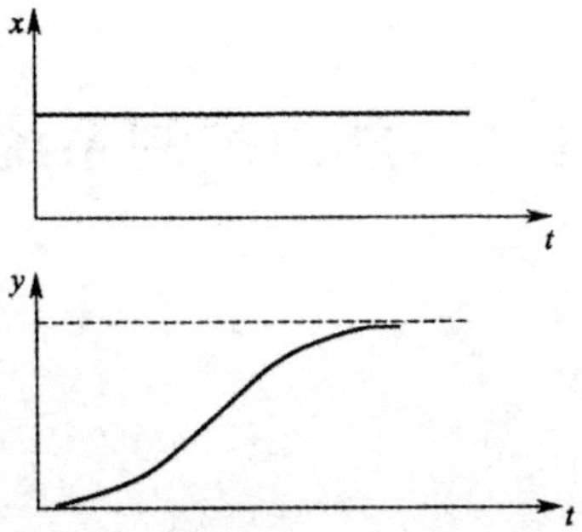

图 1-28 具有容量滞后对象的反应曲线

纯滞后和容量滞后尽管本质上不同，但实际上很难严格区分，所以当容量滞后与纯滞后同时存在时，常常把两者结合起来统称滞后时间 τ，如图 1-29 所示。

$$\tau=\tau_0+\tau_h$$

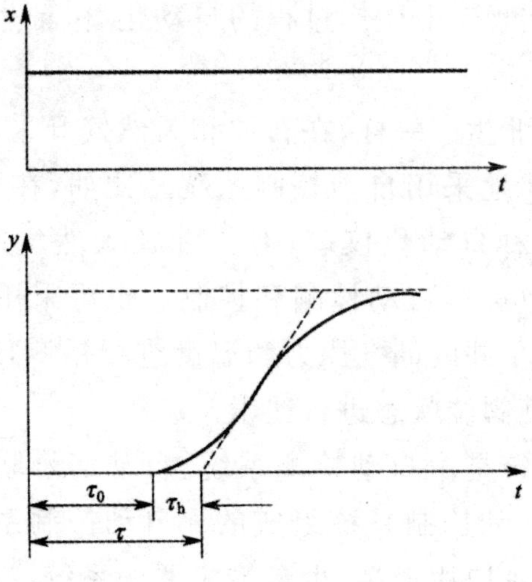

图 1-29 滞后时间 τ 示意

滞后时间 τ 对系统控制过程的影响，需按其与过程的时间常数 T 的相对值 τ/T 来考虑，同时控制通道和扰动通道存在的时滞对控制过程的影响也不尽相同。

1.3 自动控制系统

1.3.1 概述

随着现代工业生产规模的不断扩大,生产过程的日益复杂,自动控制系统已经成为工业生产过程中必不可少的设备,它是保证现代工业生产安全、优化、低能耗、高效益的主要技术手段。自动控制系统的任务是根据不同的工业生产过程和特点,采用测量仪表、控制装置和计算机等自动化工具,应用控制理论,设计自动控制系统,来实现工业生产过程的自动化,保证生产过程良好、高效地操作运行。

与其他工业生产一样,在石油和天然气开采和储运工艺过程中,也可以广泛地采用自动控制系统。比如,在采输工艺管线和站库上装有各种自动化仪表,对原油及天然气的压力、温度、流量、液位等参数进行自动检测和控制。也可采用"三遥"装置,对远距离泵站的单井的油气压力和温度进行遥测,对井口电动球阀进行遥控,对其阀位状态进行遥讯。

自动化系统是由自动检测系统、自动信号联锁保护系统、自动操作系统、自动控制系统组成的。自动控制系统在石油、天然气开采和储运中应用最多,也是最主要的系统,例如泵房自动化、油品管道自动调和、油品灌装等生产过程。在大型油气处理联合站,简单控制系统多达 100 个。以下将主要介绍简单控制系统、复杂控制系统和计算机控制系统。

1.3.2 简单控制系统

简单控制系统是使用最普遍、结构最简单的一种自动控制系统。随着工业技术的发展，控制系统的类型越来越多，复杂控制、计算机控制系统的应用也日趋广泛，但就目前而言，简单控制系统仍然占据着主要地位，其分析、设计方法是其他各类控制系统分析和设计的基础。在选择控制方案时，只有当简单控制系统不能满足控制要求时，才考虑采用其他较复杂的控制方案。简单控制系统研究的问题，在其他各类控制系统中也基本适用。

1.简单控制系统的组成

简单控制系统由一个测量变送环节（测量元件及变送器）、一个控制器、一个执行器、一个被控对象组成。由于该系统中只有一条由输出端引向输入端的反馈路线，因此也称为单回路控制系统。

图 1-30 所示为输油管道的流量控制系统。输油管道是被控对象，流量是被控变量，孔板流量计配合变送器将检测到的流量信号送往流量控制器 FC。控制器的输出信号送往执行器，通过改变控制阀的开度来实现流量控制。

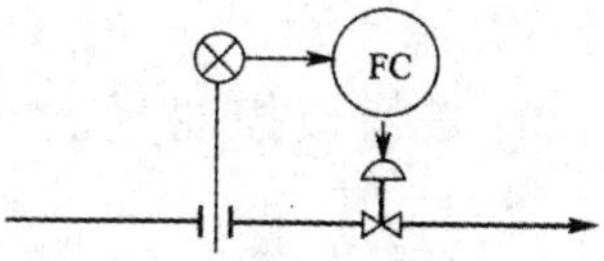

图 1-30 输油管道流量控制系统

如图 1-31 所示，在储槽的液位控制系统中，储槽是被控对象，液位是被控变量，液位送器将反映液位高低的信号送往液位控制器 LC。控制器的输出信号送往执行器，改变控制阀开度使储槽输出流量发生变化以维持液位稳定。

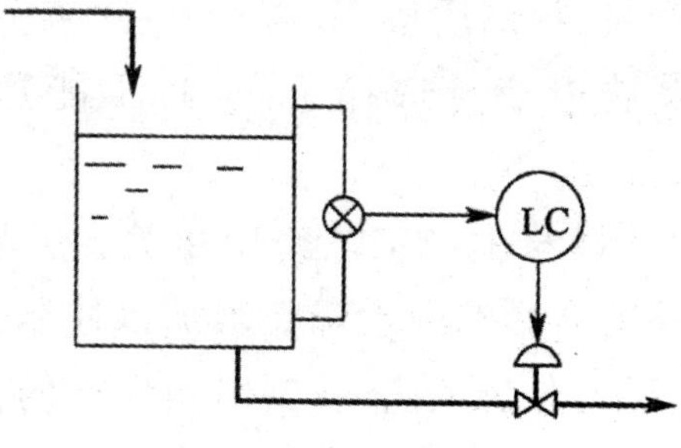

图 1-31 液位控制系统

图1-32所示是简单控制系统的典型方块图。由图1-32可知，简单控制系统由四个基本环节组成，即被控对象(简称对象)、测量变送装置、控制器和执行器。对于不同对象的简单控制系统尽管其具体装置与变量不相同，但都可以用相同的方块图来表示，这是简单控制系统所具有的共性。

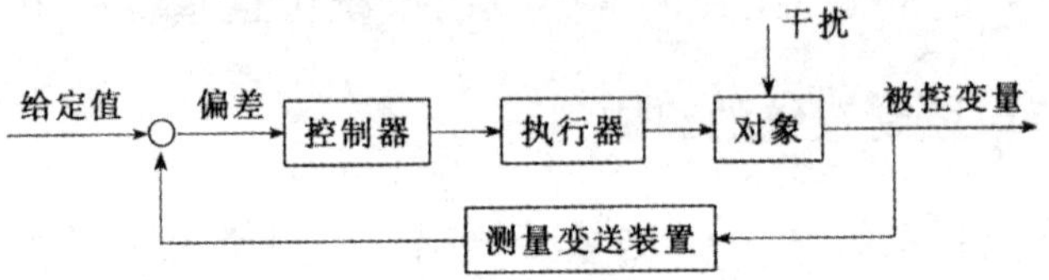

图1-32 简单控制系统的典型方块图

由图1-32还可以看出，在该系统中有着一条从系统的输出端引向输入端的反馈路线，也就是说，该系统中的控制器是根据被控变量的测量值与给定值的偏差来进行控制的，这是简单反馈控制系统的又一特点。

2.控制方案的设计

所谓控制方案的设计是指被控变量的选择、操纵变量的选择及控制器的选择。

1)被控变量的选择

自动控制系统是为生产过程服务的，自动控制的目的是使生产过程自动按照预定的目标进行，并使工艺参数保持在预先规定的数值上(或按预定规律变化)。因此，在构成一个自动控制系统时，被控变量的选择十分重要。它关系到自动控制系统能否达到稳定运行、增加产量、提高质量、节约能源、改善劳动条件、保证安全等目的。如果被控变量选择不当，将不能达到预期的控制目标。

被控变量的选择与生产工艺密切相关。影响生产过程的因素很多，但并不是所有影响因素都必须加以控制。所以设计自动控制方案时必须深入分析工艺，找到影响生产的关键变量作为被控变量。所谓关键变量，是指对产品的产量、质量以及生产过程的安全具有决定性作用的变量。

2)操纵变量的选择

当被控变量确定以后,接着就要考虑影响被控变量波动的干扰因素有哪些,采用什么手段去克服,选用哪个变量去克服干扰最有效,最能使被控变量回到给定值上。人们经常把这个被选择用来克服干扰的变量称为操纵变量。操纵变量最多见的是流量。

在大多数情况下,使被控变量发生变化的影响因素往往有多个,而且各种因素对被控变量的影响程度也不同。现在的任务是从影响被控变量的许多因素中选择一个作为操纵变量,而其他未被选中的因素均被视为系统的干扰。究竟选择哪一个影响因素作为操纵变量,只有在对生产工艺和各种影响因素进行认真分析后才能确定。

干扰变量是由干扰通道施加到对象上,起着破坏作用,使被控变量偏离给定值。操纵变量由控制通道施加到对象上,使被控变量回到给定值上,起着校正作用。这是一对矛盾的变量,它们都与对象特性有密切关系,如图 1-33 所示。所以,在选择操纵变量时,要认真分析对象的特性。

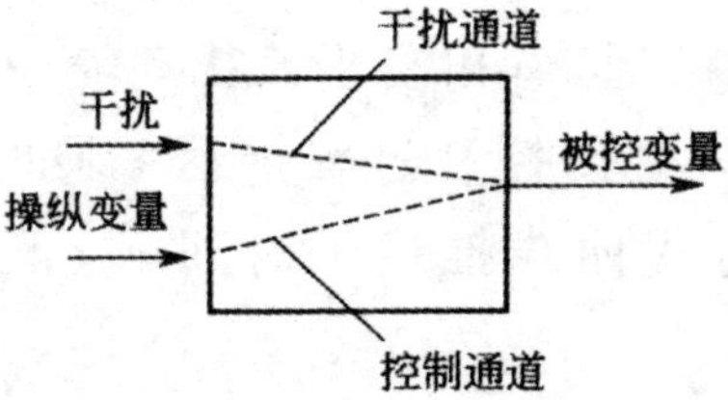

图 1-33 干扰通道与控制通道的关系

首先来分析控制通道特性对控制质量的影响。

(1)对象静态特性的影响。在选择操纵变量时,一般是希望控制通道的放大系数 K_0 要大一些。因为 K_0 大,表示操纵变量对被控变量的影响大,控制作用灵敏,抑制干扰能力强;同时,K_0 大,过渡过程的余差也小,控制精度可得到提高。但是 K_0 数值过大,控制作用过于灵敏,易使调节过头,引起振荡。因此,当有多个操纵变量可供选择时,在工艺条件允许的情况下应选择控制通

道放大系数 K_0 比较大的作为操纵变量。

另外，对象干扰通道的放大系数 K_f 则越小越好。K_f 越小，表示干扰对被控变量的影响不大，过渡过程的超调量不大。

(2)对象动态特性的影响。

①时间常数的影响。控制通道时间常数 T_0 越大，反应速率越慢，被控变量变化越缓和。但控制作用不及时，过渡过程的最大偏差加大，过渡时间加长，使控制质量差；相反，时间常数 T_0 较小时，反应灵敏，控制及时，过渡时间短。但当 T_0 太小时，容易引起控制作用过于频繁而造成控制过程振荡，稳定性变差。因此在 T_0 太大或太小的情况下，都比较难以控制，控制系统一般希望控制通道的时间常数 T_0 大小适当。

干扰通道的时间常数 T_f 越大，表示干扰对被控变量的影响越缓慢，所以干扰通道的时间常数大一些是有利于控制的。

②纯滞后的影响。控制通道纯滞后 τ_0 的存在，会使控制作用落后于被控变量的变化，容易引起超调和振荡，使被控变量的最大偏差增大，过渡时间增加，控制质量变差。滞后越大，这种现象越严重，系统的控制质量也越差。因此，在设计自动控制系统时，应尽量避免或减小控制通道纯滞后 τ_0 的影响。

纯滞后对于扰动通道，相当于使扰动隔一段时间 τ_f 后再进入被控过程，结果只是使控制过程推迟一段时间 τ_f 后再开始。相当于整个过渡过程曲线推迟了时间 τ_f，不影响控制过程的品质。

(3)测量变送环节对控制系统的影响。测量元件与变送器是控制系统的“眼睛”，也是系统进行控制作用的依据。所以，要求它能准确地、及时地反映被控变量的状况。如果测量不准确，则会产生失调或误调，影响之大，不容忽视。

测量元件安装点选择不合适会带来纯滞后，称为测量滞后。如图 1-34 所示为一个流量控制系统，由于测量点距离控制阀较远，控制阀调节管道流量的变化经 $\tau_0=l/v$ 的时间，变送器才能检测到，这种纯滞后使控制质量大大降低。

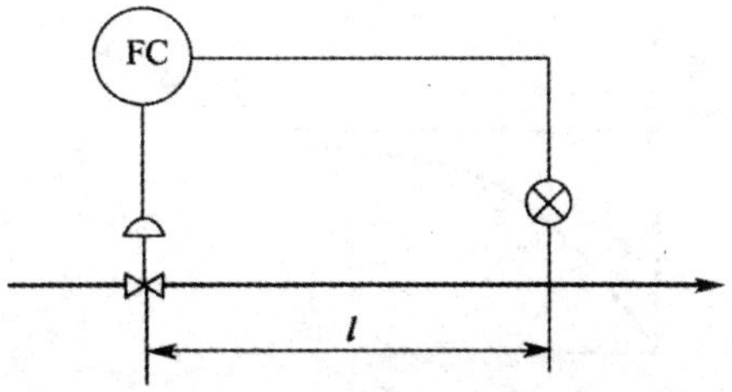

图 1-34 流量控制系统

①传递滞后。在使用气动单元组合仪表时比较明显,对于电动单元组合仪表可忽略不计。实现集中控制后,控制器安装在控制室内,而变送器、控制阀安装在现场设备上。它们之间有很远的距离,气压信号从变送器至控制器之间的传递就产生了滞后。

②测量滞后。测量滞后是指由测量元件时间常数所引起的动态误差,它是由测量元件本身的特性所决定的。

测温元件测量温度时,由于存在着热阻和热容,即其本身具有一定的时间常数 T_m,因而测温元件的输出总是滞后于被控变量的变化,从而引起幅值的降低和相位的滞后。测温元件时间常数对被控变量的影响如图 1-35 所示,若被控变量 y 做阶跃变化时,测量值 z 慢慢靠近 y,如图 1-35a 所示。显然,前一段两者差距很大;若 y 做递增变化,而 z 则一直跟不上去,总存在偏差,如图 1-35b 所示;若 y 做周期性变化,z 将落后一个相位,如图 1-35c 所示。假如把这种测量元件用于控制系统,那么,控制器接收到的将是一个失真信号,它就不能正常发挥校正作用,因此控制系统的控制质量也将随之下降。需要减小时间常数,常采用快速热电偶代替工业用热电偶和温包。另外,可通过正确选择测量元件的安装位置、正确使用微分环节等途径来克服测量滞后。

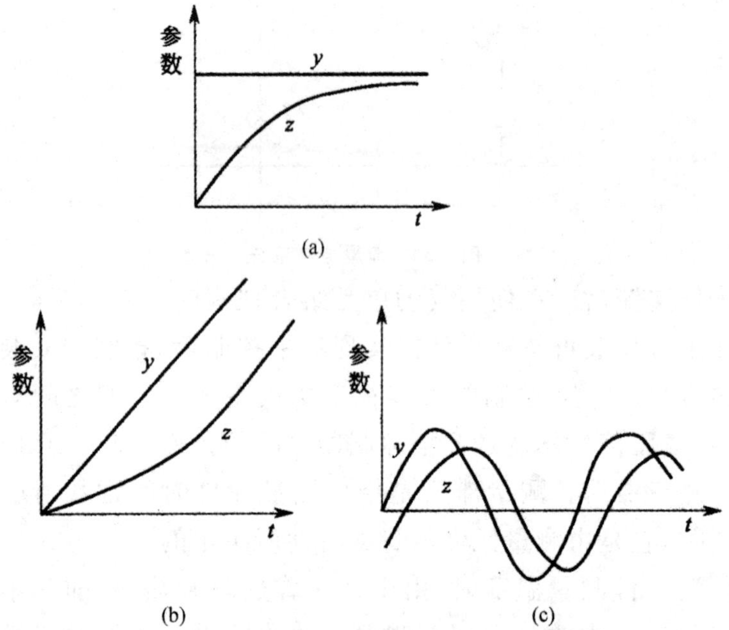

图 1-35 测温元件时间常数对被控变量的影响

3)控制器的选择

在控制系统中,仪表选型确定以后,对象特性是固定的,不好改变;测量元件及变送器的特性比较简单,一般也是不可改变的;执行器加上阀门定位器可有一定程度的调整,但灵活性不大;主要可以改变参数的就是控制器。系统设置控制器的目的,也是通过它改变整个系统的动态特性,以达到控制的目的。

3.控制器参数的工程整定

一个控制系统的质量取决于被控对象的特性、干扰的形式和大小、控制方案以及控制器参数的整定等因素。然而,一旦系统按照设计方案安装就绪,对象各通道的特性已成定局,这时系统的控制质量主要取决于控制器参数的设置。控制器参数的整定就是求取能够满足某种控制质量指标要求的最佳控制器参数(δ、T_D、T_I)。整定的实质是通过调整控制器参数使其特性与被控对象的特性相匹配,以获得最为满意的控制效果。

(1)临界比例度法。临界比例度法是目前应用较多的一种方法。它是先通过试验得到临界比例度 δ_k 和临界周期 T_k,然后根据经验总结出来的关系式求取控制器的各参数值。

在闭环的控制系统中,将控制器变为纯比例作用,即将 T_I 放在"∞"位置上。T_D 放在"0"位置上。加干扰后,逐渐减小比例度使过渡过程曲线产生等幅振荡时,记下控制器此时临界比例度 δ_k,由曲线上求取临界周期 T_k,如图 1-36 所示。取得 δ_k 和 T_k 以后,根据表 1-2 的经验公式计算出控制器各参数值。

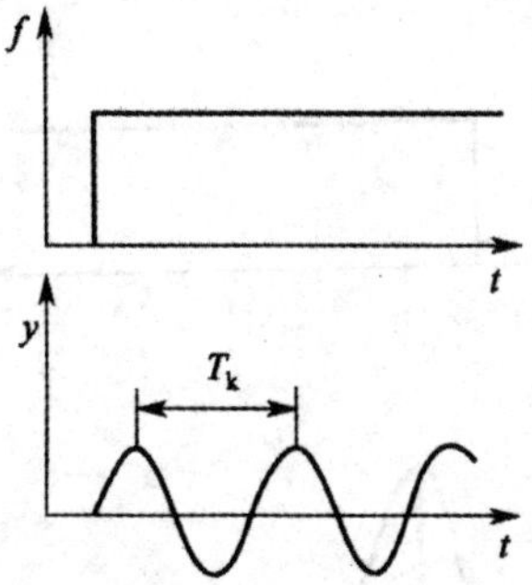

图 1-36 临界振荡过程

表 1-2 经验关系式

调节作用	比例度 δ%	积分时间 T_I/min	微分时间 T_D/min
比例	$2\delta_k$	—	—
比例积分	$2.2\delta_k$	$0.85T_k$	—
比例积分微分	$1.7\delta_k$	$0.5T_k$	$0.125T_k$

临界比例度法比较简单方便,容易掌握和判断,适用于一般的控制系统,但是对于临界比例度很小或不存在临界比例度的系统不适用。因为临界比例度很小,则控制器输出的变化一定很大,被控变量容易超出允许范围,影响生产的正常进行。

临界比例度法是要使系统达到等幅振荡后,才能找出 δ_k 与 T_k,对于工艺上不允许产生等幅振荡的系统不适用。

(2)衰减曲线法。衰减曲线法通过使系统产生衰减振荡来整定控制器的参数值,在闭环的控制系统中,先将控制器变为纯比例作用，并将比例度预置在较大的数值上。在达到稳定后，用改变给定值的办法加入阶跃干扰，观察被控变量记录曲线的衰减比，然后从大到小改变比例度，直至出现 4∶1 衰减曲线的过渡过程，如图 1-37 所示，记下控制器此时比例度 δ_s，在过渡过程曲线上取得振荡周期 T_s，根据表 1-3 的经验公式，求出相应的 δ、T_D、T_I 值。

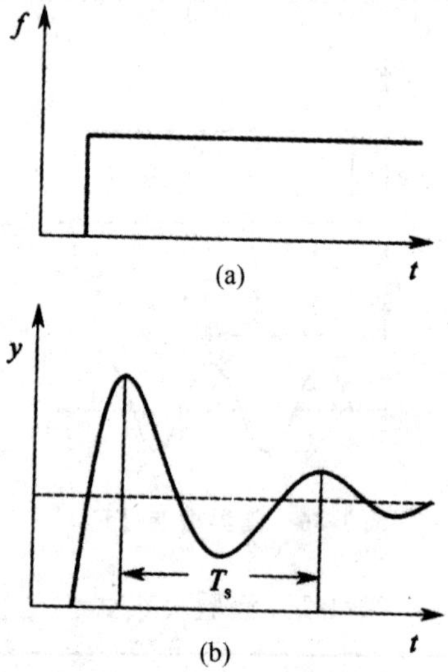

图 1-37　衰减过渡过程

表 1-3　经验关系式

调节作用	δ/%	T_I/min	T_D/min
比例	δ_s	—	—
比例积分	$1.2\delta_s$	$0.5T_s$	—
比例积分微分	$0.8\delta_s$	$0.3T_s$	$0.1T_s$

衰减曲线法适用于一般情况下各种参数控制系统。但对于干扰频繁、记录曲线不规则且呈锯齿形的控制系统不适用，因为不能得到正确的衰减比例度 δ_s 和衰减周期 T_s。

(3)经验凑试法。经验凑试法是在长期的生产实践中总结出来的一种整定方法。它是根据经验先将控制器参数 δ、T_D、T_I 放在一个数值上，直接在闭合控制系统中，通过改变给定值施加干扰，在记录仪上看过渡过程曲线。运用δ、T_D、T_I对过渡过程的作用为指导，按照规定顺序，对比例度δ、积分时间T_I和微分时间T_D逐个整定，直到获得满意的过渡过程为止。此方法又称为看曲线调参数法。

各类控制系统中控制器参数的经验数据见表1-4。特殊系统的控制器参数可适当超出此范围。

表1-4　各类控制系统中控制器参数的经验数据

控制系统	δ/%	T_I/min	T_D/min	特点
温度	20～60	3～10	0.5～3	比例度小，积分时间长，加微分
流量	40～100	0.1～1		比例度大，积分时间短
压力	30～70	0.4～3		比例度略小，积分时间略长
液位	20～80	1～5		比例度小，积分时间长

在一个自动控制系统投入运行时，控制器的参数必须整定，才能获得满意的控制质量。同时，在生产进行过程中，如果工艺操作条件改变，或负荷有很大变化，被控对象的特性就要改变，控制器的参数也必须重新整定。

1.3.3　复杂控制系统

复杂控制系统又称多回路控制系统，通常包含两个以上的变送器、控制器或者执行器，构成的回路数也是多于一个。复杂控制系统种类繁多，根据系统的结构和所担负的任务来说，常见的复杂控制系统有串级、均匀、比值、分程、前馈、取代、三冲量等控制系统。

1. 串级控制系统

串级控制系统是所有复杂控制系统中应用最多的一种，当要求被控变量的误差范围很小，简单控制系统不能满足要求时，可考虑采用串级控制系统。

1)组成原理

为了对串级控制系统有一个初步认识,首先分析一个具体实例。管式加热炉是炼油、化工生产中的重要装置之一。无论是原油加热或重油裂解,对炉出口温度的控制都十分重要。将温度控制好,一方面可延长炉子寿命,防止炉管烧坏;另一方面可保证后面精馏分离的质量。为了控制炉出口温度,可以设置如图 1-38 所示的温度控制系统,根据加热炉出口温度的变化来控制燃料阀门的开度,即改变燃料量来维持加热炉出口温度,保持在工艺所规定的数值上,这是一个简单的控制系统。

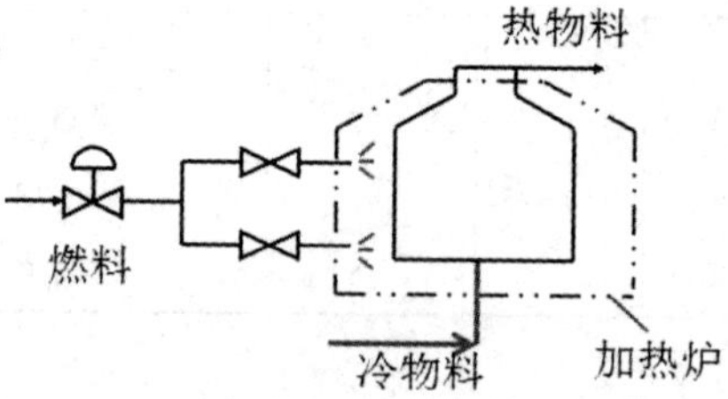

图 1-38 管式加热炉出口温度控制系统

加热炉对象是通过炉膛与被加热物料之间的温差进行热传递的,燃料量的变化或燃料热值的变化首先要反映到炉膛温度上。为此,选择炉膛温度为被控变量,燃料量为操纵变量,设计如图 1-39 所示的单回路控制系统,以维持炉出口温度为某一定值。该系统的特点是控制通道的时间常数缩短为 3min 左右,对于燃料和燃烧条件方面的主要干扰具有很强的抑制作用。但是炉膛温度毕竟不能真正代表炉的出口温度。如果炉膛温度控制好了,其炉的出口温度并不一定就能满足生产的要求,这是因为即使炉膛温度恒定,原料油本身的流量或入口温度变化仍会影响炉的出口温度,所以该方案仍然不能达到生产工艺的要求。

综上分析,为了充分应用上述两种方案的优点,选取炉出口温度为被控变量,选择炉膛温度为中间辅助变量,把炉出口温度控制器的输出作为炉膛温度控制器的给定值,而由炉膛温度控制器的输出去操纵燃料量的控制方案。这样就构成了如图 1-40 所示的炉出口温度与炉膛温度的串级控制系统。

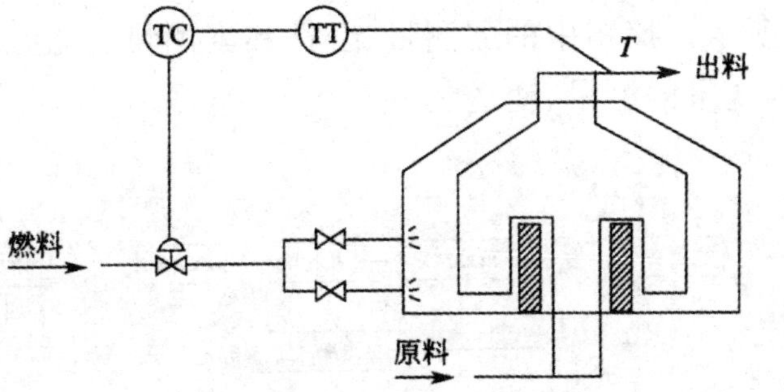

图 1-39 管式加热炉出口温度单回路控制方案

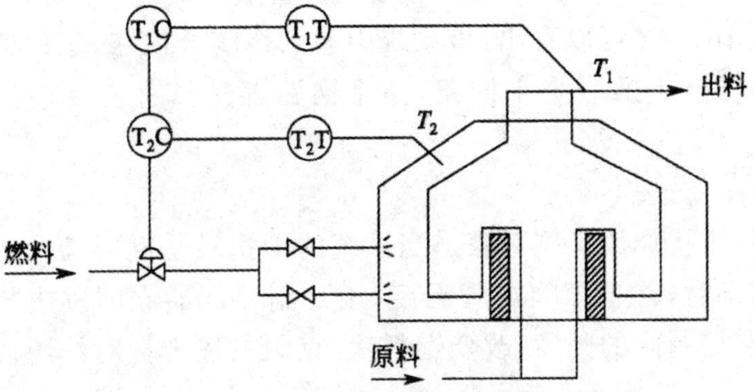

图 1-40 管式加热炉出口温度与炉膛温度串级控制系统

图 1-41 所示是管式加热炉出口温度与炉膛温度串级控制系统方块图。在这个控制系统中,有两个控制器 T_1C 和 T_2C,分别接收来自不同对象、不同部位的测量信号 T_1 和 T_2。其中一个控制器 T_1C 的输出值作为另一个控制器 T_2C 的给定值,而后者的输出去控制执行器以改变操纵变量。从系统的结构来看,这两个控制器是串接工作的,因此,这样的系统称为串级控制系统。

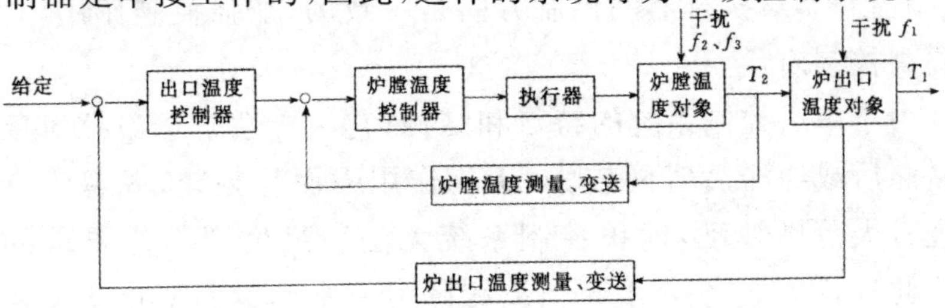

图 1-41 管式加热炉出口温度与炉膛温度串级控制系统方块图

根据前面所介绍的串级控制系统画出典型形式的方块图，如图 1-42 所示。该图中的主测量、变送和副测量、变送分别表示主变量和副变量的测量、变送装置。

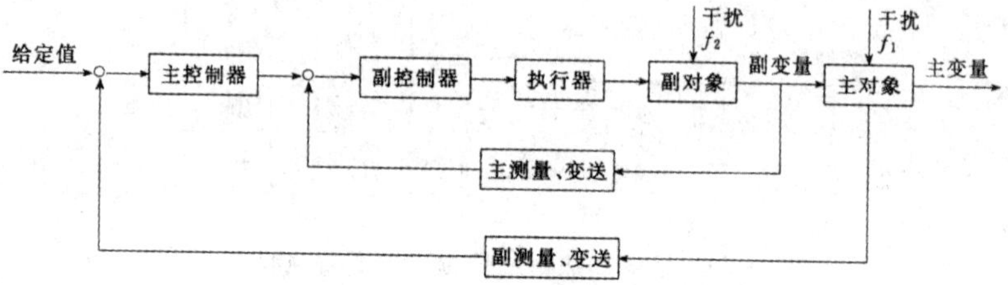

图 1-42　串级控制系统典型方块图

从图 1-42 可以看出，该系统中有两个闭合回路，副回路是包含在主回路中的一个小回路，两个回路都是具有负反馈的闭环系统。

2)工作过程

(1)干扰作用于副对象。当系统的干扰只是燃料油的压力或组分波动时，首先影响炉膛温度，于是副控制器立即发出校正信号，控制控制阀的开度，改变燃料量，克服上述干扰对炉膛温度的影响。

(2)干扰作用于主对象。当炉膛温度相对稳定，而进入加热炉的原料油流量发生变化时，必然引起炉出口温度变化。在主变量偏离给定值的同时，主控制器开始发挥作用，并产生新的输出信号，使副控制器的给定值发生变化。

(3)干扰同时作用于主对象和副对象。若干扰作用使主、副变量按同一方向变化，即主、副变量同时升高或同时降低，此时主、副控制器对执行器的控制方向是一致的，加强控制作用，有利于提高控制质量。

由于串级控制系统的特点和结构，它主要适合于被控对象的测量滞后或纯滞后时间较大，干扰作用强而且频繁，或者生产负荷经常大范围波动，简单控制系统无法满足生产工艺要求的场合。此外，当一个生产变量需要跟随另一个变量而变化或需要相互兼顾时，也可采用这种结构的控制系统。但也不能盲目地套用串级控制系统，否则，不仅会造成设备的浪费，而且用得不对还会引起系统的失控。

2. 均匀控制系统

1)均匀控制问题的提出

在连续生产过程中，每一装置或设备都与其前后的装置或设备有紧密的联系。前一个装置或设备的出料量就是后一装置或设备的进料量。各个装置或设备相互联系，相互影响。如图 1-43 所示的连续精馏塔的多塔分离过程就是一个典型示例。

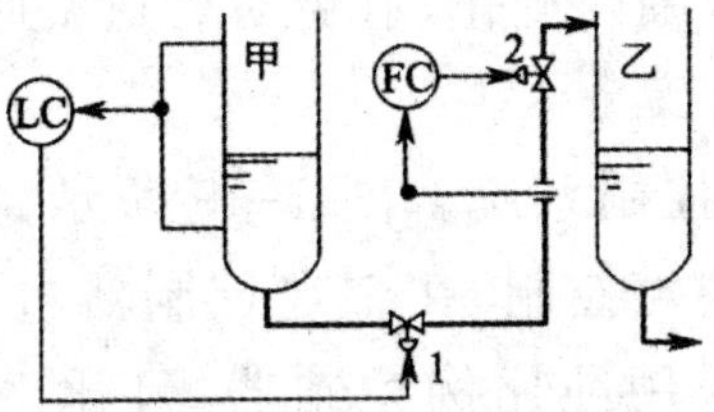

图 1-43 前、后精馏塔的物料供求关系

为了解决前后两塔供求之间的矛盾，可在两塔之间增加一个中间缓冲罐，这样既能满足甲塔液位控制的要求，又缓冲了乙塔进料流量的波动。但由此却增加了设备投资且使生产流程复杂化。而且在个别生产过程中，某些化合物易于分解或聚合，不允许储存时间过长，所以这种方法不能完全解决问题。

2)均匀控制的特点

均匀控制的特点是在工艺允许的范围内，前后装置或设备供求矛盾的两个参数都是变化的，其变化是均匀缓慢的。

(1)表征前后供求矛盾的两个变量都应该是缓慢变化的。

图 1-44 所示是反映液位流量的三种变化状况：图 1-44a 是单纯的液位定值控制；图 1-44b 是单纯的流量定值控制；图 1-44c 是兼顾液位和流量的均匀控制，两个变量都作缓慢变化。

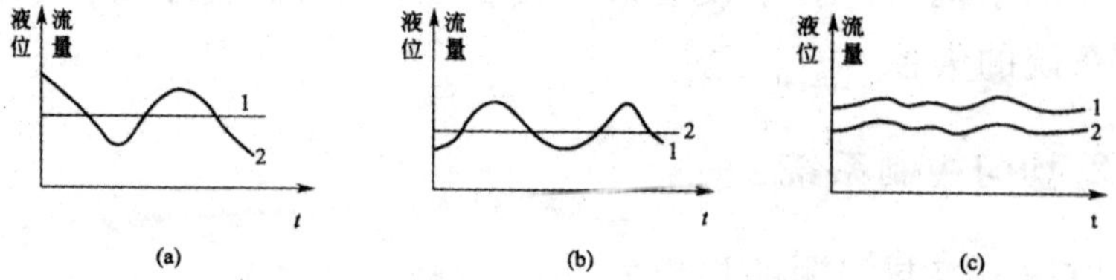

1—液位变化曲线；2—流量变化曲线

图 1-44　反映液位流量的三种变化状况

(2)前后互相联系又互相矛盾的两个变量应保持在工艺操作所允许的范围内。

均匀控制要求在最大干扰作用下，液位能在上下限内波动，而流量应在一定范围内变化，避免对后道工序产生较大的干扰。

3)均匀控制方案

(1)简单均匀控制系统。图 1-45 所示是一个简单均匀控制系统。为了实现均匀控制，在整定控制器参数时，要按均匀控制思想进行。通常采用纯比例控制器，且比例度放在较大的数值上，要同时观察两个变量的过渡过程来调整比例度，以达到满意的均匀。有时为防止液位超限，也引入较弱的积分作用。

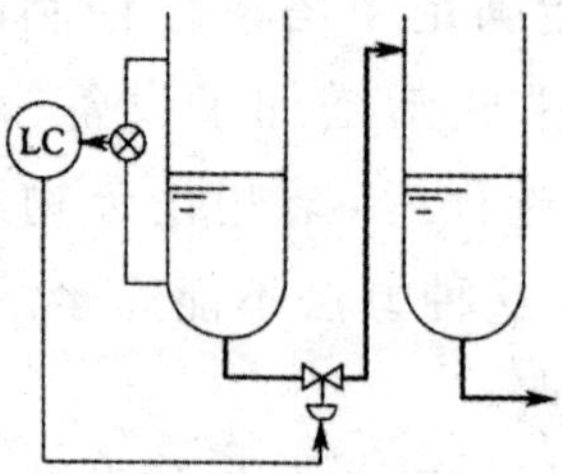

图 1-45　简单均匀控制系统

(2)串级均匀控制系统。串级均匀控制系统如图 1-46 所示。在串级均匀中，副回路用来克服塔压变化；主回路中，不对主变量提出严格的控制要求，采用纯比例，一般不用积分。整定控制参数时，主、副控制器都采用纯比例控制规律，比例度一般都比较大。整定时不是要求主、副变量的过渡过程呈某个衰减比的变化，而是要看主、副变量能否均匀地得到控制。

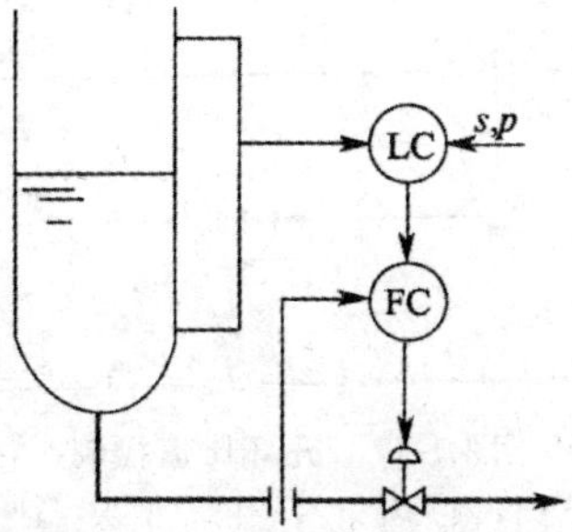

图 1-46 串级均匀控制系统

3.比值控制系统

比值控制系统中，需要保持比值关系的两种物料必然有一种处于主导地位，称为主物料，又称为主动量或主流量，用 Q_1 表示。另一种物料按主物料进行配比，称为从物料，又称为从动量或副流量，用 Q_2 表示。例如在燃烧过程中，当燃料量增大或减小时，空气的流量也随之增大或减小，在此过程中，燃料量就是主流量，处于主导地位，空气就是副流量，处于配比地位。Q_1 和 Q_2 之间应满足关系：

$$Q_2 = KQ_1$$

式中，K 为副流量与主流量的流量比值。

上式表明，副流量 Q_2 按一定比例关系随主流量 Q_1 的变化而变化。

常见的比值控制系统有开环比值、单闭环比值和双闭环比值三种。

(1)开环比值控制系统。开环比值控制系统是最简单的比值控制方案，比值器发挥控制器的作用，使副流量流路上的阀门开度由主流量的大小决定，副流量跟随主流量变化，完成流量配比操作，如图 1-47 所示。

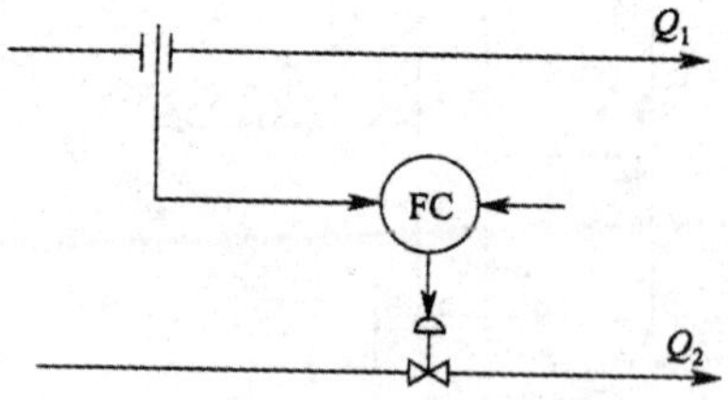

图 1-47　开环比值控制

图 1-47 中，Q_1 是主流量，Q_2 是副流量。当 Q_1 变化时，通过控制器 FC 及安装在从物料管道上的执行器来控制 Q_2，以满足 $Q_2=KQ_1$ 的要求，其方块图如图 1-48 所示，从该图中可以看到，该系统的测量信号取自主物料 Q_1，但控制器的输出却控制从物料的流量 Q_2，整个系统没有构成闭环，所以是一个开环系统。

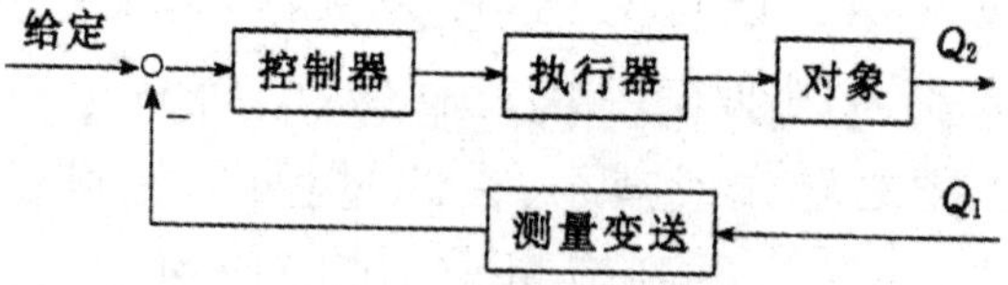

图 1-48　开环比值控制方块图

开环比值控制系统的优点是结构简单，操作方便，投入成本低。因其为开环特性，副流量没有反馈校正，在副流量本身存在干扰时，系统不能予以克服，无法保证两流量间的比值关系。在生产中很少采用这种控制方案。

(2)单闭环比值控制系统。为了克服开环比值控制方案的不足，可以在副流量的流路上设计一个闭合回路，如图 1-49 所示，在副流量 Q_2 上设计流量副回路，用来稳定副流量，当副流量受到干扰时，仍然能保证副流量按比例准确地跟随主流量变化。

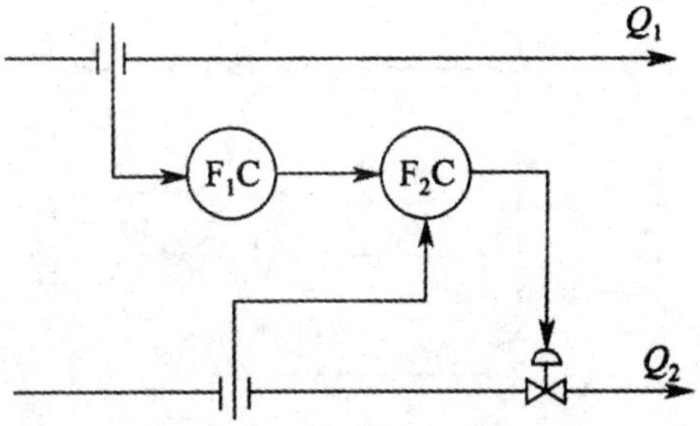

图 1-49 单闭环比值控制

图 1-50 所示是该系统的方块图。从该图中可以看出，单闭环比值控制系统与串级控制系统具有相类似的结构形式，但两者是不同的。单闭环比值控制系统的主流量 Q_1 相似于串级控制系统中的主变量，但主流量并没有构成闭环系统，Q_2 的变化并不影响到 Q_1。尽管它也有两个控制器，但只有一个闭合回路，这就是两者的根本区别。

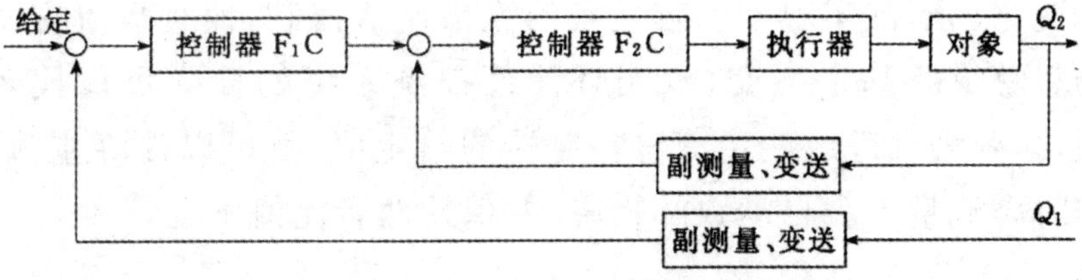

图 1-50 单闭环比值控制的方块图

单闭环比值控制系统的优点是比值控制比较精确，能较好地克服进入副流量回路的干扰，并且结构形式也较为简单，实施方便，在生产中得到了广泛应用，尤其适用于主物料在工艺上不允许进行控制的场合。但是当主流量波动幅度较大时，该方案无法保证系统处于动态过程的流量比。

3)双闭环比值控制系统

双闭环比值控制系统是在单闭环比值控制的基础上，增加了主流量 Q_1 控制回路而构成的。如图 1-51 所示，当主流量 Q_1 变化时，一方面通过主流量控制器 F_1C 对它进行控制，另一方面通过比值控制器 K 乘以适当的系数后作为副流量控制器的给定值，使副流量跟随主流量的变化而变化。

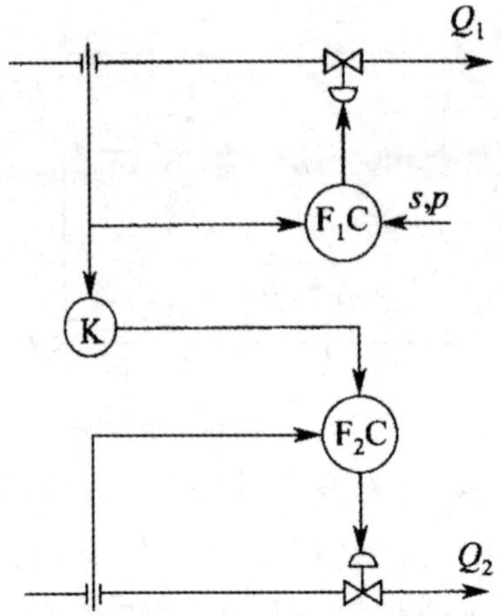

图 1-51　双闭环比值控制

图 1-52 所示是双闭环比值控制系统的方块图。由该图可以看出，该系统具有两个闭合回路，分别对主、副流量进行定值控制。同时，由于比值控制器的存在，副流量能跟随主流量的变化而变化。不仅实现了比较精确的流量比值控制，而且也确保了两物料总量的基本不变；双闭环比值控制系统的提降负荷比较方便，只要缓慢地改变主流量控制器的给定值，就可以提降主流量，同时副流量也就自动跟随提降，并保持两者比值不变。

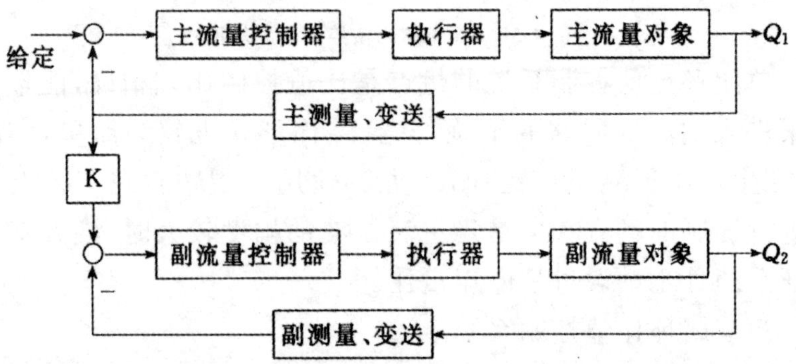

图 1-52　双闭环比值控制系统的方块图

4)变比值控制系统

有些生产过程要求两种物料的比值根据第三个参数的变化而不断调整以保证产品质量，这种系统称为变比值控制系统。

图 1-53 所示为合成氨生产过程中煤造气工段的变换炉比值控制系统。水蒸气与半水煤气的实际比值 $K(K=Q_2/Q_1)$ 可由水蒸气流量、半水煤气流量经测量变送后计算得到，并作为流量比值控制器 FC 的测量值。而 FC 的给定值来自温度控制器 TC，最后通过调整蒸汽量（实际是调整了蒸汽与半水煤气的比值）来使变换炉催化剂层的温度恒定在工艺要求的设定值上。

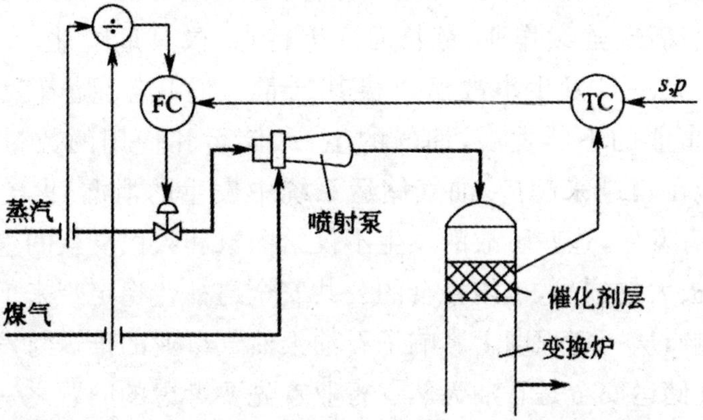

图 1-53 合成氨生产过程中煤造气工段的变换炉比值控制系统

图 1-54 所示为该变比值控制系统的方块图。从系统的结构来看，实际上是变换炉催化剂层温度与蒸汽、半水煤气的比值串级控制系统。系统中温度控制器 TC 按串级控制系统中主控制器的要求来选择，比值系统按单闭环比值控制系统的要求来确定。

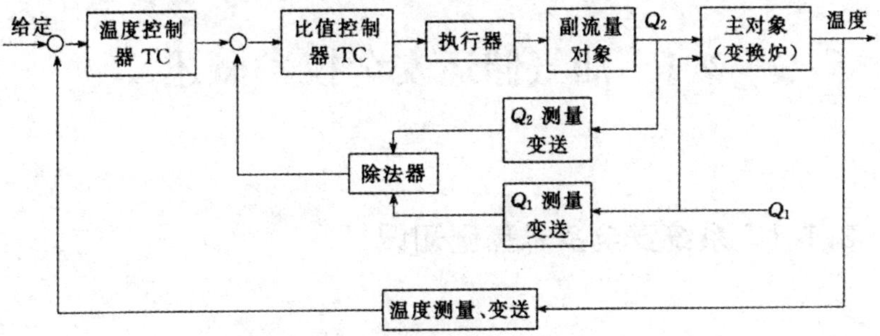

图 1-54 变比值控制系统方块图

2　油气储运安全技术

作为国家支柱产业的石油天然气行业具有易燃易爆、有毒有害、高温高压、连续作业、链长面广等特点，极具危险性，事故发生概率高，且一旦发生事故后果极其严重。近几年，随着我国石油天然气事业的不断发展，油气的生产、储运和使用的数量也越来越多，范围也越来越广，油气储运系统中发生的泄漏、火灾与爆炸事故时有发生，这些事故的发生不仅给国家和人民群众的生命与财产造成极大的损失，也给社会的公共安全与社会稳定带来了极大的负面影响，从一定程度上影响了石油天然气事业的推进与发展。因此，油气储运安全是石油天然气行业首先要考虑的问题之一。采取有效的安全防范措施，对工程全程进行有效的监控与管理，已经成为保障石油天然气行业财产和人身安全的重要手段。油气储运安全技术就是为了控制和消除油气储运工程中潜在的各种不安全因素，针对该领域工程设计、生产作业环境、设备设施、工艺流程以及作业人员等方面存在的问题而采取的一系列技术措施。

2.1　油气储运安全技术概述

2.1.1　系统安全技术基础知识

1.危险源及重大危险源

(1)危险源及重大危险源的定义。危险源是指一个系统中具有潜在能量和物质释放危险且在一定的触发因素作用下可转化为事故的部位、区域、场所、空间、岗位、设备及其位置。也就是说，危险源是能量、危险物质集中的核心，是能量传出来或者爆发的地方。危险源存在于确定的系统中，对于不同的系统范围，危险源的区域也不同。

我国国家标准《危险化学品重大危险源辨识》(GB 18218—2009)中将重大危险源定义为长期或临时生产、加工、搬运、使用或储存危险物质，且危险物质的数量等于或超过临界量的单元。单元指一个(套)生产装置、设施或场所，或同属一个工厂的且边缘距离小于500 m的几个(套)生产装置、设施或场所。如果对重大危险源控制不当，就有可能导致重大事故的发生。重大事故具有伤亡人数众多、经济损失严重、社会影响大的特征。目前，国际上已习惯将重大事故特指为重大火灾、爆炸、毒物泄漏事故。一般说来，重大危险源总是涉及易燃、易爆或有毒性的危险物质，并且在一定范围内使用、生产、加工或储存超过临界量的这些物质。重大危险源控制的目的，不仅是预防重大事故发生，而且要做到一旦发生事故，能将事故危害控制到最低程度。

危险源是可能导致事故发生的潜在不安全因素。实际上，生产过程中的危险源即不安全因素种类繁多，非常复杂，它们在导致事故发生、造成人员伤害和财产损失方面所起的作用各不相同，相应地，控制它们的原则、方法也不相同。

(2)危险源的辨识。由于危险源是“潜在的”不安全因素，比较隐蔽，所以危险源辨识是一件非常困难的工作。在系统比较复杂的场合，危险源辨识工作更加困难，需要利用专门的方法。危险源辨识方法可以粗略地分为对照法和系统安全分析法两大类。

在辨识危险源的过程中，有些潜在危险源往往需要通过一定的方法来进行分析和判断。判断危险源有很多方法，但任何一种方法都必须掌握以下几个环节：确定危险源类型，对可能发生的事故模式及后果进行预测，对事故发生原因及条件进行分析，掌握设备的可靠性、人机工程、安全措施及应急措施。具体的危险源辨识方法如图2-1所示，主要程序如图2-2所示。

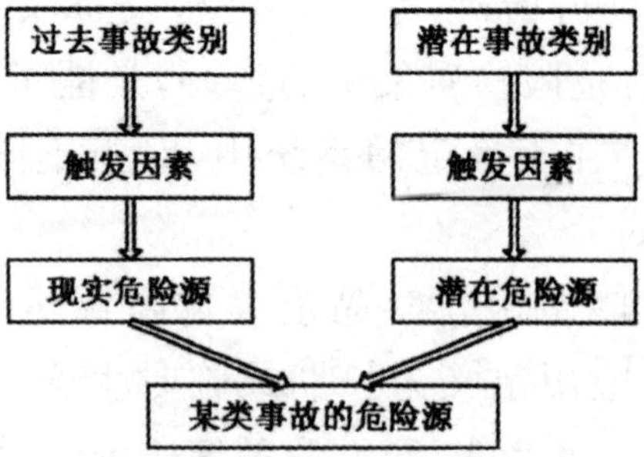

图 2-1　危险源辨识的方法

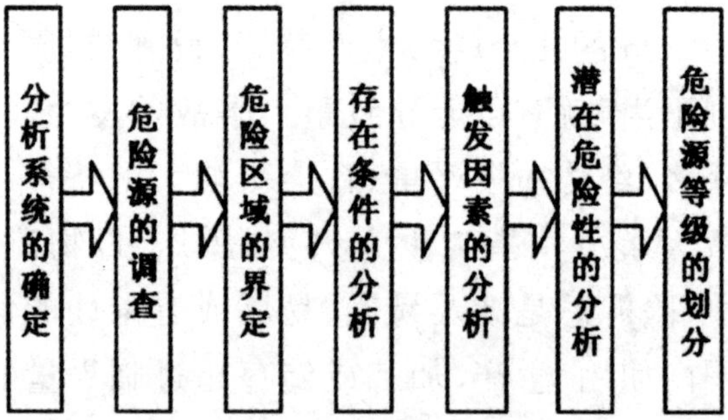

图 2-2　危险源辨识的主要程序

(3)重大危险源的危险性分级及控制的主要内容。目前我国重大危险源的危险性分级尚未制定统一的分级标准，在易燃、易爆、有毒的生产场所的常见做法是根据重大危险源的死亡半径(R)进行分级，将重大危险源划分为四级：一级重大危险源($R \geqslant 200m$)；二级重大危险源($100m \leqslant R < 200m$)；三级重大危险源($50m \leqslant R < 100m$)；四级重大危险源($R < 50m$)。

一级重大危险源由国家主管部门直接控制；二级重大危险源由省和直辖市政府控制；三级重大危险源由县、市政府控制；四级重大危险源由企业重点管理控制。

重大危险源控制的目的，不仅是预防重大恶性事故的发生，而且要做到一旦事故发生，能将事故危害降低到最低程度。由于工业生产活动的复杂性，有效地控制重大危险源需要采用系统工程的思想和方法，建立起一个完整而且行之有效的系统。重大危险源控制系统主要由重大危险源的辨识、重大危险源的评价、重大危险源的管理、重大危险源的安全报告、事故应急救援预案、重大危险源的监察6个部分组成。

2.事故

事故是一种动态事件，它开始于危险的激化，并以一系列原因事件按一定的逻辑顺序流经系统而造成损失，即事故是指造成人员伤害、死亡、职业病或设备设施等财产损失和其他损失的意外事件。

1)事故的形成

事故的发生与否以及事故造成的伤害情况受下列因素影响：人的行为和状态；环境条件和物的状况；管理上的缺陷。环境条件和物的状况不良以及管理上的缺陷可能形成生产中的事故隐患，由于人为原因的触发，就可能形成事故。简而言之，事故的发生不外乎是物的不安全状态（或称故障）和人的不安全行为（失误）两大因素共同作用的结果。在能量失控的情况下，人、物两大系统各自运动的交叉点就构成事故的“时空”。图2-3所示为事故形成过程示意图。

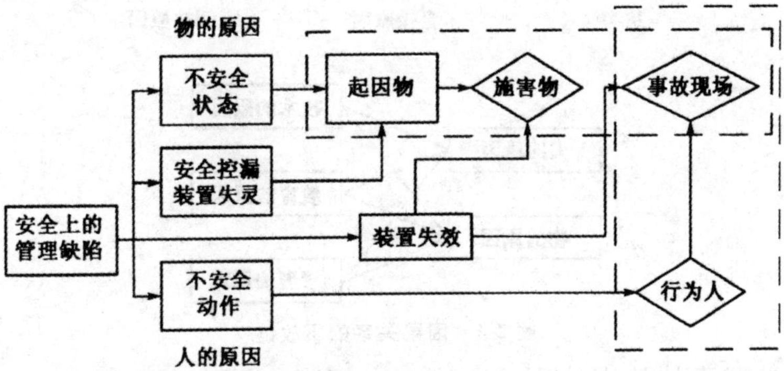

图2-3 事故形成过程示意图

事故的形成过程中，物质条件的不可靠性和不安全性是形成事故的潜在危险，人的不安全行为和管理缺陷是导致事故发生的主要原因，能量的异常传递是事故发生的结果。

2)事故致因理论

事故致因理论是安全原理的主要内容之一，用于揭示事故的成因、过程与结果，所以有时又称事故机理或事故模型。它暂时避开了危险源的具体特点和事故的具体内容与形式，而只是抽象概括地考虑构成系统的人、机、物和环境，因此更具有普遍意义。当事故致因理论和具体的危险源、具体的事故结合时，就可以更科学、更实际、更生动地把可能的事故成因、过程、结果展现在人们面前，故而它是进行危险性分析、安全性评价、对策制定、监控管理以及事故调查分析的有力武器。

到目前为止，人们已提出了十多种事故致因理论，这里重点介绍其中常用的几种。

(1)因果论。以因果关系为基础的事故模型中，以日本北川彻三的事故模型较为出名。北川彻三的模型基于这样的事实和认识，即事故和事故是否造成损失与损失大小是偶然性的，而事故的发生则必有原因，这是必然性的。这些原因可以分为直接原因与间接原因，从间接原因到损失构成了一个反映因果关系的事故链，如图 2-4 所示。

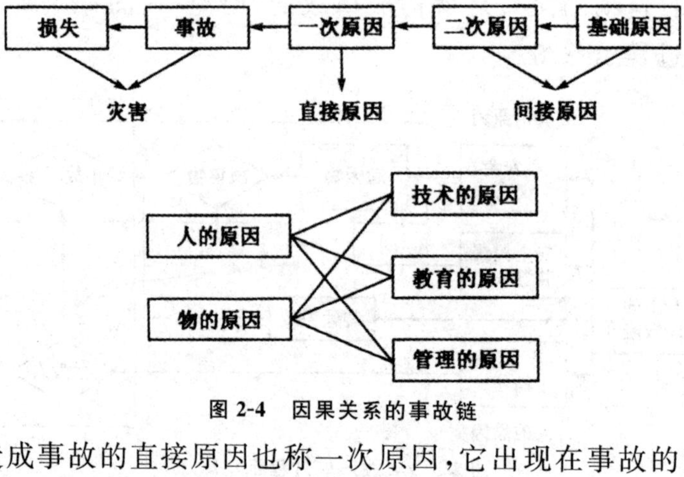

图 2-4　因果关系的事故链

造成事故的直接原因也称一次原因，它出现在事故的当时和现场，包括人的原因即人的不安全行为(失误或误操作)和物的原因即物的不安全状态(含机械设备的缺陷、故障、失效和环境的不良条件)。此二者是间接原因造成的结果。

(2)轨迹交叉论。轨迹交叉的事故致因理论认为，该系统内事故的发生是由于人的不安全行为与物(机或环境)的不安全状态在同一时空相遇(或逆流能量轨迹交叉)所造成的，有时环境也是造成人的不安全行为与物(机)的不安全状态及它们相遇的条件。这种情况可用图 2-5 形象地表示出来。

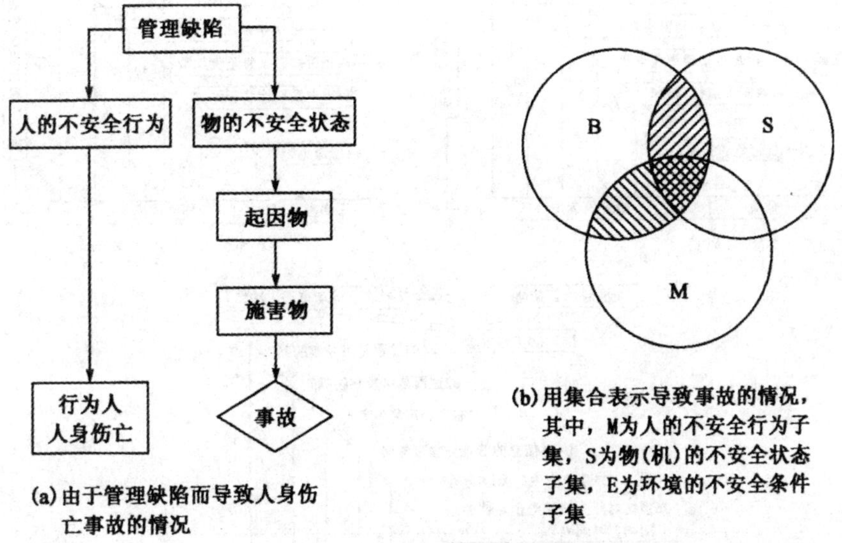

图 2-5 轨迹交叉论事故致因模型

(3)人—环匹配论。人—环匹配论是由瑟利(J. Surly)在1969 年提出的一种事故致因理论,也称瑟利模型。后来又经安德森加以补充改进而成瑟利—安德森模型。它是把人、机、物、环境组成的一个系统整体归化为人(主体)与环境(客体)两个方面,把系统中的一个事故的发生分为危险的形成(迫近)与其演变为事故而致伤害或损坏两个过程。事故是否发生,取决于人与环境的相互匹配和适应情况。该模型具体描述如图 2-6 所示。

图 2-6a、图 2-6b 表明,在危险形成或迫近的第一个过程以及演变为事故的第二个过程中,如果人都能正确回答所提出的问题(图中记为 O),危险就向消亡或得以控制的方向发展;如果对所提出的问题作出了错误(图中记为 *X*)的回答,危险就会向迫近的方向发展,以致发展为致伤、致损的事故。

图 2-6c 体现了人对环境(含机、物)的观察、认识与理解的程度以及运行中的环境是否提供了足够的时间与空间,以适应人的应变素质情况。如果人的回答肯定,则系统可以保证安全;否则必须对系统作适当修改,以适应人的容许行为变异的预期范围。

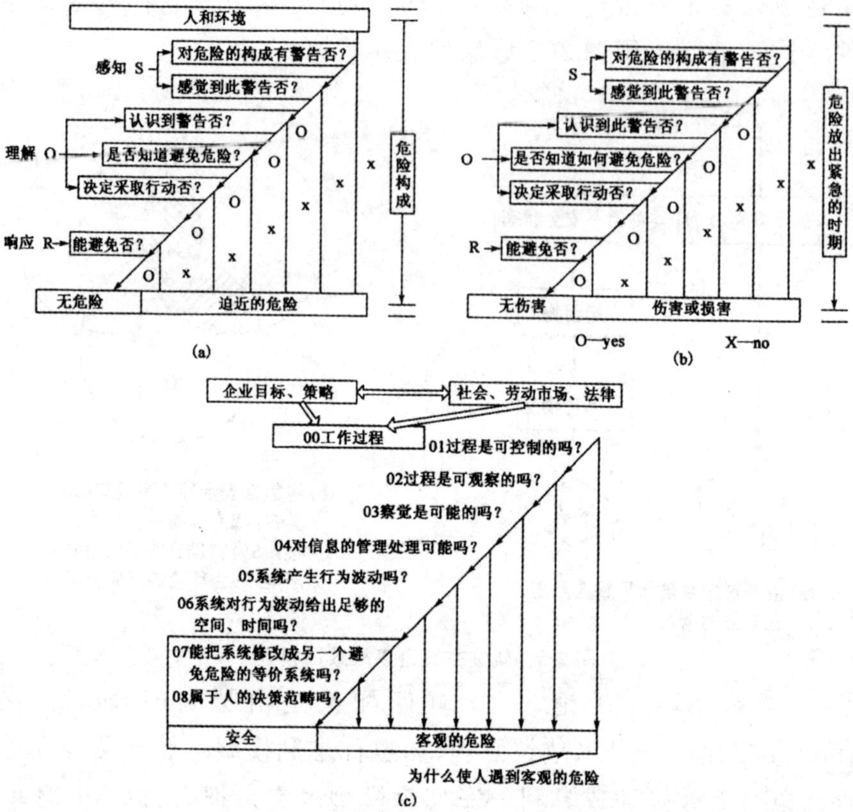

图 2-6 瑟利—安德森事故致因模型

2.1.2 油气储运安全技术研究的意义

石油及天然气行业具有易燃易爆、有毒有害、高温高压、连续作业、链长面广等特点,极具危险性,事故发生概率高,且一旦发生事故后果极其严重。油气储运安全是石油天然气行业首先要考虑的问题之一,采取有效的安全防范措施,对工程全程进行有效监控与管理,可以说已经成为保障石油天然气行业财产和人身安全的重要手段。

因此,在石油及天然气行业研究油气储运技术是十分必要的,其原因主要有以下几方面。

(1)石油及天然气行业生产过程中涉及物料危险性大,发生火灾、爆炸及群死群伤事故概率高。石油及天然气行业生产过程中所使用的原材料、辅助材料半成品和成品绝大多数属易燃、可燃物质,一旦泄漏,其蒸发的气体与空气形成爆炸性混合气体,极易引发燃烧和爆炸事故;许多物料是高毒或剧毒物质,极易导致人员伤亡。

(2)石油及天然气行业生产工艺复杂,运行条件要求严格,易出现突发灾难性事故。生产过程需要经历很多物理、化学过程和传质、传热单元操作,一些过程控制条件要求异常苛刻,如高温、高压、低温、真空等。

(3)石油及天然气行业生产装置大型化,生产规模大,连续性强,局部事故会影响整个装置的运行。装置呈大型化和单系列,自动化程度高,只要某一部位、某一环节发生故障或操作失误,就会牵一发而动全身。

(4)石油及天然气行业生产设备日益大型化,原油罐从 $10000m^3$ 增加到 $150000m^3$ 甚至 $200000m^3$;液化气球罐从 $400m^3$ 发展到 $8000m^3$,低温贮罐从 $5m^3$ 增加到 $20000m^3$ 甚至 $50000m^3$。但设备大型化导致安全生产、防火灭火、安装检修的难度不断加大,并产生相应的变化。一旦发生事故,扑救难度大,损失更加严重。

(5)石油天然气行业生产具有火源、电源、热源交织使用的特点。这些动力能源如果存在设备与工艺缺陷、管理不当等情况,极易发生各种事故。石油天然气行业生产安全管理是企业经营的重要组成部分,它关系到企业经营状况和企业整体形象的好坏,是保证企业振兴与发展的一项重要工作。

2.2 油气储运安全的现状与发展

2.2.1 油气储运安全的现状

1.油气资源的开发与利用加快,安全生产压力增大

石油天然气是经济发展和人民生活不可缺少的重要能源。由于国内油气资源分布不均衡和进口油气数量快速增加,近年来我国油气储运建设规模不断扩大。随着油气储运建设规模的不断扩大,若发生重大泄漏、火灾、爆炸事故,将会对国家财产、人民生命和环境安全造成巨大威胁,甚至影响社会稳定。因此,经济发展形势和国家能源安全都要求加大油气开发的力度,油气储运安全生产压力增大。

2.科技自主创新能力较弱,安全科技支撑体系不完善

我国目前在一些关键领域缺乏具有自主知识产权的核心技术,高层次技术人才匮乏,安全科技开发和新技术推广还没有形成产业化;与油气储运相关的高等教育、科研、设计、设备制造等领域科技人才短缺,应用基础研究薄弱,无法满足我国石油天然气行业安全生产发展的需要。我国在防硫化氢腐蚀材料研究和生产方面,与国外存在比较大的差距,大量管材需要进口。目前世界上能全流程生产 G3 高抗腐蚀镍基合金油管的只有美国特钢、日本住友等几家公司,国内镍基合金高耐腐蚀合金管材的生产尚处于初级阶段。

目前,应重点结合油气储运工程建设和生产运行需要,抓好重大科技项目攻关、重大技术现场实验和成熟技术推广应用三个环节,提高科技成果应用率。

3.油气储运设施易构成重大危险源,发生事故的概率较大

油库方面,随着国家战略储备体系的建立和完善,油罐向大型化发展;储气库从目前的调峰型向战略储备型方向延伸及发展;管道方面,管线向长距离、大管径、大输量、高压力方向发展;新建管道沿途地质条件恶劣,自然灾害频发。

2.2.2 油气储运安全技术的发展

安全技术的发展是随着科学技术的发展而不断发展的。我国改进和完善了油气储运工程安全装置,利用各种新技术、新材料、新工艺,研制了一些先进的安全装置。安全科技新技术和先进成果在储运安全领域应用较为广泛。

1.网络与智能化监控系统

油气田自动化技术是一种运用控制理论、仪器仪表、计算机和其他信息技术,对油气田的油井、计量间、管汇阀组、转油站、联合站及原油外输系统等实施检测、控制、优化、调度、管理和决策,达到增加产量、提高质量、降低消耗和确保安全等目的的综合性技术。油气田自动化技术正在向开放性、网络化和集成化方向发展。

2.消除危险的油气储运新技术及新设备

用于消除油气储运危险的新技术与新设备不断涌现,如管线检漏装置和可燃气体探测报警装置、油罐防雷装置、静电消除装置、含油污水处理装置、油罐防溢、防瘪装置等。现有的自动化监控技术基本上可以对管道泄漏或破坏进行定位,主要包括油气管道泄漏监测系统和输油气管道安全预警技术。目前,国内应用的输油气管道泄漏监测技术主要有流量平衡法、负压波法、次声波法以及将负压波和流量平衡耦合的技术;安全预警技术主要有管道智能防腐层预警、分布式光纤预警、管道声波预警、周界防护、

视频安全监控等技术。在现有人防和物防的基础上,其发展趋势是加强技防的投入。

3.设备管道防腐新技术与新材料

用于设备、管道防腐的无机非金属防腐层所使用的无机防腐材料具有不老化,耐腐蚀、耐磨损和耐温的优异性能,使用寿命比有机材料大大提高。现在的无机非金属防腐层主要有陶瓷涂层、搪瓷涂层和玻璃涂层。陶瓷涂层具有高化学稳定性,耐腐蚀、耐氧化、耐高温,目前已有自蔓延高温合成、热喷涂、化学反应法等较成熟的制备方法。搪瓷涂层具有极强的耐腐蚀性能,用它对钢制管道进行防腐处理将会使防腐水平得到极大提高。由于腐蚀防护所涉及的表面材料的性质由微观结构所决定,纳米技术的出现与应用无疑给腐蚀控制技术的发展带来巨大的机遇。目前在沁水盆地煤层气集输工程中还采用了一些非金属柔性复合管道材料,而且建立了这些材料的相关行业标准。

4.设备故障诊断技术

设备故障诊断是通过对设备及其工作过程的信息检测、分析与辨识来判断设备及其工作过程的状态,对存在故障或有故障隐患的设备,要进一步找出故障的具体部位和原因,预测故障的发展趋势和潜在的危险,并由此确定应采取的相应措施和对策。

除此之外,对事故预测预防理论的研究更加深入;安全运行的长效机制正处于建立时期,能够有效地规范操作规程;建立油气储运安全性评价指标体系和技术,加强完整性管理,提高储运安全质量和安全管理水平。

2.3 油气储运安全的特点及要求

油气储运安全就是通过分析来确定油气储运系统中存在的固有的或潜在的危险,并针对这种危险所采取的各种安全管理、安全技术措施。油气储运工程系统大部分在野外分散作业，整个生产过程具有机械化、密闭化和连续化的特点，生产介质为易燃、易爆的石油和天然气，具有很高的危险性。因此，做好油气储运工程安全工作具有重要意义。

2.3.1 油气储运安全的特点

油气储运安全的特点主要包含以下三个方面的内容。

(1)油气储运系统大部分在野外分散作业，各个环节都有机地联合在一起。油气储运整个生产过程具有机械化、密闭化和连续化的特点，生产的介质为易燃、易爆的原油和天然气，对人与人、人与机器之间的协调都有较高的要求，所有生产工作的完成都需要有严格的规章制度、严密的劳动组织和正确的生产指挥系统以及每个岗位工人的熟练操作，否则生产安全就无法保证。

(2)油气储运的主要介质是原油和天然气。原油和天然气具有易燃、易爆、易挥发和易于聚集静电等特点。挥发的油气与空气混合达到一定的比例，遇明火就会发生爆炸或燃烧，造成很大的破坏。油气还有一定的毒性，如果大量排泄或泄漏，将会造成人畜中毒。

(3)油气储运设备和材料是多种多样的，带有不同程度的危险性。储运生产过程中使用的机械设备、车辆及原材料数量大、品种多，给安全管理带来一定的困难。

2.3.2 油气储运生产的安全要求

油气储运的特点决定了对安全的要求有一些是与其他产业体系相同或相似的，例如，工程施工中的安全要求、交通安全要求、某些自然灾害事故的预防要求以及对生产中常会发生的一些一般性事故的安全要求等，这些可称为“一般安全要求”。另外还有一些是由油气储运工程生产的特殊性决定的，例如，油气储罐、防火防爆及防静电聚积等方面的安全要求，以及地震、雷击等对油气储运工程有特殊危害的自然异变的预防要求等，这些则称为“特殊安全要求”，以便与“一般安全要求”加以区别。

1.一般安全要求

在油气储运工程生产中，发生频率较高的是那些常见的一般性事故。这些事故大体上可归纳为如下5类。

(1)由机械性外力作用造成的机械性伤害事故。

(2)由机械、化学和热效应的联合作用产生的小型爆炸事故。

(3)因人体接触或接近带电物体造成的电击或电伤事故以及因电气设备异常发热而造成的烧毁设备等电气事故。

(4)因直接接触高温物体造成的热伤害事故(包括低温作业中的冻伤事故)。

(5)因有毒或有腐蚀性的物质作用于人体而造成伤害或中毒的化学物质伤害事故;一般性的自然灾害事故，包括洪涝及大风等。

上述事故均属于常见事故，不仅发生的概率高，而且在各个产业体系中都有可能发生。但需要强调的是，油气储运工程生产中的许多重大事故，如储罐着火、爆炸等，往往都是由常见的一般性事故引起的二次事故，因此对一般性事故的预防也绝不可掉以轻心。

2.特殊安全要求

油气储运工程生产中的特殊安全要求可以用“五防”来概括，即防火、防爆、防静电、防油气蒸发与泄漏和防中毒与腐蚀。

3.事故预防措施

在储运工程生产的全过程中，首先要针对原油和天然气易燃、易爆的特点采取相应的安全措施。针对其他方面的特点，也应采取有效的安全措施。在油气储运工程生产活动中开展的“六防”就是有效的事故预防措施，“六防”即防火、防爆、防触电、防中毒、防冻、防机械伤害。

(1)防火。防火是油气储运工程生产中极为重要的安全措施，防火的基本原则是设法防止燃烧必要条件的形成。

(2)防爆。油气储运工程生产过程中发生的爆炸，大多数是混合气体的爆炸，即可燃气体（原油蒸气或天然气）与助燃气体（空气）的混合物浓度在爆炸极限范围内的爆炸，属于化学性爆炸的范畴。原油、天然气的爆炸往往与燃烧有直接关系，爆炸可以转为燃烧，燃烧也可以转为爆炸。

(3)防触电。随着油气储运工程的不断发展，电气设备已遍及油气储运工程生产的各个环节。如果电气设备安装、使用不合理，维修不及时，就会发生电气设备事故，危及人身安全，给国家和人民带来重大损失。

(4)防中毒。原油、天然气及其产品的蒸气具有一定的毒性。这些物质经口、鼻进入人体，超过一定吸入量时，可导致慢性或急性中毒。

除了上述物质能够直接给人体造成毒害外，油气储运工程生产过程中泄漏的油气还会对生态环境造成危害，水中的生物如鱼虾等也会死亡。

(5)防冻。油气储运工程生产场所大部分分布在野外，一些施工作业也在野外进行，加之我国油田原油的含蜡量高、凝固点高、黏度高，这样一来就给储运工程生产带来很大的困难。

(6)防机械伤害。机械伤害事故是指由于机械性外力的作用而造成的事故。在储运工程生产工作中机械伤害事故是较常见的，一般分为人身伤害和机械设备损坏两种。在储运工程生产过程中，接触的机械是较多的，从起重、装卸到运输，无一不和机械打交道。

2.4 油气储运事故类型

随着科学技术的进步，易燃、易爆、有毒危险品生产、储存和运输规模越来越大，生产过程失控、储存和装卸违反安全要求、交通事故等原因引起的重大事故发生频率和后果不是减小，而是显著增大了。对过去事故资料的分析表明，易燃、易爆、有毒危险品储运过程中发生频率高、损失严重的事故类型主要是火灾事故、爆炸事故和泄漏事故，以及泄漏引起的中毒事故。油气储运常见事故类型见图2-7。

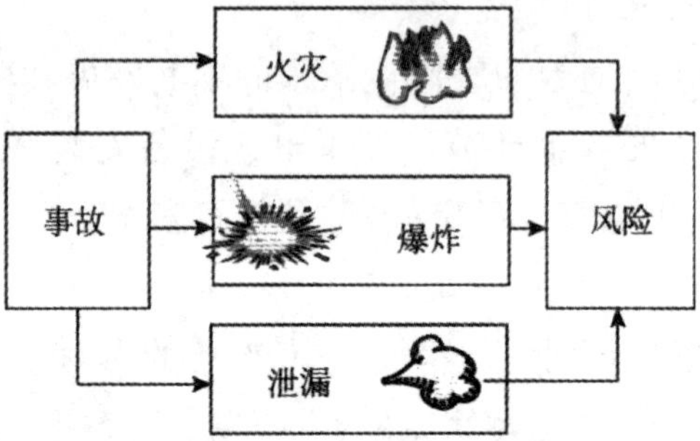

图2-7　事故类型

2.4.1　泄漏事故

油气产品在生产、储存和运输过程中经常发生泄漏事故，泄漏油气会在环境中扩散蔓延。泄漏扩散不但造成宝贵资源的损失，还会导致环境污染，甚至引发火灾、爆炸等其他事故。充分准确地判断泄漏量的大小，掌握泄漏后有毒有害、易燃易爆物料的扩散范围，对明确现场救援与实施现场控制处理非常重要。

根据泄漏持续时间长短的不同，泄漏分为瞬间泄漏和连续泄漏。瞬间泄漏是指持续时间很短的泄漏，连续泄漏是指持续时间比较长的泄漏。

1.泄漏事故易发位置和主要原因

油气储运生产泄漏事故的易发位置如图2-8所示。

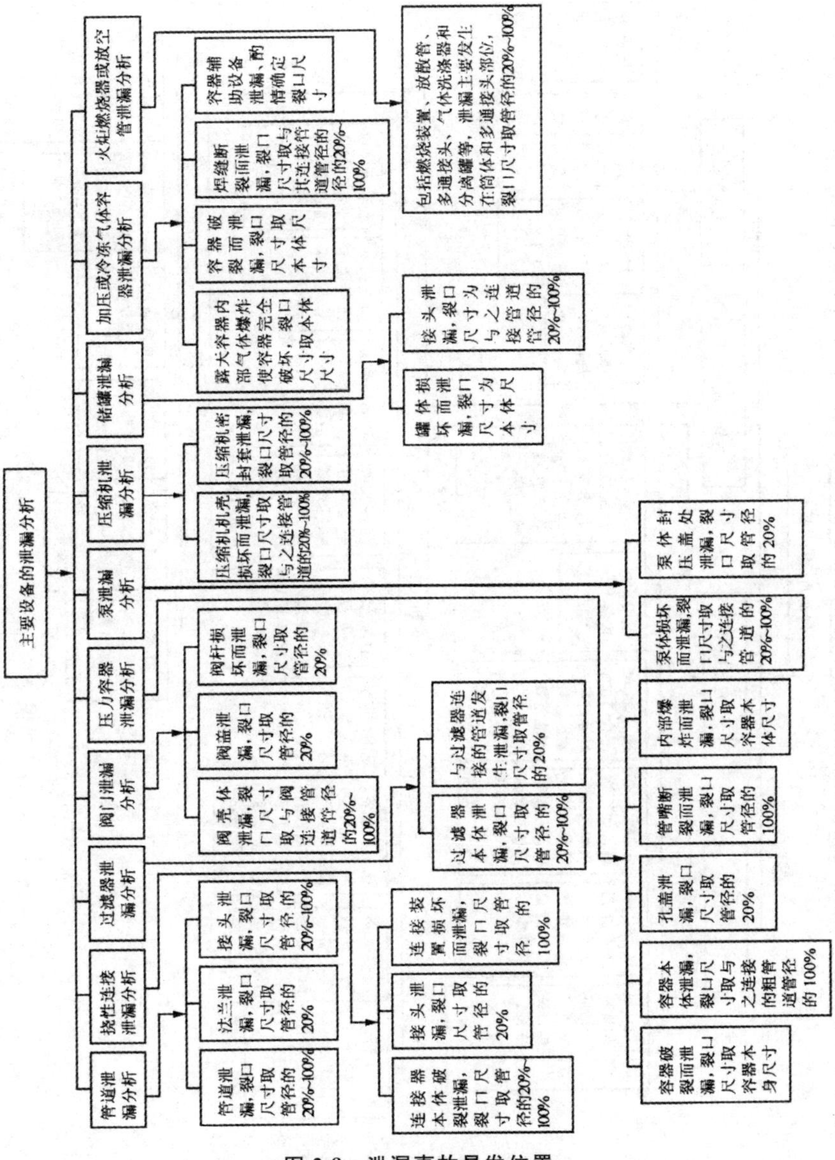

图 2-8 泄漏事故易发位置

从人—机系统来考虑造成各种泄漏事故的原因，主要有设计失误、设备原因、管理原因和人为失误四类，参见图 2-9。

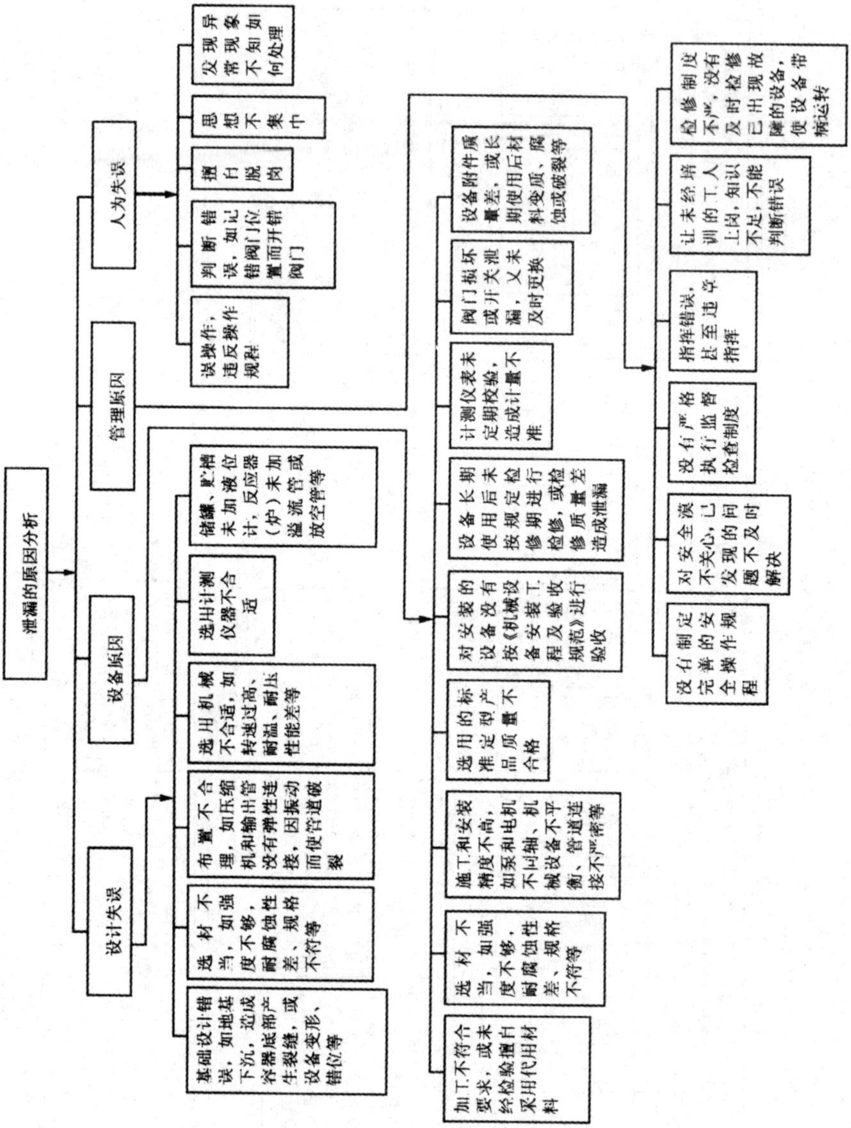

图 2-9　泄漏事故的主要原因

2. 泄漏类型及后果

泄漏后果与泄漏物质的相态、压力、温度、燃烧性、毒性等性质密切相关。泄漏的危险物质的性质不同，其泄漏后果也不相同。

1)可燃气体泄漏后果

可燃气体泄漏后与空气混合达到爆炸极限,遇到引火源就会发生燃烧或爆炸。泄漏后发火时间的不同,泄漏后果也不相同。

(1)立即发火。可燃气体泄漏后立即发火,发生扩散燃烧产生喷射性火焰或形成火球,影响范围较小。

(2)滞后发火。可燃气体泄漏后与周围空气混合形成可燃云团,遇到引火源发生爆燃或爆炸,破坏范围较大。

2)有毒气体泄漏后果

有毒气体泄漏后形成云团在空气中扩散,有毒气体浓度较大的浓密云团将笼罩很大范围,造成较大影响。

3)液体泄漏

一般情况下,泄漏的液体在空气中蒸发而形成气体,泄漏后果取决于液体蒸发生成的气体量,液体蒸发生成的气体量与泄漏液体种类有关。

(1)常温常压液体泄漏。液体泄漏后聚集在防液堤内或地势低洼处形成液池,液体表面发生缓慢蒸发。

(2)加压液化气体泄漏。液体在泄漏瞬间迅速汽化蒸发,没来得及蒸发的液体形成液池,吸收周围热量继续蒸发。

(3)低温液体泄漏。

3.油气泄漏量

1)液体泄漏量

对于油品,常见泄漏类型分为两种:小孔泄漏和大面积泄漏。对于小孔泄漏,较小破口长时间持续泄漏,按照流速大小又可以分为大、中、小型泄漏;较大孔洞在短时间内泄漏出大量物料属于大面积泄漏。大量的管道设备连接油罐区的各个生产单元,其破裂一般属于小孔泄漏。如果油罐出现较大破裂或者管道出现折断等情况,会在短时间内泄漏大量的油品,应当按照大面积泄漏处理。液体泄漏速率可以采用伯努利方程计算。经过计算表明,常压下液体泄漏的速度取决于裂口之上液位的高低；非常压下液体泄漏的速度取决于设备内物质压力与环境压力之差。

2)气体泄漏量

气体从设备的裂口泄漏时，泄漏速度与其流动状态有关。首先需要判断泄漏时气体流动属于亚音速流动还是音速流动，前者称为次临界流，后者称为临界流。气体泄漏计算时主要采用管道泄漏模型计算，包括小孔模型、管道模型和大孔模型三类。由流体力学可知，天然气在孔口泄漏处流速的极限是在孔口处达到音速。

3)两相流泄漏量

在过热液体发生泄漏的场合，有时会出现液、气两相流动。两相流通过小孔的泄漏非常复杂，目前该领域的研究还非常少。在气液相流量均较小时水平管内会出现分层流型。此时气液两相之间存在一分界面，气相占据管截面上部空间，而液相则在管底部流动。实验发现进入管壁小孔的气液相流量和比例主要受两相流的泄漏与管路内的流型、泄漏孔的方位、泄漏容器内外差压等的影响。

(1)小孔方位的影响。如在分层流型下，若小孔位于顶部，在气液界面以上，进入小孔的基本全是气相，而若小孔位于管壁底部，进入小孔的基本全是液相，如图 2-10 所示。

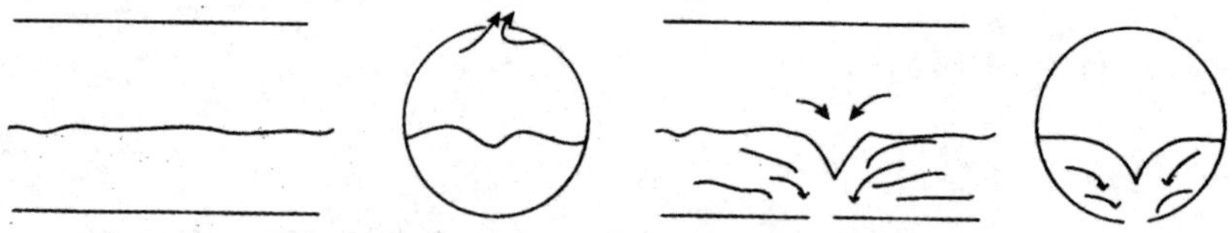

(a)破口向上，进入小孔的基本全是气相　　(b)破口向下，进入小孔的基本全是液相

图 2-10　小孔方位的影响

(2)小孔两侧差压的影响。如图 3-11 所示为小孔位于管底部时两相流通过小孔的流动情况。当小孔两侧差压不同时，液相和气相通过小孔的流动情况差异较大。

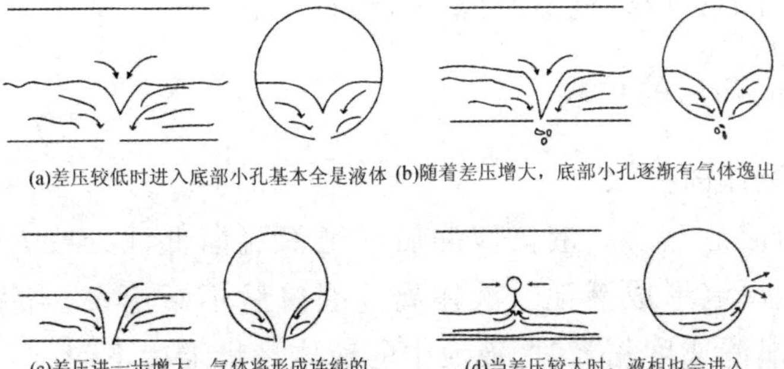

(a)差压较低时进入底部小孔基本全是液体 (b)随着差压增大，底部小孔逐渐有气体逸出

(c)差压进一步增大，气体将形成连续的气体通道，从底部小孔喷出 (d)当差压较大时，液相也会进入气液界面以上的小孔

图 2-11　小孔两侧差压的影响

(3)流型的影响。小孔位于同一方位，在不同流型下进入小孔的气液相流量和比例也不尽相同，如图 2-12 所示。如对于顶部小孔，在分层流型下进入顶部小孔的基本全是气相；而在环状流型下，由于管壁顶部存在液膜，将会有部分液体通过管壁小孔；而在弹状流型下，由于弹状流是一种间歇流型，表现为长气泡和液塞交替流过分配界面，因此在气泡区表现为与分层流类似的泄漏特征，即进入小孔的基本全是气相，而当液塞来临时，液相充满整个管截面，通过小孔的将大多为液相。

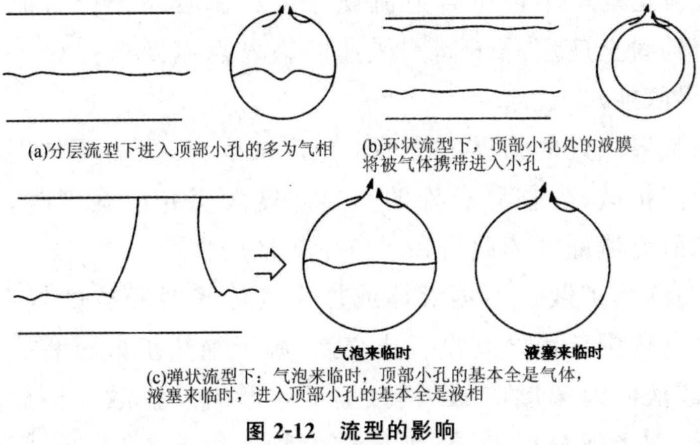

(a)分层流型下进入顶部小孔的多为气相 (b)环状流型下，顶部小孔处的液膜将被气体携带进入小孔

(c)弹状流型下：气泡来临时，顶部小孔的基本全是气体，液塞来临时，进入顶部小孔的基本全是液相

图 2-12　流型的影响

两相流泄漏非常复杂，受多种因素的影响，现在还没有比较成熟综合考虑流型、小孔方位以及小孔两侧差压的计算模型。在事故分析中，可以采用简化的计算方法，即不考虑流型等因素的影响，将泄漏出的气液两相流看作是气液相混合均匀的一相，可

以采用与单相液体近似的公式进行计算。

4.泄漏后的扩散

1)液体的扩散

(1)液池蒸发。液体泄漏后沿地面流向低洼处或人工边界,如提坎、岸墙形成液池。液体离开裂口后不断蒸发,当液体蒸发速度与泄漏速度相等时,液池中的液体量将维持不变。

如果泄漏的液体挥发度较低,则液池中液体蒸发量较少,不易形成气团。如果是挥发性的液体或低沸点的液体,泄漏后液体蒸发量大,大量蒸汽在液池上面形成蒸气云。

(2)射流扩散。气体泄漏时从裂口射出形成气体射流。一般情况下,泄漏的气体的压力将高于周围环境大气压力,温度低于环境温度。在进行射流计算时,应该以等价射流孔口直径来计算;如果气体泄漏瞬间便达到周围环境的温度、压力状况,则等价射流孔口直径等于裂口直径。随着距孔口距离的增加,射流轴线上的一点的气体运动速度减少,直到等于周围的风速时为止,此后的气体运动就不再符合射流规律了。在后果分析时需要计算出射流轴线上速度等于周围风速的临界点以及该点处的气体浓度(临界浓度)。

当临界点处的临界浓度小于允许浓度时,只需要按射流扩散分析泄漏扩散;当临界点处的临界浓度大于允许浓度时,还需要进一步研究泄漏气体此后在大气中扩散的情况。

(3)绝热扩散。闪蒸液体或加压气体瞬时释放的场合,假定泄漏物与周围环境之间没有热交换,属于绝热扩散过程。泄漏的气体(或液体闪蒸形成的蒸气)呈半球形向外扩散。根据浓度分析情况,把半球分成两层:内层浓度均匀分布,具有50%的泄漏量;外层浓度呈高斯分布,具有另外50%的泄漏量。

绝热过程分为两个阶段,首先气团向外扩散,压力达到大气压力;然后与周围空气掺混,范围扩大,当内层扩散速度低到一定程度时,认为扩散过程结束。

2)气体扩散

液体、气体泄漏后在泄漏源附近扩散,在泄漏源上方形成气团,气团将在大气中进一步扩散、影响广大区域。因此,气团在大气中的扩散成为重大事故后果分析的重要内容。

气团在大气中的扩散与气团自身性质有关。当气团密度小于空气密度时,气团将向上扩散而不会影响下面的居民;当气团大于空气密度时,气团将沿地面扩散,危害很大;除了气团本身的性质以外,气团的扩散还受到大气稳定度、风速、风向、地面粗糙度等因素的影响,呈现出十分复杂的关系。

当扩散气体的密度与空气相当时,大气湍流扩散和风速等起支配作用,可以采用中等密度云模型,即高斯模型进行计算。该模型适用于点源的扩散,早在20世纪五六十年代就已被应用。它是从统计方法入手,考察扩散质的浓度分布。烟羽模型(Plume model)适用于连续源的扩散;烟团模型(Puff model)适用于短时间泄漏的扩散(即泄放时间相对于扩散时间比较短的情形,如突发性泄放等)。此外,Sutton模型是用湍流扩散统计理论来处理湍流扩散问题;三维有限元计算模型FEM3能够处理毒气及可燃气体等许多重气体的扩散。上述模型的特征比较见表2-1。

表2-1　各种模型特征比较

	适用对象	适用范围	难易程度	计算量	精度
高斯烟羽模型	中性气体	大规模长时间	较易	少	较差
高斯气团模型	中性气体	大规模长时间	较易	少	较差
Sutton模型	中性气体	大规模长时间	较易	少	较差
FEM3模型	重气体	不受	较难	大	较差

2.4.2 火灾事故

火灾是时间和空间上失去控制的燃烧所造成的灾害。在各种灾害中,火灾是最经常、最普遍地威胁公众安全和社会发展的主要灾害之一。

1.火灾的类别

《火灾分类》(GB/T 4968—2008)按可燃物的类型和燃烧特性将火灾定为6个不同的类别。

A类火灾:固体物质火灾。这种物质通常具有有机物性质,一般在燃烧时能产生灼热的余烬。

B类火灾:液体或可熔化的固体物质火灾。

C类火灾:气体火灾。

D类火灾:金属火灾。

E类火灾:带电火灾。物体带电燃烧的火灾。

F类火灾:烹饪器具内的烹饪物(如动植物油脂)火灾。

按照火灾持续时间的长短,火灾可以分为瞬间火灾和非瞬间火灾。瞬间火灾指持续时间很短的火灾,例如火球和闪火。火球是指一种燃烧速度极快的火灾,燃烧的物质升入空中,形成云或球状火焰。闪火是指易燃气体或蒸气与空气的混合物燃烧产生的一种持续时间很短的火灾,火焰传播速度小于声速,冲击波超压的破坏效应可忽略不计。非瞬间火灾是指持续时间比较长的火灾,例如池火灾。池火灾是指失火现场的一层液体挥发出的物质的持续燃烧现象,如油罐池火灾、油井火灾等。

2.油池火灾的发展与伤害分析

石油中重质油品的油池火灾具有代表性,发生火灾的危险性和危害性极大。石油中的重质油品火灾既有一般油品的火灾规律,又有其特殊性,因此,以重质油品油池火灾的发展与伤害为代表予以阐述。

池火是一种常见的火灾形式,是可燃液体表面上的自然燃烧。泄漏到地面上、堤坝内液体的火灾、敞开容器内液体的燃烧等均称为池火。由于罐体腐蚀穿孔,或泄漏液体发生燃烧,罐体在火焰烘烤下,材料强度下降,承压能力下降,发生大规模泄漏,在防火堤内形成液池。

池火灾多在防火堤等所限制范围内发生，其上部空间没有限制，空气供应充足，燃烧完全，形态上看呈圆柱形或圆锥形。

1）重质油品（原油）油池火灾的发展

油池火灾的发展过程是由小到大，发展的快慢与范围取决于物质燃烧时所散发出的热量大小。在油罐式油池中，火灾燃烧的发展过程可分为初起、发展、猛烈、下降和熄灭这4个阶段。

（1）初起阶段。在原油储油罐油层面上，由于轻质油的蒸发形成一定的蒸气，当被点火源（摩擦、电火花、雷击等）作用起火时，开始火源面积较小，烟和蒸气流动（对流）缓慢，火焰不高，燃烧强度弱，燃烧放出辐射能较低，火焰向周围蔓延速度较慢，此时，若能及时发现，扑灭比较容易。对于原油等复杂油品来说，油品燃烧发出的辐射热，在向四周扩散的同时，也加热油面。

（2）发展阶段。油料火灾发展速度快，初起阶段时间短，如果没有及时扑救，火灾很快发展，燃烧强度增大，温度升高，处于油表面的轻馏分先被烧掉，剩余的重馏分则一边受火焰辐射加热，一边下沉，把热量带到下面，使整个油品逐层往深部加热，这种现象称为热波。热油与冷油分界面称为热波面，热波面处的温度可达150～300℃。由于辐射热和热波同时作用，原油很快达到它的沸点，开始沸腾。在这同时，原油中以乳化水状存在的水分，由于热波高温作用而被汽化。原油火灾约经过半个小时燃烧，由于原油与乳化水被汽化，油罐出现沸腾状的沸溢现象，热原油开始被抛出油罐，火灾扩大。

（3）猛烈阶段。随着时间延长，燃烧温度急剧上升，燃烧面积迅猛扩展，使火焰包围整个燃烧面。燃烧速度最快，燃烧辐射热最强，火灾燃烧分解出大量燃烧产物，设备机械强度降低，原油中的热波以较快速度下降，当热波高温面到达原油底部水热层时，使水垫迅速汽化，水蒸气体积比水增大1700倍，从而造成油管内喷溅式火灾，油品大量外溢，从罐中猛烈喷出，把着火油品带入空中，形成巨大火柱，高度可达70～80m。所以，原油油罐一旦形成沸溢和喷溅，不仅造成人员伤亡，而且由于火场辐射大量增加，会引起临近油罐燃烧扩大灾情。

(4)下降和熄灭阶段。随着沸溢与喷溅出现以后，罐内可燃物大量减少，燃烧速度减慢，直至逐渐熄灭。但是，这时燃烧空间内温度仍然很高，如果此时在罐内引入许多新鲜空气，就可能发生爆燃。

2)池火灾的伤害分析

池火灾对油罐区的影响主要在于其高能量的热辐射。热辐射通常用概率模型来描述，热辐射对人的伤害一般可分为死亡、Ⅰ度烧伤、Ⅱ度烧伤、Ⅲ度烧伤等。

Ⅰ度烧伤：只伤及皮肤的外层，造成红肿及产生剧烈的触痛。

Ⅱ度烧伤：伤处起水泡，周围肿胀并变为红肿。

Ⅲ度烧伤：伤及皮肤的每一层，皮肤表面呈苍白、蜡色，有时烧成焦炭，疼痛不剧烈。

池火灾后果可以运用池火灾伤害模型通过定量计算，确定事故发生时火灾的特性参数如火焰高度、持续时间、火焰表面热通量等，从而预测火灾影响范围，伤害及破坏程度。计算得到的伤害/破坏半径，应作为安全管理上的防御线，在伤害半径内的人和设备都要采取相应的防范措施。

2.4.3 爆炸事故

爆炸事故是指由于某种原因发生的意外爆炸，爆炸事故一般会造成财产损失或人员伤亡。在化学危险品生产、储存和运输过程中，蒸气云爆炸事故和沸腾液体扩展蒸气爆炸事故是发生频率高、后果严重的爆炸事故类型。爆炸事故和火灾事故往往是紧密联系的，容易引发事故的多米诺效应，即一个装置或容器的爆炸事故往往引发相邻装置或储罐的爆炸事故，造成事故危害扩大化。要防止爆炸事故的发生，首先必须对爆炸相关概念和爆炸的形式及其后果有清楚的认识，以制定相关防范措施。

1.爆炸的特征及参数

爆炸是物质发生急剧的物理、化学变化，由一种状态迅速转变为另一种状态，并在瞬间释放出巨大能量的现象。一般说来，爆炸现象具有以下特征：

(1)爆炸过程进行得很快。

(2)爆炸点附近压力急剧升高，产生冲击波。

(3)发出或大或小的响声。

(4)周围介质发生震动或邻近物质遭受破坏。

爆炸是非常复杂的过程，影响爆炸的参数有环境压力、爆炸物质的组成、爆炸物质的物理性质、引燃源特性(类型、能量和持续时间)、周围环境的几何尺寸(受限或非受限)、可燃物质的数量、可燃物质的扰动、引燃延滞时间、可燃物质泄漏的速率等。

2.爆炸的分类

1)按爆炸的传播速度分类

根据爆炸传播速度，可将爆炸分为轻爆、爆炸和爆轰。

(1)轻爆：指传播速度为每秒数十厘米至数米的爆炸。

(2)爆炸：指传播速度为每秒 10m 至数百米的爆炸。

(3)爆轰：指传播速度为每秒 1000～7000m 的爆炸。

2)按爆炸的性质

根据能量释放过程的性质，爆炸分为物理爆炸、化学爆炸和核爆炸。

(1)物理爆炸是一种纯物理过程，只发生物态变化，不发生化学反应。这类爆炸是因为容器内气体压力升高超过容器所能承受的最大压力，造成容器破裂才产生的。例如，蒸汽锅炉爆炸、轮胎爆炸和高压气瓶爆炸都是典型的物理爆炸。

(2)化学爆炸是指物质发生高速放热化学反应，产生大量气体，并急剧膨胀做功而形成的爆炸现象。油气储运事故中遇到的爆炸大都是化学爆炸，因此这里主要讨论的爆炸都是化学爆炸。

化学爆炸按照爆炸时所发生的化学变化的形式又可以分为三类:简单分解爆炸、复杂分解爆炸以及爆炸性混合物爆炸。

①简单分解爆炸:引起简单分解爆炸的爆炸物在爆炸时并不一定发生燃烧反应。爆炸所需的能量是由爆炸物本身分解产生的。属于这一类的物质有:乙炔银、叠氮化铅等。这类物质受震动时即可引起爆炸,是比较危险的。

某些气体在分解时产生很大热量,在一定条件下(尤其是在受压的情况下)可能产生分解爆炸。例如:乙炔在受压下的分解爆炸即属于此类情况。

②复杂分解爆炸:这类物质在爆炸时伴有燃烧现象,燃烧所需氧气由本身分解产生。这类物质的危险性较简单分解爆炸物稍低。

③爆炸性混合物爆炸:如所有可燃气体、蒸气、雾滴、粉尘同空气或氧气的混合物所发生的爆炸。石油化工企业中发生的爆炸多属于此类。

(3)核爆炸是指某些物质的原子核发生裂变反应或聚变反应,瞬间放出巨大能量而形成的爆炸现象。例如,原子弹爆炸和氢弹爆炸都是典型的核爆炸。

3.爆炸事故的常见类型

(1)形成蒸气云团的可燃混合气体遇火源突然燃烧,是在无限空间中的气体爆炸。

(2)受限空间内可燃混合气体的爆炸。

(3)由于化学反应失控或工艺异常造成的压力容器爆炸。

(4)不稳定的固体或液体的爆炸。

(5)不涉及化学反应的压力容器爆炸。

上述前 4 种爆炸时都会释放出大量的化学能,爆炸影响范围较大;第 5 种属于物理爆炸,仅释放出机械能,其影响范围相对较小。

4.化学爆炸三要素

对各种化学爆炸现象分析研究表明，爆炸性物质能够进行化学爆炸变化的能力决定于以下三个因素：反应的放热性、反应的快速性和生成气体产物，这是化学爆炸必备的最基本的条件，三者相辅相成，缺一不可。

（1）反应的放热性。反应的放热性是爆炸物发生爆炸的必要条件，对于这一点，所有的爆炸物都不能例外。爆炸本身是能量急剧转化的过程，将化学能转化为热能，热能再转化为对周围介质所做的机械功。由此可见，热是做功的能源，没有足够的热量放出，化学变化本身不能提供继续变化所需的能量，化学变化就不能自行传播，也就不会发生爆炸。

（2）反应的快速性。反应的快速性也是爆炸发生的必要条件，它也是爆炸过程区别于一般化学过程最重要的标志。就单位质量物质的放热来说，炸药往往比不上普通燃料，但是普通燃料燃烧不具有爆炸的特征，而炸药则具有爆炸特征，这是由其反应的快速性决定的。

（3）生成气体产物。由于气体的压缩性很大，膨胀系数也很大，所以是膨胀做功的理想介质。爆炸对周围介质的做功就是通过高温高压气体的膨胀来实现的。因此，在反应中生成大量的气体也是爆炸的一个重要因素。

1L 普通炸药爆炸时，可以产生 1000L 左右的气体产物（标准状态），由于反应的快速性和放热性，这样大量的气体在爆炸瞬间仍占有炸药原来的体积，并被加热到高温。高温高压气体急剧膨胀，对外界产生猛烈的机械作用，从而形成爆炸现象。如果反应物不是气体，而是固体或液体，那么即使是放热反应，也不会产生爆炸现象。

2.4.4 其他事故

1.冻伤

LNG 是以甲烷为主要组分的烃类混合物，其中含有少量的乙烷、丙烷、氮等其他组分。LNG 温度极低，其沸点在大气压力下约为－160℃。LNG 造成的低温能对身体暴露的部分产生各种影响，如果对处于低温环境的人体未能施加保护，将会引起冻伤。

2.冷灼伤

LNG 接触皮肤时，可造成与烧伤类似的灼伤，如果暴露于寒冷的气体中，即使时间很短，不足以影响面部和手部的皮肤，但对于像眼一样脆弱的组织会受到损害。人体未受保护的部分不允许接触装有 LNG 而未经隔离的容器，这种极冷的金属会粘住皮肉，而且拉开时会将其撕裂。

3.中毒事故

原油及其蒸气具有一定的毒性，当石油及其蒸气从口、鼻进入人的呼吸系统，能使人体器官受害而产生急性或慢性中毒。当空气中油气含量超过 2.22%，将会使人立即晕倒，失去知觉，造成急性中毒。此时若不能及时发现并抢救，则可能导致窒息死亡。若皮肤经常与原油接触，则会产生脱脂、干燥、裂口、皮炎或局部神经麻木等症状。

原油和天然气除了直接给人体造成毒害之外，其排放还会给生态环境造成危害。其中主要是含油污水的排放，石油排入水中后，将漂浮在水面上形成一层油膜，阻止大气中的空气溶解于水，从而造成水体缺氧，影响到水体的自净作用。

4.地震灾害事故

地震所产生的危害,是由行进的地震波和永久性的土地变形而引起的。对油气储运工程来说,地震会造成油气储罐开裂或倾覆以及管道及阀件断裂等灾害。地震波所能影响的区域要比永久性的土地移动的发生区域大,破坏管道系统薄弱部分的可能性大。而永久性的土地移动比地震波形成的最大地表变位的后果要严重,它常常造成严重的灾难性破坏。在地震时,永久性的土地移动对地下管道和其他管道造成的最大扭曲,可以看作是地震中最严重的破坏形式。其中储罐、管道及各种大型容器均属于高压性设备,而且多为集中布置,而被输送、储存及加工的又是易燃、易爆的油气。因此,遭受地震时不仅损坏率极高,同时还会伴随发生火灾及爆炸等严重的二次事故。

总的来说,储运过程中发生频率高、损失严重的事故类型主要是火灾事故、爆炸事故和泄漏事故以及泄漏引起的中毒事故。这些事故相互关联,甚至在同一事故中共同存在。例如,天然气管线发生泄漏,有害气体大量扩散可能引发中毒事故。另外,泄漏气体遇明火可能发生爆炸或燃烧。

3 油气储运安全管理理论

近年来，油气储运设施逐步形成且运行良好，满足了国家和人民群众对能源的需求，加快了国家乃至地方经济发展速度。但近年来出现的输油管道爆炸、原油泄漏等一系列事件，使我们不得不承认，做好安全环保管理工作是油气储运工程实施的重中之重。

3.1 安全与系统安全管理

3.1.1 安全的概述

安全：无危则安，无损则全。安全是指人的身心免受外界（不利）因素影响的存在状态（含健康状况）及其保障条件。安全是人、机具及人和机具构成的环境三者处于协调平衡状态，一旦打破这种平衡，安全就不存在了。

狭义的安全：人类个体与周围环境的相容性及某一领域或系统中的技术安全，如矿业、冶金、化工、建筑、机械、航空等。

广义的安全：人类的生存环境——地球的生态安全，包括来自宇宙的多种复杂的天文危险隐患的识别，从技术安全到生产、生活、生存领域的大安全——全民安全、全社会安全。

安全的特点如下：

(1)安全是相对的，不是绝对的，绝对安全是不存在的。

(2)安全是主观和客观的统一。安全是人们对事故的主观认识和容忍程度。

(3)安全不是瞬间的结果,而是一种状态。

(4)安全具有经济性、复杂性、社会性。

(5)构成安全问题的矛盾双方是安全与危险,而非安全与事故。因此,衡量系统是否安全不应仅仅依靠事故指标。

(6)在不同的时代,不同的生产领域,人们所能接受的损失水平是不同的,衡量系统是否安全的指标也不相同。

3.1.2 安全管理的概述

安全管理是指管理者对安全生产进行的计划、组织、指挥、协调和控制的一系列活动,以保护职工在生产过程中的安全与健康,保护国家和集体的财产不受损失,促进企业改善管理、提高效益,保障事业的顺利发展。

安全管理的主要观点有以下几个:

(1)没有绝对的安全。任何事物中都包含了不安全的因素,具有一定的危险性。安全的油库并不意味着已经杜绝了事故,只不过相对而言事故发生的概率较低,事故损失较小而已。安全管理所要实现的目标不是“事故为零”的那种极端理想的状况,而是达到“最大的安全程度”,达到一种实际上可能的、相对安全的目标。

(2)安全贯穿于系统的整个寿命期间。安全贯穿着系统从设计、施工、运行的整个环节。例如,联合站设计、建设与运行整个过程与安全管理息息相关。

(3)系统危险源是事故发生的根本原因。系统中的危险源是导致事故发生的根本原因,安全管理的基本任务是控制和消除系统中的危险源,使系统达到一种安全状态。

3.1.3 系统安全管理的概述

1.系统安全

系统安全是指在系统寿命周期内应用系统安全管理及系统安全工程原理，识别危险源并采取有效的控制措施使其危险性减至最小，从而使系统在规定的性能、时间和成本范围内达到最佳的安全程度。

2.系统安全管理

系统安全管理是确定系统安全大纲要求，保证系统安全工作项目和活动的计划，实施和完成与整个项目的要求相一致的一门管理学科。

3.系统安全理论的主要观点

(1)在事故致因理论方面，改变了人们只注重人员的不安全行为而忽略硬件故障在事故致因中作用的传统观念，开始考虑如何通过改善物的即系统的可靠性来提高复杂系统的安全性，从而避免事故。

(2)没有任何一种事物是绝对安全的，任何事物中都潜伏着危险因素，通常所说的安全或危险只不过是一种主观的判断。

(3)不可能根除一切危险源和危险，但是可以减少来自现有危险源的危险性，应该减少总的危险性而不是只彻底消除几种选定的危险。

(4)由于人的认识能力有限，有时不能完全认识危险源和危险，即使认识了现有的危险源，随着生产技术的发展，新技术、新工艺、新材料和新能源的出现，又会产生新的危险源。

3.2 事故管理

3.2.1 事故统计与分析

1.事故统计方法及主要指标

事故统计分析的目的包括三个方面:一是进行企业外的对比分析。依据伤亡事故的主要统计指标进行部门与部门之间、企业与企业之间、企业与本行业平均指标之间的对比。二是对本企业、本部门的不同时期的伤亡事故发生情况进行对比,用来评价企业安全状况是否有所改善。三是发现企业事故预防工作存在的主要问题,研究事故发生原因,以便采取措施防止事故发生。

1)事故统计方法

常用的伤亡事故统计方法主要有柱状图、趋势图、管理图、扇形图、玫瑰图和分布图等。

柱状图以柱状图形来表示各统计指标的数值大小,如图 3-1、图 3-2 所示。

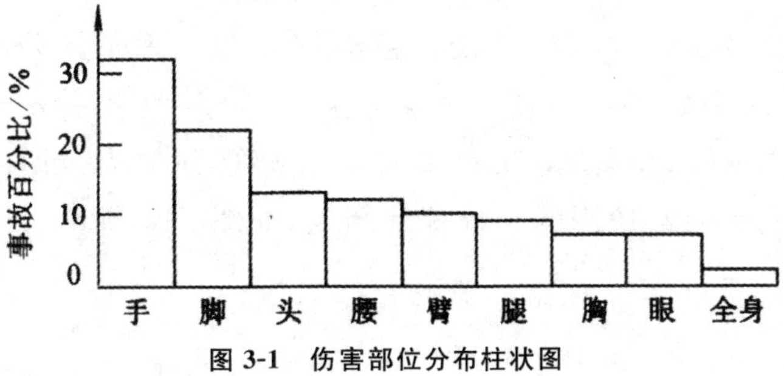

图 3-1 伤害部位分布柱状图

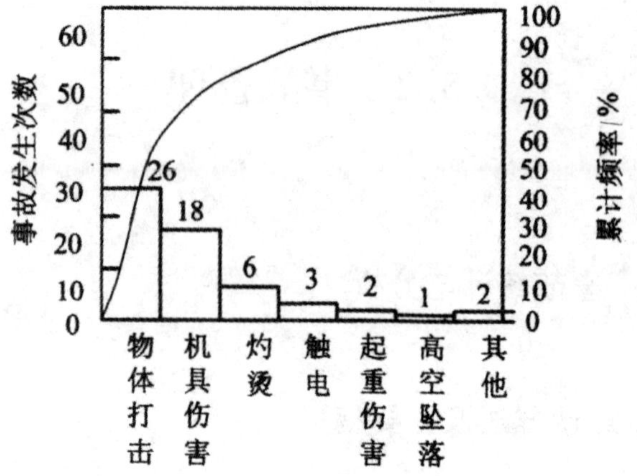

图 3-2　伤亡事故发生次数的柱状图

伤亡事故发生趋势图是一种折线图。它用不间断的折线来表示各统计指标的数值大小和变化，最适合于表现事故的发生与时间的关系，如图 3-3 所示。

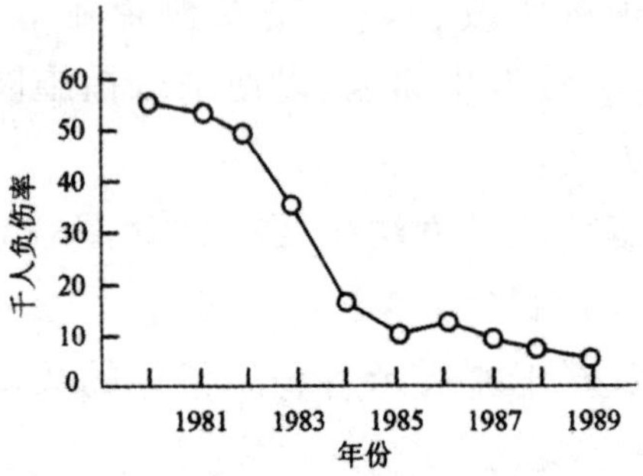

图 3-3　伤亡事故发生趋势图

伤亡事故管理图也称伤亡事故控制图。为了预防伤亡事故发生，降低伤亡事故发生频率，企业、部门广泛开展安全目标管理。伤亡事故管理图是在实施安全目标管理中为及时掌握事故发生情况而经常使用的一种统计图表，如图 3-4 所示。

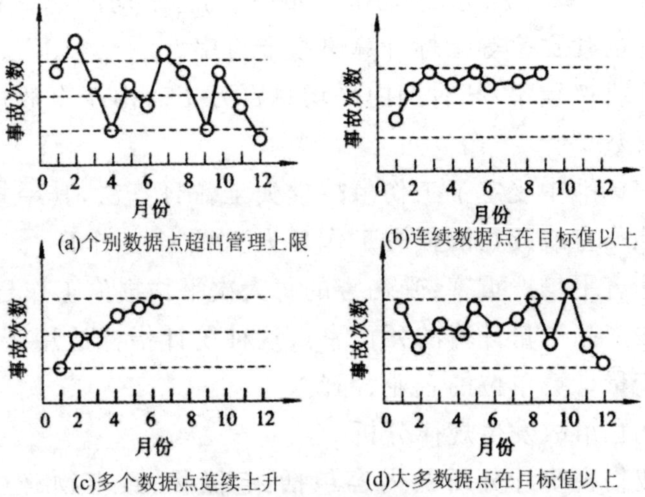

图 3-4 伤亡事故管理图

控制图对过程异常的判断以小概率事件原理为理论依据，其判异准则有两类：一是数据点出界就判异，二是界内数据点排列不随机就判异。常规控制图有 8 种判异准则。

除了上述方法以外，还有扇形图、玫瑰图和分布图等。

2)事故统计指标

国际劳工组织会议确定了以伤亡事故频率和伤害严重率为伤亡事故统计指标。

(1)伤亡事故频率。我国的国家标准《企业职工伤亡事故分类》(GB 6441—1986)规定，按千人死亡率、千人重伤率和伤害频率计算伤亡事故频率。

①千人死亡率：某时期内平均每千名职工中因工伤事故造成死亡的人数。

②千人重伤率：某时期内平均每千名职工中因工伤事故造成重伤的人数。

③伤害频率：某时期内平均每百万工时由于工伤事故造成的伤害人数。

目前我国仍然沿用劳动部门规定的工伤事故频率作为统计指标。习惯上把工伤事故频率叫作千人负伤率。

(2)伤害严重率。我国的国家标准《企业职工伤亡事故分类》

(GB 6441—1986)规定,按伤害严重率、伤害平均严重率和按产品产量计算的死亡率等指标计算事故严重率。

①伤害严重率:某时期内平均每百万工时由于事故造成的损失工作日数。

国家标准中规定了工伤事故损失工作日算法,其中规定永久性全失能伤害或死亡的损失工作日为6000个工作日。

②伤害平均严重率:受伤害的每人次平均损失工作日数。

③按产品产量计算的死亡率。这种统计指标适用于以吨、立方米为产量计算单位的企业、部门。

3)伤亡事故发生规律分析

事故伤害统计分析的内容包括:起因物、致害物、伤害方式、受伤部位、受伤性质,如图3-5所示。

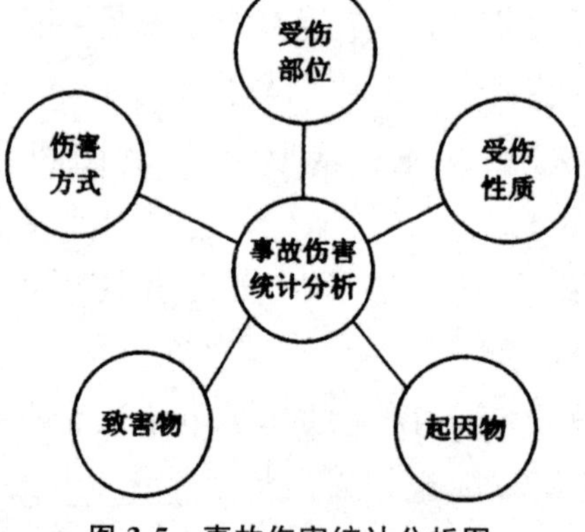

图3-5　事故伤害统计分析图

2.事故经济损失的统计

我国对伤亡事故经济损失的统计分为两种,一是直接经济损失,二是间接经济损失。

1)伤亡事故直接经济损失

(1)人身伤亡后的支出费用,其中包括:医疗费用(含护理费用)、丧葬及抚恤费用、补助及救济费用、歇工工资。

(2)善后处理费用,其中包括:处理事故的事务性费用、现场抢救费用、清理现场费用、事故罚款及赔偿费用。

(3)财产损失价值,其中包括:固定资产损失价值、流动资产损失价值。

2)伤亡事故间接经济损失

(1)停产、减产损失价值。

(2)工作损失价值。

(3)资源损失价值。

(4)处理环境污染的费用。

(5)补充新职工的培训费用。

(6)其他费用。

伤亡事故直接经济损失与间接经济损失的比例在博德的冰山理论中得到了很好的体现。博德在分析20世纪七八十年代美国的伤亡事故直接与间接经济损失时,得到了如图3-6所示的冰山图。从该图中可以看出,能够被人们所看见的那一部分直接经济损失只是冰山一角,而在这背后还隐藏着巨大的很难精确计算的隐性损失(即间接经济损失),这一部分在整体损失中占有很大的比例。

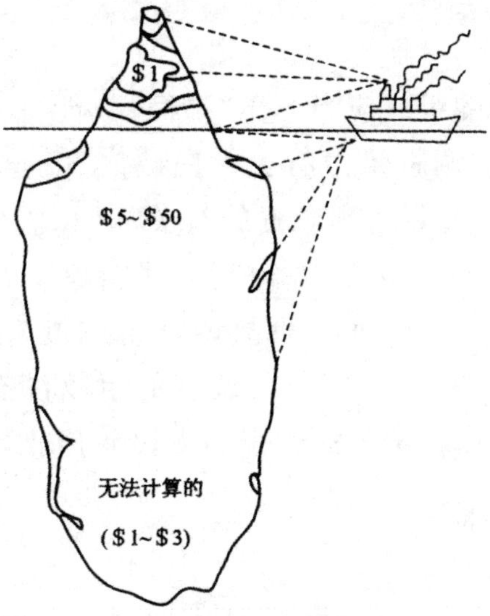

图3-6 博德的冰山图

3.2.2 事故调查及处理

1.事故调查的目的

首先必须明确的是,一个科学的事故调查过程的主要目的就是防止事故的再次发生。也就是说,根据事故调查的结果,提出整改措施,控制或消除此类事故。

同时,对于重大特大事故,包括死亡事故,甚至重伤事故,事故调查还是满足法律要求和提供违反有关安全法规的资料,是使司法机关正确执法的主要手段。

此外,通过事故调查还可以描述事故的发生过程,鉴别事故的直接原因与间接原因,从而积累事故资料,为事故的统计分析及类似系统、产品的设计与管理提供信息,为企业或政府有关部门安全工作的宏观决策提供依据。

2.事故调查组

事故调查组的组成应当遵循"精简、效能"的原则。根据事故的具体情况,事故调查组由有关人民政府、安全生产监督管理部门、担负安全生产监督管理职责的有关部门、监察机关、公安机关以及工会等指派人员组成,并邀请人民检察院派人参加,事故调查组的组成如图 3-7 所示。事故调查组成员应当具有事故调查所需要的知识和专长,并应与所调查的事故没有直接利害关系。事故调查组组长由负责事故调查的人民政府指定,主持事故调查组的工作。

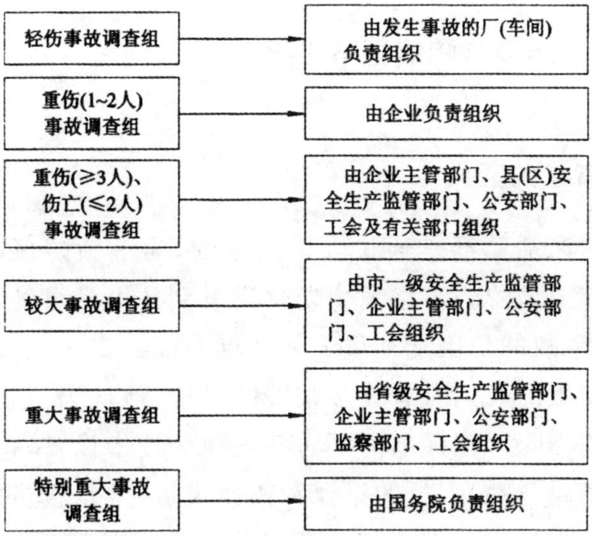

图 3-7　事故调查组的组成

3.事故调查的基本步骤

(1)事故现场处理。事故现场处理的步骤是安全抵达现场→现场危险分析→现场营救→防止进一步危害→保护现场。

(2)事故现场勘查。事故现场勘查工作主要关注四个方面的信息,即人(People)、部件(Part)、位置(Position)和文件(Paper),且表述这四个方面的英文单词均以字母P开头,故人们也称之为“4P”技术,其关系如图3-8所示。

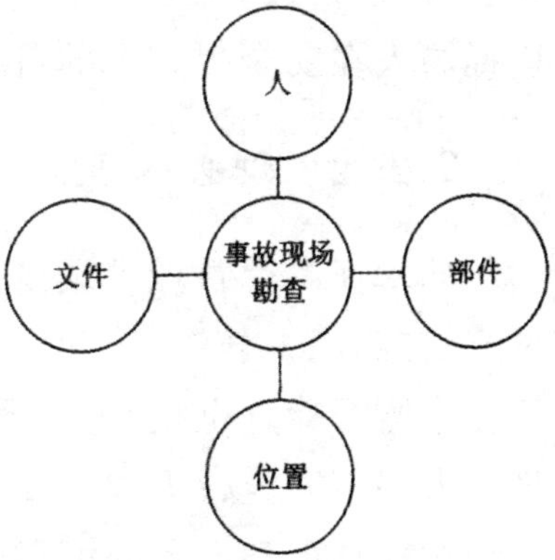

图 3-8　事故现场勘察

(3)人证、物证的保护。人证和物证是现场调查的一项重要工作。证人的证言和物证经过分析后能确定其与事故的关系,应对他们加以保护。

3.2.3 事故预防的基本措施

1.提高人的素质

一切生产活动都是通过人来实现的，为了预防事故，提高人的素质占首要地位。苏联发生切尔诺贝利核电站事故后，苏联核专家、消除事故的功臣瓦列里·阿列克谢耶维奇·列加索夫在探索核事故发生的教训时有许多精辟的见解，他认为主要问题在于人的素质的下降。他提出需要防备人损坏技术设备，包括防备设计人员的错误、规划人员的错误和操作人员、维修人员的错误，制造设备中的粗枝大叶都会造成事故隐患。人的素质不仅包括技术素质，也包括职业道德、工作责任心以及工作态度等各个方面。

所有人(包括领导人、普通工人)对安全的态度、人的能力和人的知识技术水平是决定能否实现安全生产、预防事故的关键因素。为了提高人的素质，就必须进行教育。这个教育包括基础文化教育、道德教育、安全教育和专业技术教育。提高人的素质可以提高人在安全生产中的可靠性。

2.安全管理必不可少

如果在生产管理中选拔的工人能胜任其工作，就比选用一个反应迟钝、能力较差、态度恶劣的工人更能保证安全生产。管理工作中监督检查也很重要，严格的监督检查可以在事故发生前发现工人的不安全行为或不安全状态，从而消除不安全因素。管理工作对提高人和设备的可靠性都具有重要意义。

3.采取行之有效的技术措施

除了提高人的素质，减少人的失误外，保证设备处于良好状态十分重要。技术措施就是从工程技术上确保各种机器设备处于本质安全状态，也就是提高设备的可靠性。这些技术措施包括从设计、制造、安装、调试、维修及操作等整个过程。这种设备本身应有安全防护措施，如一旦出现危险，能自动报警、停车或有消除危险的其他措施，包括使用个人防护装置以及机械防护装置。技术措施是用于弥补一旦出现人为失误时，仍能保证安全生产。

此外，大多数事故并不是突然发生的，事故的发生和发展是按一定规律逐步形成的。事故的发展过程中存在预防事故理论中所提到的征兆，即通常人们所指的事故预兆，这些预兆是可以预测的。只要发现预兆，及时采取措施，就能预防事故的发生，或将事故控制为一般事故而不至于对人和财物造成损失。

3.3 系统安全分析与评价

3.3.1 系统安全分析与评价概述

1. 安全系统分析

系统安全分析是实现系统安全的重要手段，它的目的在于通过分析使人们识别系统中存在的危险性和损失率，并预测其可能性。因此，它是完成系统安全评价的基础。根据不同的情况和要求，可以把分析进行到不同的深度，可以是初步的，也可以是详细的。

目前人们已开发研究了数十种系统安全分析方法，适用于不同的系统安全分析过程。对这些方法可按实行分析过程的相对时间分类，也可按分析的对象、内容分类。从分析的数理方法角度，系统安全分析方法可分为定性分析和定量分析；从分析的逻辑方法角度，可分为归纳法和演绎法。

简单来说，归纳法是从原因推论结果的方法；演绎法是从结果推论原因的方法，这两种方法在系统安全分析中都有应用。从危险源辨识的角度,演绎法是从事故或系统故障出发查找与该事故或系统故障有关的危险源,与归纳法相比较,可以把注意力集中在有限的范围内,提高工作效率;而归纳法是从故障或失误出发探讨可能导致的事故或系统故障,再来确定危险源,与演绎法相比较,可以无遗漏地考察、辨识系统中的所有危险源。要完成一个准确的分析,就要事先了解各种分析方法的特点、适用场合,经过比较,再决定采用哪种分析方法。但不管采用哪种分析方法,都要事先建立一个系统模型。这种模型大多采用图解方式,表示出系统各单元之间的关系。这样易于为人们掌握系统各单元之间的关系和影响,便于查到事故的真正原因和危险性大小。

2.安全评价

安全评价要以系统安全分析为依据。只有通过分析,掌握了系统中存在的潜在危险和薄弱环节、发生事故的概率和可能的严重程度等,才能正确地进行安全评价。

安全评价分为定性评价和定量评价,任何定量方法总是在定性的基础上开始的。但是定性评价只能够知道系统中的危险性的大致情况,如危险性因素的多少和严重程度等。要想深入了解系统的安全状态,还有待于定量评价。只有经过定量的评价,才能充分发挥安全系统工程的作用,通过定量评价的结果,决策者才可以选择最佳方案。

与危险性评价不同,系统安全评价是对系统进行“安全确认”的工作。系统通常具有安全性、危险性和中间性三种因素,为了确认系统安全,不但要判断系统危险性因素发生事故的条件,还要判断哪些中间性因素在系统生命周期内趋向恶化而成为潜在危险性因素的条件。只有杜绝或严格控制了这些条件的系统,才是安全系统。因此,安全评价既要以“社会允许的安全限度”的视角来考察系统,又不能局限于此,要重视对尚属于中间性因素的潜在危险性因素的判断和评价。

3.3.2 系统安全分析方法

在系统寿命不同阶段的危险源辨识中，应该选择相应的系统安全分析方法。例如，在系统的开发、设计早期可以应用预先危险分析方法；在系统设计或运行阶段可以应用危险性和可操作性研究、故障类型和影响分析等方法进行详细分析，或者应用事件树分析、故障树分析与因果分析等方法对特定的事故或系统故障进行详细分析。

1.安全检查表分析法

系统安全是人们所追求的目标，为实现这一目标，对可能引起系统事故的所有原因应事先清楚地了解和掌握，以便对不安全因素实施控制和预防。显然，了解与掌握真正不安全因素是实现系统安全的首要任务。为了能够真正发现问题，则需要对系统进行全面的分析检查。安全检查表就是因此而产生的。它是安全评价最基础最初步的一种方法。它不仅是实施安全检查和诊断的一种工具，也是发现潜在危险因素的一个有效手段和分析事故并对系统进行定性安全评价的一种方法。

安全检查表分析可适用于工程、系统的各个阶段。安全检查表可以评价物质、设备和工艺，常用于专门设计的评价。检查表法也能用在新工艺（装置）的早期开发阶段，判定和估测危险，还可以对已经运行多年的在役（装置）的危险进行检查（安全检查表常用于安全验收评价、安全现状评价、专项安全评价，而很少推荐用于安全预评价）。

1）安全检查表分析的步骤

一旦确定了分析区域或范围，安全检查表分析一般包括3个步骤，即选择或拟定合适的安全检查表，完成分析及编制分析结果文件。

（1）选择或拟定合适的安全检查表。为了编制一张标准的检查表，评价人员应确定安全检查表的标准设计或操作规范，然后依据存在的缺陷和不同编制一系列带问题的安全检查表。编制安全检查表所需资料包括有关标准、规范及规定，国内外事故案例，系统安全分析事例，研究成果等，检查表按设备类型和操作情况提供一系列的安全检查项目。

安全检查表是基于经验的分析方法，安全检查表必须由熟悉装置的操作并掌握了相关标准、政策和规程的、有经验和具备专业知识的人员协同编制。对所拟定的安全检查表，应当是通过回答表中所列问题就能够发现系统设计和操作各个方面与有关标准不符的地方。安全检查表一旦准备好，即使缺乏经验的工程师也能独立使用它，或者是作为其他危险分析的一部分。当建立某一特定工艺过程的详细安全检查表时，应与通用安全检查表对照，以保证其完整性。

(2)完成分析。对已运行的系统，分析组应当视察所分析的工艺区域。在视察过程中，分析人员应将工艺设备和操作与安全检查表进行比较，依据对现场的视察、阅读系统的文件、与操作人员座谈以及个人的理解回答安全检查表项目。当所观察的系统特性或操作特性与安全检查表上表达的特性不同时，分析人员应当记下差异。新工艺过程的安全检查表分析在施工之前常常是由分析组在分析会议上完成，主要对工艺图纸进行审查，完成安全检查表，讨论差异。

(3)编制分析结果文件。危险分析组完成分析后应当总结视察或会议过程中所记录的差异。分析报告包含用于分析的安全检查表复印件。任何有关提高过程安全性的建议与恰当的解释都应写入分析报告中。

2)安全检查表的编制

安全检查表看似简单，但要使其在使用中能切合实际、真正起到全面系统地辨识危险性的作用，则需要有一个高质量的安全检查表。安全检查表的编制程序如图 3-9 所示。

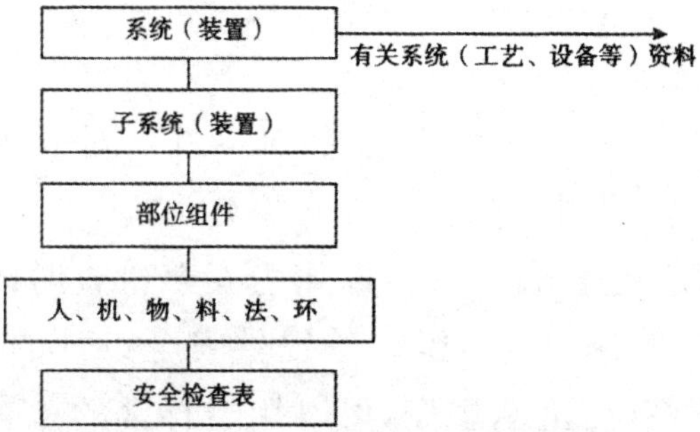

图 3-9 安全检查表编制程序

3)安全检查表的评价

对现有系统装置的安全检查，应包括巡视和自检检查主要工艺单元区域。在巡视过程中，检查人员按检查表的项目条款对工艺设备和操作情况逐项比较检查。检查人员依据系统的资料，对现场巡视检查、与操作人员的交谈以及凭个人主观感觉来回答检查条款。当检查的系统特性或操作有不符合检查表条款上的具体要求时，分析人员应记录下来。

检查完成后，将检查的结果汇总和计算，最后列出具体的安全建议和措施。

安全检查表的编制和实施可以概括为确定分析对象，找出其危险点；确定检查项目，定出具体内容；顺序编制成表，逐项进行检查。

4)安全检查表的优点

安全检查表之所以能得到广泛的使用，是因为安全检查表具有以下优点。

(1)安全检查表通过组织有关专家、学者、专业技术人员，经过详细的调查和讨论，能够事先编制，具有全面性，可以做到系统化、完整化，不漏掉任何能够导致危险的关键因素，及时发现和查明各种危险和隐患。

(2)安全检查人员能根据安全检查表预定的目标、要求和检查要点进行检查，克服了盲目性，做到突出重点，避免疏忽、遗漏、走过场，提高了检查质量。

(3)对安全检查表，可以根据已有的规章制度和标准规程等，针对不同的对象和要求编制相应的安全检查表，实现安全检查的标准化、规范化。

(4)安全检查表具有广泛性和灵活性。对于各种行业、各种岗位操作、设备、设计、各种工种及各类系统，安全检查表都能广泛地适用。安全检查表不仅可以作为安全检查时的依据，同时可以为设计新系统、新工艺、新装备提供安全设计的相关资料。安全检查表使用广泛，灵活多变，可以用于日常的检查，也可以用于定期的检查、事故分析和事故预测等。对安全检查表还可以随时进行修改、补充，使之适用于各种场合。

(5)依据安全检查表进行检查，是监督各项安全规章制度的实施和纠正违章指挥、违章作业的有效方式。安全检查表能够克服因人而异的检查结果，提高了检查水平，同时也是进行安全教育的一种有效手段，能提高人员的安全意识和安全水平。

(6)安全检查表具有直观性。它是一种定性的检查方法，采用表格的形式及问答的方式，并对提问项目进行了系统的归类，简明易懂。不同层次的人员都可以掌握和使用安全检查表。

(7)安全检查表可以作为安全检查人员或现场作业人员履行职责的凭据，有利于分清责任，落实安全生产责任制。

(8)使用安全检查表有利于安全管理工作的连续改进，实现对安全工作的连续记录。安全检查表可以随着科学技术的发展和标准、规范的变化而随时加以修改和完善。同时，企业也可以根据自己的记录，发现问题并提出整改措施。安全检查表的连续记录可以使新老安全员顺利交接，保证企业安全管理工作的一致性。

2.预先危险分析法

预先危险分析(PHA)主要用于新系统设计、已有系统改造之前的方案设计和选址阶段，在没有掌握详细资料的时候，用来分析、辨识可能出现或已经存在的危险源，并尽可能在付诸实施之前找出预防、改正、补救措施，以消除或控制危险源。

预先危险分析的优点在于允许人们在系统开发的早期识别、控制危险因素,可以用最小的代价消除或减少系统中的危险源,它能为制定整个系统寿命期间的安全操作规程提供依据。

1)预先危险分析的内容

根据安全系统工程的方法,生产系统的安全必须从"人—机—环"系统进行分析,而且在进行危险性预先分析时应持这种观点:对偶然事件、不可避免事件、不可知事件等进行剖析,尽可能地把它变为必然事件、可避免事件、可知事件,并通过分析、评价,控制事故发生。

分析的内容可归纳为以下几个方面。

(1)识别危险的设备、零部件,并分析其发生事故的可能性条件。

(2)分析系统中各子系统、各元件的交接面及其相互关系与影响。

(3)分析原材料、产品,特别是有害物质的性能及储运。

(4)分析工艺过程及其工艺参数或状态参数。

(5)人、机关系(操作、维修等)。

(6)环境条件。

(7)用于保证安全的设备、防护装置等。

2)危险等级划分

在危险源查出之后,应对其划分等级,排列出危险因素的先后次序和重点,以便分别处理。由于危险因素发展成为事故的起因和条件不同,因此在危险性预先分析中仅能作为定性评价。危险等级的划分可按 4 个级别来进行,见表 3-1。

表 3-1 危险等级划分

级别	危险程度	可能导致的后果
Ⅰ	安全的	不会造成人员伤亡及系统损坏
Ⅱ	临界的	处于事故的边缘状态,暂时还不至于造成人员伤亡、系统损坏或降低系统性能,但应予以排除或采取控制措施

表 3-1(续)

级别	危险程度	可能导致的后果
Ⅲ	危险的	会造成人员伤亡和系统损坏,要立即采取防范对策措施
Ⅳ	灾难性的	造成人员重大伤亡及系统严重破坏的灾难性事故,必须予以果断排除并进行重点防范

3.危险可操作性分析法

危险与可操作性分析(Hazard and Operability Analysis,HAZOP)方法是由英国帝国化学工业公司 ICI 公司于 20 世纪 70 年代早期提出的。

HAZOP 分析是一种用于辨识设计缺陷、工艺过程危害及操作性问题的结构化分析方法,它认为危险来源于对设计意图的偏离。如果一切按照设计意图进行生产和操作,就不大可能有危险。该方法的本质就是通过系列的会议对工艺图纸和操作规程进行分析。在这个过程中,由各专业人员组成的分析组按规定的方式系统地研究每一个单元(即分析节点),分析偏离设计工艺条件的偏差所导致的危险和可操作性问题。HAZOP 分析组分析每个工艺单元或操作步骤,识别出那些具有潜在危险的偏差,这些偏差通过引导词引出,使用引导词的一个目的就是为了保证对所有工艺参数的偏差都进行分析,并分析它们的可能原因、后果和已有安全保护措施等,同时提出应该采取的安全保护措施。HAZOP 研究的侧重点是工艺部分或操作步骤的各种具体值,其基本过程就是以引导词为引导,对过程中工艺状态(参数)可能出现的变化(偏差)加以分析,找出其可能导致的危害。

HAZOP 法的特点是由中间状态参数的偏差开始,分别找出原因、判明后果,是属于从中间向两头分析的方法。其本质就是通过一系列的分析会议对工艺图纸和操作规程进行分析。在装置的设计、操作、维修等过程中,需要工艺、工程、仪表、土建、给排水等专业人员一起工作。因此,危险与可操作性分析实际上是一个系统工程，需要各专业人员的共同参与才能识别更多的问题。

1）研究步骤

（1）确立研究目的、对象和范围。进行危险性与可操作性研究时，对所研究的对象要有明确的目的。其目的是查找危险源，保证系统安全运行，或审查现行的指令、规程是否完善等，防止操作失误。同时，要明确研究对象的边界、研究的深入程度等。

（2）建立研究小组。开展危险性与可操作性研究的小组成员一般由5～7人组成，包括有关各领域专家、对象系统的设计者等，以便发挥和利用集体的智慧和经验。

小组召集人应由具备工业安全及实际进行危害分析的资深工程师担任。生产工程师：熟悉基本设计、程序模拟；系统工程师：熟悉生产线及仪器图及基本设计规范；品质工程师：熟悉标准操作步骤及标准；仪控工程师：具备设备及控制系统选择经验；安全工程师：了解安全标准、法规、安全管理等；

其他专业人员：工业卫生专业人员、电机工程师、维修工程师等。

（3）资料收集。危险性与可操作性研究资料包括各种设计图纸、流程图、工厂平面图、等比例图和装配图，以及操作指令、设备控制顺序图、逻辑图或计算机程序，有时还需要工厂或设备的操作规程和说明书等。

（4）制订研究计划。在广泛收集资料的基础上，组织者要制订研究计划。在对每个生产工艺部分或操作步骤进行分析时，要计划好所花费的时间和研究的内容。

（5）开展研究分析。对生产工艺的每个部分或每个操作步骤进行分析时，应采取多种形式引导和启发各位专家，对可能出现的偏离及其原因、后果和应采取的措施充分发表意见。具体分析流程如图3-10所示。

HAZOP分析涉及过程的各个方面，包括工艺、设备、仪表、控制、环境等。HAZOP分析人员的知识及可获得的资料总是与HAZOP分析方法的要求有距离，因此对某些具体问题可听取专

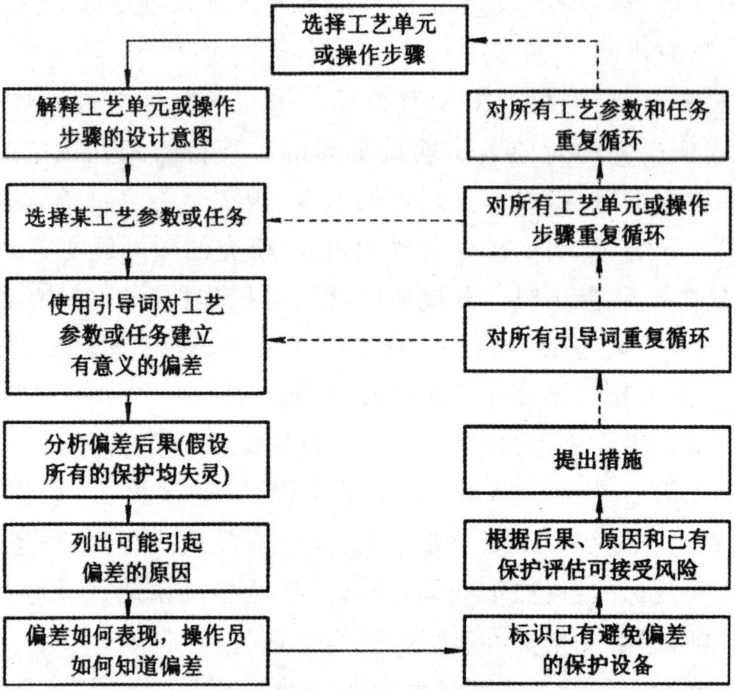

图 3-10　HAZOP 法的研究步骤

家的意见。必要时对某些部分的分析可延期进行，在获得更多的资料后再进行分析。

(6)编制分析结果文件。分析记录是 HAZOP 分析的一个重要组成部分。负责记录的人员应根据分析、讨论过程提炼出恰当的结果，尽管不可能把会议上说的每一句话都记录下来，但必须记录所有重要的意见。必要时可举行分析报告审核会，让分析组对最终报告进行审核和补充。通常，HAZOP 分析会议以表格形式记录，见表 3-2。

表 3-2　HAZOP 分析记录表

分析人员：________　图纸号：________

会议日期：________　版本号：________

序号	偏差	原因	后果	安全保护	建议措施

2)HAZOP 分析方法的优点

HAZOP 分析方法可以相互促进、开拓思路,成功的 HAZOP 分析需要所有参加人员自由地陈述他们各自的观点,不允许成员之间的批评或指责以免压制这种创造性过程。但是,为了让 HAZOP 分析过程达到高效率和高质量,整个分析过程必须有一个系统的规则,按一定的程序进行。分析的成败关键在于:

(1)分析研究所依据的制造过程图表及有关数据。

(2)小组成员的专业技术和洞察能力。

(3)小组成员运用此方法帮助其想象动作偏离、原因和后果的透视能力。

(4)小组成员具备事故严重性分析能力,尤其是对已指出的危害。

3)真空罐 HAZOP 分析

真空罐是真空泵的配套设备,它的功能是气液分离和油料暂存,从而达到引油和抽吸油作用,工艺结构示意如图 3-11。应用危险与可操作性研究方法对该设备进行安全评价,分析结果见表 3-3。

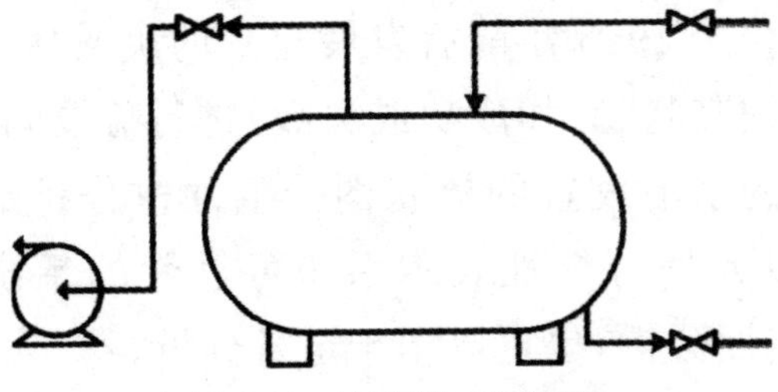

图 3-11 真空罐工艺结构

表 3-3 真空罐工艺 HAZOP 分析表

关键词	偏差	可能原因	后果	对策措施
没有或不	流量为零	阀门 A 或 B 故障关闭,管道堵塞或破裂	抽吸油料中断,真空罐中无料	认真检查,修理,更换

表 3-3(续)

关键词	偏差	可能原因	后果	对策措施
较大	流量增加	阀门A或B开启过大，管道直径与真空泵能力大小不配套	流速加大、静电积聚，可能引起燃烧爆炸	合理选型，认真调节阀门A和B的开启大小
较小	流量减少	阀门A或B部分关闭，管道部分堵塞或破裂	工作效率降低，延长工作时间	检查输油管线和真空管线，调节阀门A或B
也，又	油料质量差	验收不严格	—	加强质检工作
部分	效率低	阀门A或B部分关闭，管道部分堵塞或破裂	工作效率降低，延长工作时间	检查输油管线和真空管线，调节阀门A或B
反向	倒流	不可能	—	—
不同于，非	油料错误	厂商发料错误，验收不严格，责任心不强	混油	加强责任心，认真验收，记录清晰

4. 事件树分析法

事件树演化于1965年前后发展起来的决策树。它是一种将系统内各元素按其状态(如成功或失败)进行分支，最后直至系统状态输出为止的水平放置的树状图。事件树分析最初用于可靠性分析，它是以元件可靠性表示系统可靠性的系统分析方法之一，可以用于定性分析，也可以用于定量分析。

一起事故的发生是多种原因事件相继发生的结果，其中一些事件的发生是以另一些事件首先发生为条件的。事件树分析以一个初始事件为起点，按每个事件可能的后续事件只能取完全对立的两种状态(成功或失败，正常或故障，安全或危险等)之一的原则，逐步向结果方面发展，直至达到系统故障或事故为止。

按照事故发展顺序，分成阶段，一步一步地进行分析，每一步都从成功和失败两种后果进行考虑(分支)，最后直至用水平树状图表示其可能的结果，这样一种分析法就称为事件树分析法(Event Tree Analysis，ETA)，该水平树状图也称为事件树图。

应用事件树分析，可以定性地了解整个事故的动态变化过程，又可定量地得出各阶段的概率，最终了解事故各种状态的发生概率。

这种系统安全分析方法最初用于核电站的安全分析，并且迄今为止仍然是核电站采用的主要系统安全分析方法之一。由于事件树分析方法特别适用于表达事件之间的时间顺序，在其他工业领域也有广泛应用。

1)分析原理

事件树分析法是从初始时间出发考察由此引起的不同事件，一起事故的发生是许多事件按时间顺序相继出现的结果，一些事件的出现是以另一事件首先发生为条件的。在事故发展过程中出现的事件可能有两种状态：事件出现或不出现(成功或失败)。这样，每一事件的发展有两条可能的途径，而且事件出现或不出现是随机的，其概率是不相等的。如果事故发展过程中包括有 n 个相继发生的事件，则系统一般总计有 2 条可能发展途径，即最终结果有 $2n$ 个。

在相继出现的事件中，后一事件是在前一事件出现的情况下出现的。它与更前面的事件无关。后一事件选择某一种可能发展途径的概率是在前一事件作出某种选择的情况下的条件概率。

2)分析步骤

事件树的定性分析是通过编制事件树，研究系统中的危险源如何相继出现而最终导致事故、造成系统故障或事故。

(1)确定初始事件。初始事件的选定是事件树分析的重要一环，它是事件树中在一定条件下造成事故后果的最初原因事件，可以是系统故障、设备失效、人员误操作或工艺过程异常等。一般是选择分析人员最感兴趣的异常事件作为初始事件。在事件树分析的绝大多数应用中，初始事件是预想的。初始事件可按以下方法确定：根据系统设计、系统危险性评价、系统运行经验或事故经验等确定；根据系统重大故障或事故的原因分析事故树，从其中间事件或初始事件中选择。

(2)编制事件树。首先考察初始事件一旦发生时应该最先起作用的安全功能,把可能发挥功能(又称正常或成功)的状态画在上面的分支,把不能发挥功能(又称故障或失败)的状态画在下面的分支。然后依次考虑各种安全功能的两种可能状态,同样,把发挥功能的状态画在上面的分支,把不能发挥功能的状态画在下面的分支,直至达到系统故障或事故为止。

如果这个环节事件不需要往下分析,则水平线延伸下去不发生分支,如此便得到事件树。

在发展事件树的过程中,会遇到一些与初始事件或事故无关的安全功能,或者其功能关系相互矛盾、不协调的地方,应将其省略、剔除。如图 3-12 所示为根据安全功能发展、化简了事件树的功能。

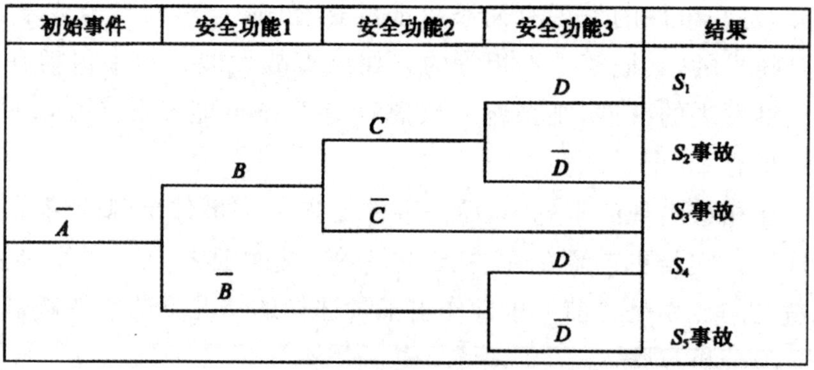

图 3-12 编制事件树

(3)说明分析结果。在事件树最后面写明由初始事件引起的各种事故结果或后果。为清楚起见,对事件树的初始时间和各环节事件用不同字母加以标记。

(4)定性分析和定量计算。事件树的各分支代表初始事件发生后可能的发展途径。其中,最终导致事故的途径为事故连锁。一般地,导致系统事故的途径有很多,即有许多事故连锁。对事件树进行定性分析可以指导我们如何采取措施预防事故。

5.故障树分析法

故障树分析(FTA)是从特定的故障事件(或事故)开始,利用故障树考察可能引起该事件发生的各种原因事件及其相互关系的系统安全分析方法。

故障树是一种利用布尔逻辑(又称布尔代数)符号演绎的表示特定故障事件(或事故)发生原因及其逻辑关系的逻辑树图,因其形状像一棵倒置的树,且其中的事件一般都是故障事件,故而得名。

1)故障树的逻辑及事件符号

在故障树分析中逻辑门只描述事件间的逻辑因果关系,包括与门、或门、非门、顺序与门、表决门、异或门、禁门。在故障树分析中,各种故障状态或不正常情况皆称为故障事件;各种完好状态或正常情况皆称为成功事件。二者均可简称为事件。

故障分析中所使用的各种符号、名称及定义见表3-4。

表3-4　故障树分析的逻辑和事件符号

符　号	名　称	定　义
	基本事件	在特定的故障树分析中无须探明其发生原因的底事件
	未探明事件	原则上应进一步探明其原因,但暂时不必或者暂时不能探明其原因的底事件
	结果事件	故障树分析中由其他事件或事件组合所导致的事件
	或门	至少一个输入事件发生时,输出事件就发生
	与门	仅当所有输入事件发生时,输出事件才发生
	非门	输出事件是输入事件的对立事件

表 3-4(续)

符　号	名　称	定　义
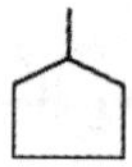	开关事件	正常工作条件下必然发生或者必然不发生的
	条件事件	描述逻辑门起作用的具体限制的特殊事件
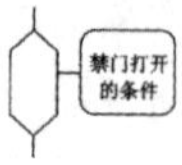	禁门	仅当条件事件发生时,输入事件的发生才导致输出事件的发生
	相同转移符号	在三角形内标出向何处转移
		在三角形内标出向何处转入
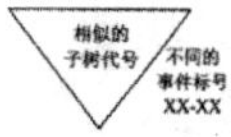 (a) 相似转向别处	相似转移符号	下面转到结构相似而事件标号不同的子树去
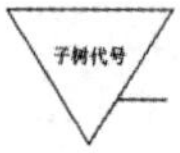 (b) 相似转到此处		从子树与此处子树相似但事件标号不同处转入
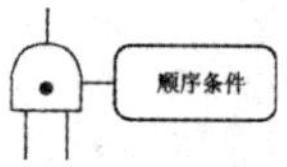	顺序与门	仅当输入事件按规定的顺序发生时,输出事件才发生
	异或门	仅当单个输入事件发生时,输出事件才发生

2)故障树的数学表达

为了进行故障树定性和定量分析,需要建立故障树的数学模型,写出数学表达式。布尔代数是故障树分析的数学基础。

布尔代数是集合论的一部分,是一种逻辑运算方法,它特别适用于描述仅能取两种对立状态之一的事物。故障树中的事件只能取故障发生或不发生两种状态之一,不存在任何中间状态,并且故障树事件之间的关系是逻辑关系,因此可以用布尔代数来表现故障树。

故障树中的逻辑或门对应于布尔代数的逻辑和运算,逻辑与门对应于逻辑积运算。把故障树中连接各事件的逻辑门用相应的布尔代数逻辑运算表示，就得到了故障树的布尔表达式。故障树的布尔表达式是故障树的数学描述。对于给定的故障树，可以写出相应的布尔表达式；给出布尔表达式，则可以画出相应的故障树。

3)FTA 的编制

故障树编制方法一般分为两类，一类是人工编制，另一类是计算机辅助编制。

(1)人工编制。编制事故树的规则如下：确定顶事件应优先考虑风险大的事故事件；合理确定边界条件；保持门的完整性，不允许门与门直接相连；确切描述顶事件。

人工编制事故树的常用方法为演绎法，它是通过人的思考去分析顶事件是怎样发生的。演绎法编制时首先确定系统的顶事件，找出直接导致顶事件发生的各种可能因素或因素的组合即中间事件。在顶事件与其紧连的中间事件之间，根据其逻辑关系相应地画上逻辑门。然后再对每个中间事件进行类似的分析，找出其直接原因，逐级向下演绎，直到不能分析的基本事件为止。

(2)计算机辅助编制。由于系统的复杂性使系统所含部件愈来愈多，使人工编制事故树费时费力的问题日益突出，必须采用相应的程序，由计算机辅助进行。计算机辅助编制是借助计算机程序在已有系统部件模式分析的基础上，对系统的事故过程进行编辑，从而达到在一定范围内迅速准确地自动编制事故树的目的。

计算机辅助编制主要可分为两类：一类是 1973 年 Fussell 提出的合成法(Synthetic Tree Method，STM)，主要用于解决电路系统的事故树编制问题；另一类是由 Aposto－ lakis 等人提出的判定表法(Decision Table，DT)。

①合成法(STM)：合成法是建立在部件事故模式分析的基础上，用计算机程序对子事故树(MFT)进行编辑的一种方法。合成法与演绎法的不同点是：只要部件事故模式所决定子事故树一

定,由合成法得到的事故树就唯一,所以,它是一种规范化的编制方法。

②判定表法:判定表法是根据部件的判定表(DT)来合成的。判定表法要求确定每个事件的输入/输出事件,即输入/输出的某种状态,把每个部件的这种输入/输出事件的关系列成表,该表称作判定表。一格判定表上只允许有一个输出事件,如果事件不止一个输出事件,则必须建立多格判定表。编制时将系统按节点(输入与输出的连接点)划分开,并确定顶事件及其相关的边界条件。一般认为来自系统环境的每一个输入事件属于基本事件,来自部件的输出事件属于中间事件。在判定表都已齐备后,从顶事件出发根据判定表中间事件追踪到基本事件为止,这样就制成所需要的事故树。

4)FTA 方法步骤

FTA 方法基本程序流程如图 3-13 所示。FTA 方法的步骤为:首先,详细了解系统状态及各种参数,绘出工艺流程图或平面布置图。其次,收集事故案例(国内外同行业、同类装置曾经发生的),从中找出后果严重且较易发生的事故作为顶事件,根据经验教训和事故案例,经统计分析后,求解事故发生的概率(频率),确定要控制的事故目标值。然后从顶事件起按其逻辑关系,构建故障树。最后作定性分析,确定各基本事件的结构重要度,求出概率,再作定量分析。

如果事故树规模很大,可借助计算机进行。目前我国 FTA 一般都考虑到进行定性分析为止。

3.3.3 安全评价方法

安全评价方法是对生产系统的危险、有害因素及其危险、危害程度进行分析、评价的方法,是进行定性、定量安全评价的工具。目前国内外已研究开发出许多种具有不同特点、不同适用对象和范围、不同应用条件的评价方法和商业化的安全评价软件

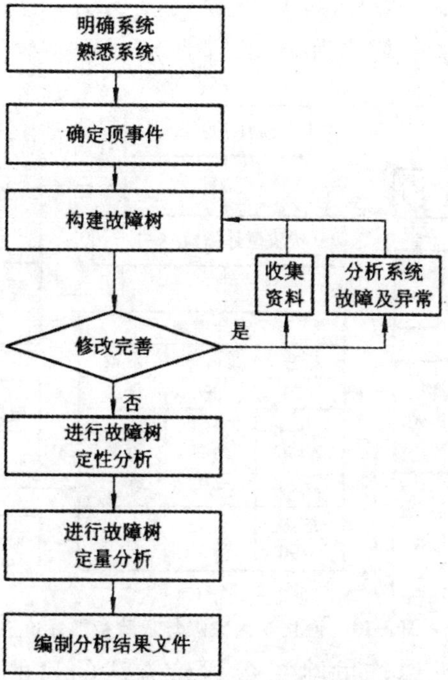

图 3-13　故障树分析法基本程序流程

包。每种评价方法都有其适用范围和应用条件，在进行安全评价时，应根据安全评价对象和要实现的安全评价目标选择适用的安全评价方法。许多方法是利用过去发生事件的概率和危害程度作出推断，往往对高风险事件更为关注，而高风险事件通常发生概率又很小，概率值误差很大，因此在预测低风险事件危险度时可能会得出不符合实际的判断。有时在利用定量评价方法计算绝对风险度时，由于选取事件的发生频率和事故的严重度的基准、标准不准确，有可能使得出的结果出现较大的失真。选择评价方法的失败还会导致错误的评价结果。本节主要介绍一些国内外常用的道化学火灾爆炸危险指数评价法。

1.道化学火灾爆炸危险指数评价法的概述

道化学火灾爆炸危险指数评价方法是以物质的闪点（或沸点）为基础，代表物质潜在能量的物质系数，结合物质的特定危险值、工艺过程及特殊工艺的危险值，计算出系统的火灾、爆炸指数,以评价该系统火灾、爆炸危险程度的方法。道化学火灾爆炸危险指数评价法的要点如图 3-14 所示。

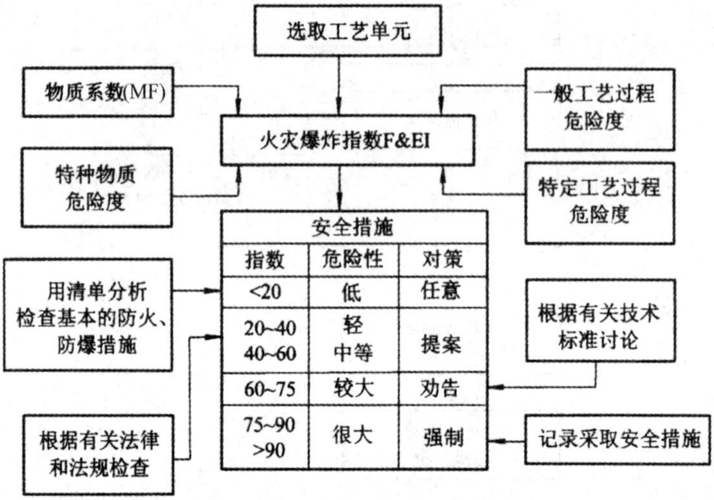

图 3-14　道化学火灾爆炸危险指数评价法

道化学火灾爆炸危险指数评价方法的目的:量化潜在火灾、爆炸和反应性事故的预期损失;确定可能引起事故发生或使事故扩大的装置;向有关部门通报潜在的火灾、爆炸危险性;使有关人员及工程技术人员了解到各工艺部门可能造成的损失,以此确定减轻事故严重性和总损失的有效、经济的途径。

2.道化学火灾爆炸危险指数评价法的评价程序

1)道化学火灾爆炸危险指数评价方法的计算程序

道化学火灾爆炸危险指数评价方法的计算程序如图 3-15 所示。

2)选取工艺单元

在计算火灾、爆炸危险指数时,只评价从预防损失角度考虑对工艺有影响的工艺单元,包括化学工艺、机械加工、仓库、包装线等在内的整个生产设施。在选取工艺单元时,需要考虑以下重要参数:潜在化学能(物质系数);工艺单元中危险物质的数量;资金密度;操作压力和操作温度;导致火灾、爆炸事故的历史资料;

对装置起关键作用的单元。

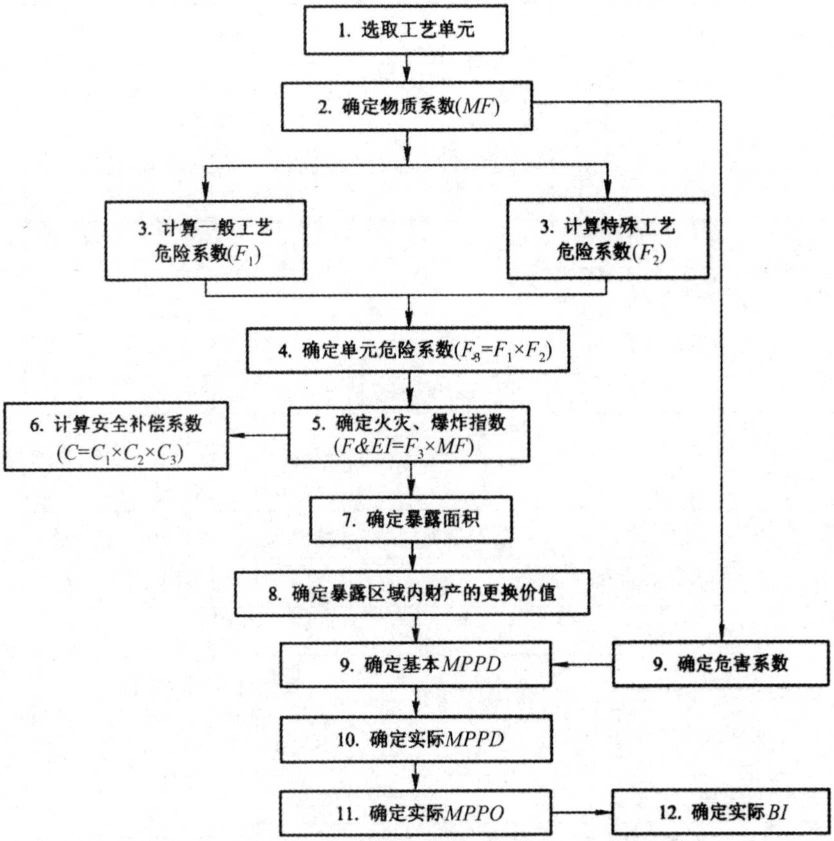

图 3-15　道化学火灾爆炸危险指数评价法计算程序图

3)确定物质系数(MF)

在火灾、爆炸物危险性指数的计算和其他危险性评价时，物质系数(MF)是最基础的参数，它表示物质由燃烧或其他化学反应引起的火灾、爆炸中释放能量大小的内在特性。

物质系数是由美国消防协会规定的物质可燃性 N_f 和化学活泼性(或不稳定性)N_r 从表 3-5 中求取。

表 3-5　物质系数确定表

液体、气体的易燃性或可燃性	N_f(依据 NFPA325M 或 NFPA49)	反应性或不稳定性				
		$N_r=0$	$N_r=1$	$N_r=2$	$N_r=3$	$N_r=4$
不燃物	$N_f=0$	1	14	24	29	40
F. P. >93.3℃	$N_f=1$	4	14	24	29	40
37.8℃≤F. P. ≤93.3℃	$N_f=2$	10	14	24	29	40
22.8℃≤F. P. ≤37.8℃ 或 F. P. <22.8℃并且 B. P. ≥37.8℃	$N_f=3$	16	16	24	29	40
或 F. P. <22.8℃并且 B. P. >37.8℃	$N_f=4$	21	21	24	29	40
可燃性粉尘等级(St)						
St—1(K_{St}≤200Pa·m/s)		16	16	24	29	40
St—2(K_{St}=201～300Pa·m/s)		21	21	24	29	40
液体、气体的易燃性或可燃性	N_r(依据 NFPA325M 或 NFPA49)	反应性或不稳定性				
		$N_r=0$	$N_r=1$	$N_r=2$	$N_r=3$	$N_r=4$
St—3(K_{St}>300Pa·m/s)	24	24	24	29	40	
可燃性固体						
厚度>40mm，紧密的	$N_f=1$	4	14	24	29	40
厚度<40mm，紧密的	$N_f=2$	10	14	24	29	40
泡沫材料、纤维、粉状物	$N_f=3$	16	16	24	29	40

注：表中 F. P. 表示闭杯闪点；B. P. 表示标准温度和压力下的沸点；St 表示可燃性粉尘等级；N_f 表示物质可燃性等级；N_r 表示物质化学活泼性(不稳定性)。

4)计算工艺单元危险系数

工艺单元危险系数的计算式为

工艺单元危险系数(F_3)=一般工艺危险系数(F_1)×特殊工艺危险系数(F_2)

一般工艺危险系数(F_1)选取参见表 3-6，特殊工艺危险系数(F_2)的取值参见表 3-7，F_3 的取值范围为 1～8，若 $F_3>8$ 则按 8 计。

表 3-6 一般工艺危险系数取值表

一般工艺危险	危险系数范围	采用危险系数
基本系数	1.00	1.00
放热化学反应	0.3～1.25	
吸热反应	0.20～0.40	
物料处理与输送	0.25～1.05	
密闭式或室内工艺单元	0.25～0.90	
通道	0.20～0.35	
排放和泄漏控制	0.25～0.50	
一般工艺危险系数 F_1		

表 3-7 特殊工艺危险系数取值表

特殊工艺危险	危险系数范围	采用危险系数
基本系数	1.00	1.00
毒性物质	0.20～0.80	
负压(<500mmHg,66.66kPa)	0.50	
易燃范围及接近易燃范围的操作 ◆罐装易燃液体 ◆过程失常或吹扫故障 ◆一直在燃烧范围内	 0.50 0.30 0.80	
粉尘爆炸	2.00～0.25	
压力:操作压力(绝对压力)/kPa 释放压力(绝对压力)/kPa		
低温	0.20～0.30	
易燃及不稳定物质量/kg 物质燃烧热 H_c(J·kg^{-1}) ◆工艺中的液体及气体 ◆储存中的液体及气体 ◆储存中的可燃固体及工艺中的粉尘	 见图 3-16 见图 3-17 见图 3-18	
腐蚀及磨蚀	0.10～0.75	

表 3-7(续)

特殊工艺危险	危险系数范围	采用危险系数
泄漏(接头和填料)	0.10～1.50	
使用明火设备		
热油热交换系数	0.15～1.15	
转动设备	0.50	
特殊工艺危险系数 F_2		

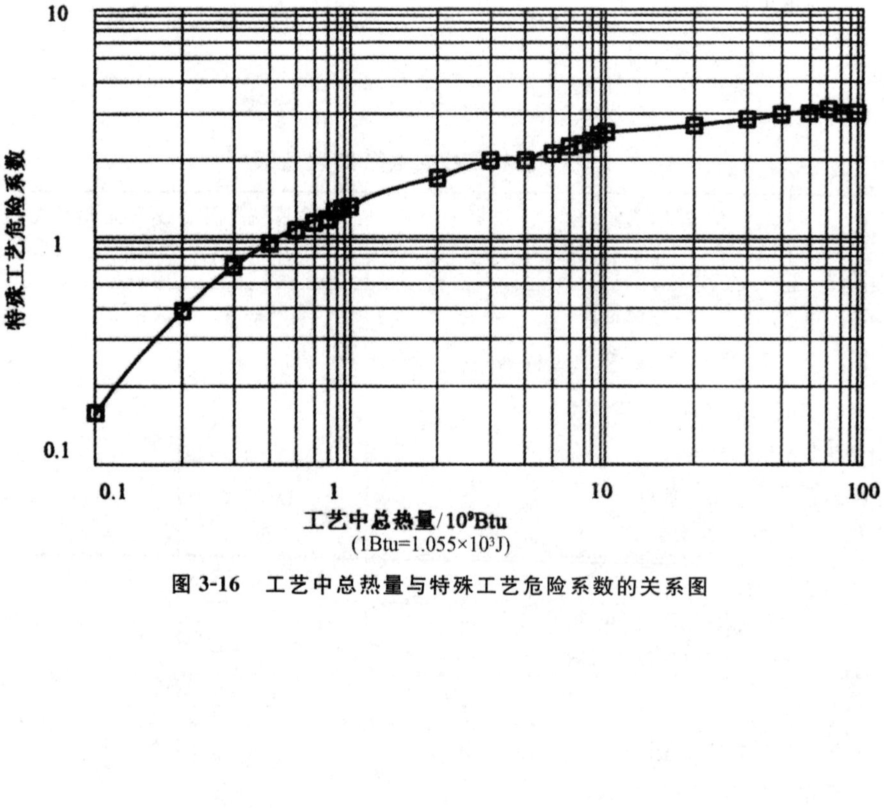

图 3-16　工艺中总热量与特殊工艺危险系数的关系图

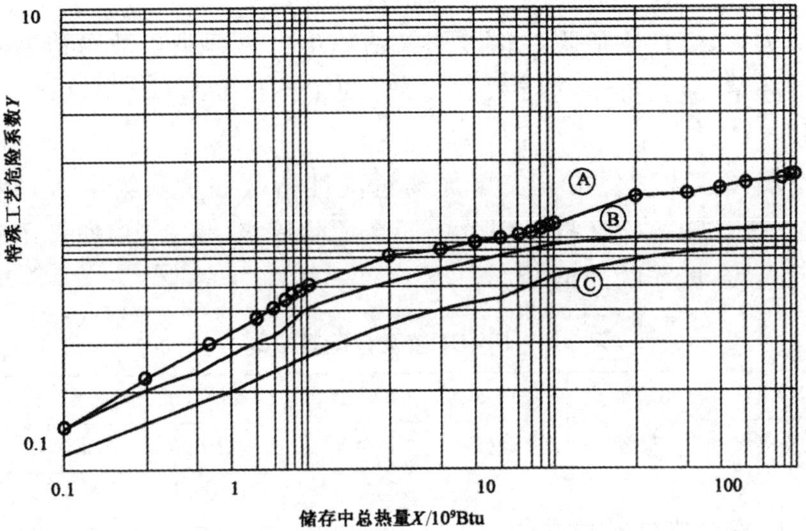

A. 液化气：$\lg Y=0.289069+0.472171\lg X-0.074585(\lg X)^2+0.018641(\lg X)^3$；

B. 1类易燃液体(闪点<37.8℃)：$\lg Y=-0.403115+0.378703\lg X-0.46402(\lg X)^2+0.015379(\lg X)^3$；

C. 2类可燃液体(37.8℃<闪点<60℃)：$\lg Y=-0.55839+0.363321\lg X-0.057296(\lg X)^2+0.01075(\lg X)^3$

图 3-17 储存中的液体和气体总热量与特殊工艺危险系数的关系图

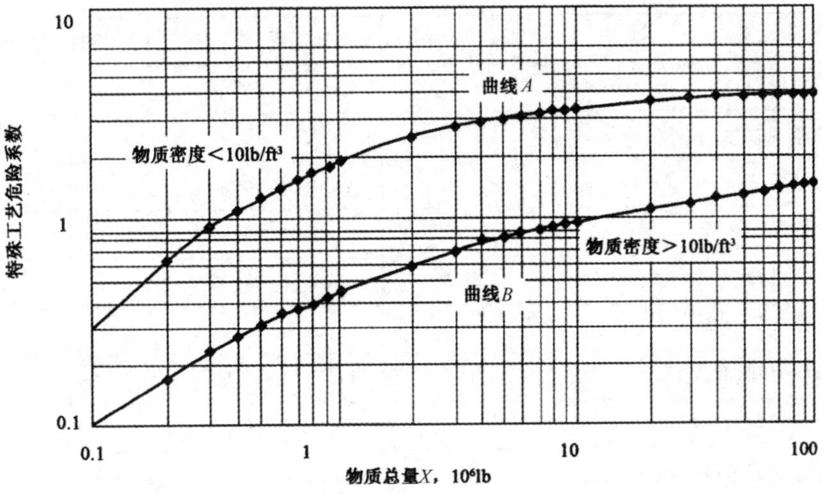

A. 物质密度<10lb/ft³，$\lg Y=0.280423+0.464559\lg X-0.28291(\lg X)^2+0.066218(\lg X)^3$；

B. 物质密度>10lb/ft³，$\lg Y=-0.35831+0.459926\lg X-0.141022(\lg X)^2+0.02276(\lg X)^3$

图 3-18 储存中的可燃固体和工艺过程中的粉尘总量与特殊工艺危险系数的关系图

5)计算火灾、爆炸物危险性指数($F\&EI$)

火灾、爆炸物危险性指数用来估算生产过程中事故可能造成的破坏情况,它等于物质系数(MF)和工艺单元危险系数(F_3)的乘积。

美国道化学公司火灾爆炸物危险性指数评价法第 7 版还将火灾、爆炸物危险性指数划分成 5 个危险等级(表 3-8),便于了解单元火灾、爆炸的严重度。

表 3-8 $F\&EI$ 值及危险等级划分

$F\&EI$ 值	1～60	61～96	97～127	128～158	＞159
危险等级	最轻	较轻	中等	很大	非常大

6)安全措施补偿系数

安全措施补偿系数

$$C=C_1 \cdot C_2 \cdot C_3$$

式中,C_1 为工艺控制补偿系数,见表 3-9;C_2 为物质隔离补偿系数,见表 3-10;C_3 为防火措施补偿系数,见表 3-11。

表 3-9 工艺控制补偿系数(C_1)

项目	补偿系数范围	采用补偿系数
应急电源	0.98	
冷却装置	0.97～0.99	
抑爆装置	0.84～0.98	
紧急停车装置	0.96～0.99	
计算机控制	0.93～0.99	
惰性气体保护	0.94～0.96	
操作规程(程序)	0.91～0.99	
化学活性物质检查	0.91～0.98	
其他工艺危险分析	0.91～0.98	
工艺控制补偿系数(C_1)		

表 3-10 物质隔离补偿系数(C_2)

项目	补偿系数范围	采用补偿系数
遥控阀	0.96～0.98	
卸料(排空)装置	0.96～0.98	
排放装置	0.91～0.97	
联锁装置	0.98	
物质隔离补偿系数(C_2)		

表 3-11 防火措施补偿系数(C_3)

项目	补偿系数范围	采用补偿系数
泄漏检测装置	0.94～0.98	
结构钢	0.95～0.98	
消防水供应系统	0.94～0.97	
特殊系统	0.91	
喷洒系统	0.74～0.97	
水幕	0.97～0.98	
泡沫灭火装置	0.92～0.97	
手提式灭火器材(喷水枪)	0.93～0.98	
电缆防护	0.94～0.98	
防火措施补偿系数(C_3)		
安全措施补偿系数 $C=C_1 \cdot C_2 \cdot C_3$		

7)工艺单元危险分析汇总

(1)暴露半径。对于已计算出来的 $F\&EI$,可以用它乘以0.84或转换成暴露半径($R=0.256F\&EI$,R 单位为 m)。

这个暴露半径表明了生产单元危险区域的平面分布,它是一个以工艺设备的关键部位为中心,以暴露半径为半径的圆。

(2)暴露区域:暴露区域面积 $S=\pi R^2$。

(3)暴露区域内财产价值。可由区域内含有的财产的更换价值来确定,即更换价值=0.82×原来成本×增长系数。

(4)危害系数的确定。危害系数是由单元危险系数 F_3 和物质系数 MF 给出的,它代表了单元中物料泄漏或反应能量释放所引起的火灾、爆炸事故的综合效应。单元危害系数计算图如图 3-19 所示。

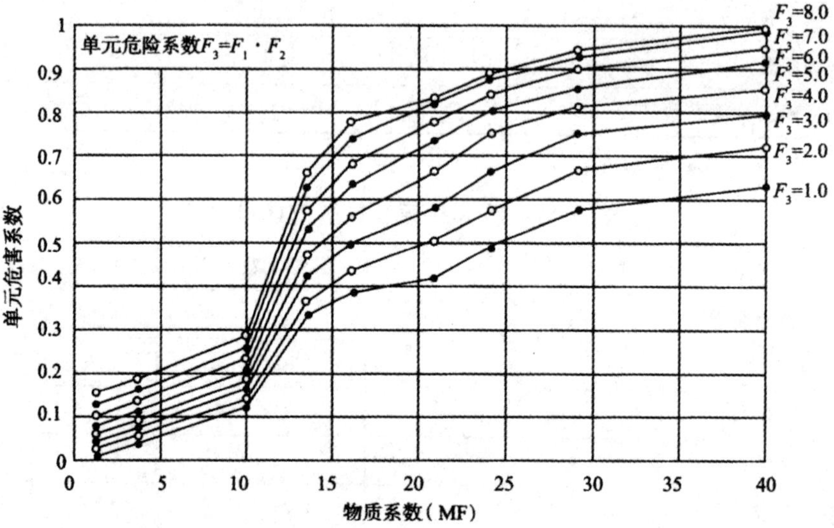

图 3-19 单元危害系数计算图

8)计算基本最大可能财产损失(基本 $MPPD$)

基本最大可能财产损失是假定没有任何一种安全措施来降低的损失。其计算式为

基本 $MPPD$=暴露区域内财产价值×危害系数=更换价值×危害系数

9)计算实际最大可能财产损失(实际 $MPPD$)

它的计算式为

实际最大可能财产损失=基本最大可能财产损失×安全措施补偿系数

它表示在采取适当的防护措施后,事故造成的财产损失。

10)计算可能工作日损失($MPDO$)

估算最大可能工作日损失($MPDO$)是评价停产损失(BI)的必经步骤,根据物料储量和生产需求的不同状况,停产损失往往等于或超过财产损失。最大可能工作日损失($MPDO$)可以根据

实际 $MPPD$ 来计算。

(11)计算停产损失(BI)

停产损失(按美元计)按下式计算:

$$BI=(MPDO/30)\times VPM\times 0.7$$

式中,VPM 为每月产值;0.7 为固定成本和利润所占比例。

最后根据造成损失的大小确定单元安全程度。

3.4 HSE 管理体系

HSE 是健康(Health)、安全(Safety)和环境(Environment)管理体系的简称。健康、安全与环境管理体系又称为 HSE 或 HSE－MS,是近几年国际工业企业通行的管理体系。

HSE 管理体系是系统安全工程理念和技术在企业健康、安全和环境管理中的具体应用。HSE 管理体系的基本原理是戴明(PDCA)管理模式。

工业企业生产和经营中同时伴生健康、安全和环境风险,健康、安全与环境的管理在原则和效果上相似、相辅、相成,有着不可分割的联系。HSE 管理体系是将组织实施健康、安全与环境管理的组织机构、职责、做法、程序、过程和资源等要素有机构成的整体,这些要素通过先进、科学、系统的运行模式有机地融合在一起,相互关联、相互作用,形成动态管理体系。该体系突出预防为主、领导承诺、全员参与、持续改进的科学管理思想,是工业企业实现管理现代化,走向国际大市场的准入证。

3.4.1 HSE 管体体系的基本原理

HSE 管理体系是企业整个管理体系的有机组成部分之一,它将健康、安全和环境三种密切相关的管理体系科学地结合在一起,并按如图 3-20 所示的循环链运行。HSE 管理体系为企业实现持续发展提供了一个结构化的运行机制，并为企业提供了一种不断改进 HSE 表现和实现既定目标的内部管理工具。

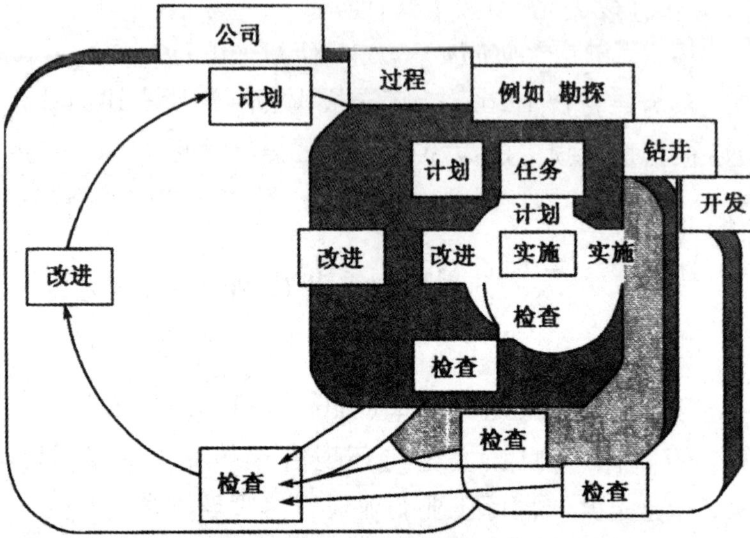

图 3-20　在公司管理层和执行层层次上的管理体系

HSE 管理体系是一个不断变化和发展的动态体系，其设计和建立也是一个不断发展和交互作用的过程。随着时间的推移，随着对体系各要素的不断设计和改进，体系经过良性循环，不断达到更佳的运行状态。

HSE 管理体系只是企业管理体系的一部分。企业往往有多个并存的管理体系，可能分属不同的部门操作，因此应通盘考虑这些体系的组织、过程、程序和资源，尽量合理设置和共享共用，以简化内部各项管理工作的复杂程度，防止相互冲突，实现相互协调。

3.4.2　HSE 管理体系的特点

HSE 管理体系要求组织进行风险分析，确定其自身活动可能发生的危害和后果，从而采取有效的防范手段和控制措施防止其发生，以便减少可能引起的人员伤害、财产损失和环境污染。它强调预防和持续改进，具有高度自我约束、自我完善、自我激励的机制，因此是一种现代化的管理模式，是现代企业制度之一。HSE 管理体系与传统管理体系相比，具有以下特点。

1. 先进性

HSE 系统所宣传和贯彻始终的理念是先进的，如从员工的角度出发，注重以人为本，注重全员参与等。目前，这一体系在职业安全卫生领域是走在世界前列的，易于企业结合实际应用和创新。

2. 系统性

HSE 本身就是一个系统，HSE 管理体系强调各要素有机组合，以一系列层次分明、相互联系的体系文件实施管理。

3. 预防性

危害辨识、风险分析与评价是 HSE 管理体系的精髓，实现了事故的超前预防和生产作业的全过程控制。

4. 可持续改进和长效性

HSE 管理体系运用戴明管理原则，周而复始地推行“策划、实施、监测、评审”活动，形成 PDCA 循环，使企业健康、安全、环境的表现不断改进，呈现螺旋上升的状态。

5. 自愿性

HSE 的相关标准都是推荐执行的、非强制性的标准，是企业在国内外市场的驱动下自觉自愿的行为，建立 HSE 管理体系也是企业管理自身生存、发展的内在要求。

3.4.3 HSE 管理体系的组织机构、资源和文件

组织机构、资源和文件是 HSE 体系运行的组织保障和物质

基础，是保证 HSE 表现良好的必要条件。中国石油天然气集团公司 HSE 管理体系要求：努力实现在人员组织、资源管理和文件管理方面的优化配置，实施 HSE 责任管理，以获得良好的 HSE 表现。

1.组织机构

组织机构是指企业管理系统负有 HSE 管理责任的部门和人员的构成及职责，是企业 HSE 管理体系的具体管理机构组织状况。资源主要指可供使用的人力、财力、物力、技术、设备等内部资源，是 HSE 管理体系建立和运行的重要物质保障。文件是指 HSE 管理体系在建立、运行和保持过程中所形成的各种文档，可以是书面的，也可以是电子的。

根据我国目前的企业体制状况，HSE 体系组织机构照搬国外是行不通的，只能根据我们的具体情况来确定。HSE 组织机构的作用是把负责 HSE 事务的机构和人员联系在一起，形成一个有机的富有战斗力的整体，形成一个层次分明的网络体系。如图 3-21 所示的中国石油天然气集团公司 HSE 管理体系的管理层次框图就很好地说明了 HSE 管理体系中每一个层次都有自己的管理范围和相应的 HSE 管理体系与组织，上一级的 HSE 部门对下级部门起领导和支持作用(以支持和指导为主)。

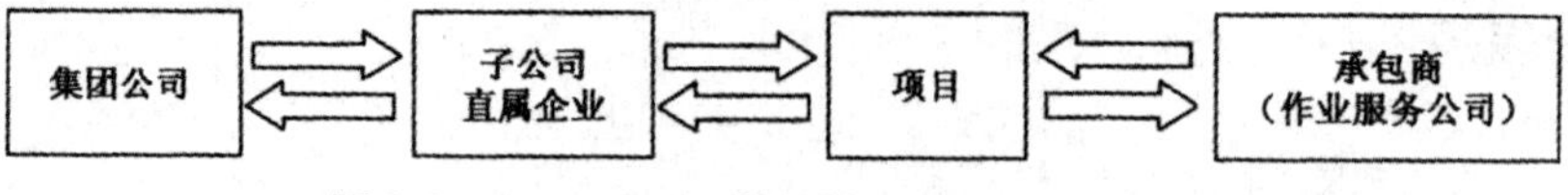

图 3-21　CNPC HSE 管理体系的管理层次框图

2.资源

HSE 体系的建立和运行以及各项活动的实施都离不开资源的支持，高级管理层应按层次为下层部门分配所需的资源。

(1)首先，应在全面了解、掌握现有设施、设备的基础上，全盘考虑需要改进和补充的部分，当现有资源不能满足要求时，可按以下次序确定。

①不符合国家、地方法规要求的设施和设备。

②能满足公司健康、安全与环境目标和表现准则要求的设施和设备。

③公司持续改进 HSE 管理水平所需的设施和设备。

(2)配置资源时还应考虑以下几点。

①量力而行，循序渐进。在现有的资源条件下，应充分考虑法律法规的要求、企业的义务和长远利益，分阶段地改进企业的 HSE 管理体系，优先解决重点问题。既不可不顾财力、物力作出不切实际的承诺和订立不现实的目标，也不应以资源不足为借口，削弱 HSE 管理。

②进行经济风险评估，确定资源的最佳利用方式。

③征求各级管理者和各方面专家的意见。

(3)当缺乏资金和技术时，可考虑通过以下方法解决。

①与用户或供应商合作，以满足共同的利益。

②与同行企业共享有关技术和经验。

③与科研院所和大专院校合作，进行合作开发。

④取得上级部门的帮助，取得财务、人事劳资及各专业部门的支持。

管理层应重视资源在 HSE 工作中的重要作用，对资源的配置状况要进行定期检查和评审，以保证资源的到位和有效利用。

3. 文件及其控制

形成文件的首要目的是提供对 HSE 管理体系的完整描述和成文的具体操作程序或指南，并形成该体系保持和实施的永久记录。

文件所记录的应是 HSE 管理过程的准确信息。文件控制包括管理、保管和流通等，文件的控制既要保证安全，又要便于查阅。

HSE 管理体系文件设计的基本框架层次如图 3-22 所示，其中项目 HSE 计划可根据具体情况确定是否需要编制。

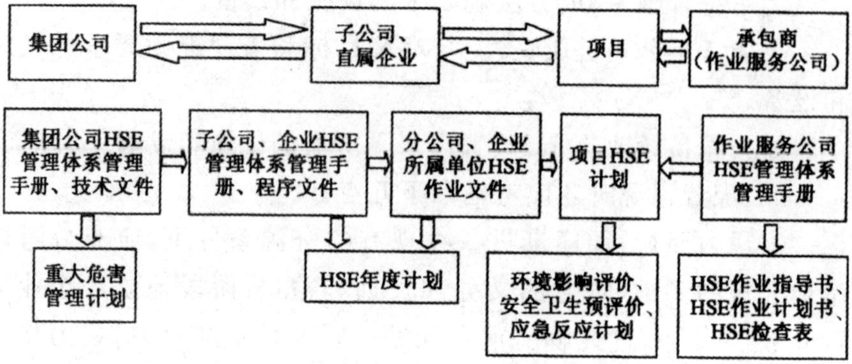

图 3-22　HSE 管理体系文件设计的基本框架图

4 油气储运工程安全设计与管理

近年来，我国石油化工业迅猛发展，油气储运逐渐占据能源领域极为重要的地位。油气储运过程中所存在的风险主要是管道腐蚀、资源损耗以及设备使用等。在油气储运工程中，应根据各个施工环节制定有效的安全监管机制，做好油气设备的定期维护与保养工作，不断提升作业人员的综合素质，以此确保油气储运工程能够实现安全管理。

4.1 油库安全管理

4.1.1 油库安全管理概述

油库安全管理就是将油库作为一个系统，为实现油库安全目标而进行的有关决策、计划、组织、控制等方面的活动。

1. 油库安全管理的对象

油库安全管理涉及面广，它既是顺利进行各项管理工作的前提，又是实现油库管理目标的重要内容和约束条件。在油库生产过程中，由于导致发生灾害事故的原因较多，包括人、设备、环境、设计、施工、操作、维修、储存、运输以及经营管理等环节。油库安全管理研究对象应包括构成油库系统的人、物、环境三要素以及三者之间的相互联系的各个环节。其中对物的管理包括油库设备、设施，对环境的管理包括内部和外部环境。

2.油库安全管理的内容

油库安全管理主要是从油库安全管理体制、管理方法、管理技术、管理法规以及管理理论等入手，对涉及油库安全的各个环节，如组织体制、监督管理等，进行有效的控制，从而保证油库生产过程的顺利进行。基于以上要求，油库安全管理的内容主要如下。

(1)油库检修作业的安全管理，主要包括油库检修作业的组织实施及安全管理。

(2)油库劳动保护，为达到优化体制建设的目的，主要研究安全管理组织机构设置的原则、形式、任务、目标等方面的油库安全管理基础工作。

(3)油库生产作业安全管理，主要包括油库储存作业、收发作业的安全管理。

(4)油库设施、设备的安全管理，主要包括油库储油设备、输油管线、泵房设备、装卸油设施、加温设备、电气设备、通风设备、消防设备等的安全管理内容、常见事故及其预防措施、安全检查与维护。

(5)油库安全管理法规建设，主要包括油库安全培训教育的组织与实施，油库安全设计及其评价，油库安全检查方案的制定与实施等内容。

(6)油库生产作业中毒物的来源、危险及防护，主要包括油库噪声的危害及控制，油库劳动保护用品等内容。

(7)油库事故调查分析，根据油库事故发生发展规律，油库事故的预测预报理论及方法等内容对油库事故进行调查分析，开展油库事故管理。

(8)油库作业人员的安全管理，主要根据人行为的退化及预防措施，安全行为的模型，油库人员的不安全行为的表现以采取对策及时消除这些不安全行为对油库安全运行的威胁。

(9)油库安全的评估，主要根据油库安全评估的标准组织实施油库的安全评估工作，并根据评估结果进行整改或修订安全管理措施。

4.1.2 油库安全影响因素分析

本节从人—机—环境—屏蔽的角度对油库安全影响因素进行一个简单分析。

1.人的因素

不管油库的性质如何，作何用途，都有其相对固定的管理机构和人员，通常工作人员都具有一定的专业素质。同时，由于人员相对固定，便于进行业务培训或采取其他方法提高人员业务能力、素质。此外，当油库参与对外工作时，例如，给汽车油罐车或油船发油，给汽车油箱加油，外部人员有可能进入危险区域，对这些外部人员的素质要求难以掌控。特别是当油库进行检修时，油库工作人员熟悉的是油库的运行管理和操作，对系统及设备的检修并不熟悉，需要专业的队伍来完成油库检修工作。检修工程安全人员的素质无法进行保证，这是影响油库安全的重要因素。

2.油库自身工艺特点及主要危险

油库自身工艺的主要特点是对危险性液体的储存、有压管道输送、装卸和加注。由于油料自身的危险特性和工艺特点，油库存在以下主要危险。

(1)跑(冒、漏)油。由于各种原因造成油品非正常流失，称为跑(冒、漏)油事故。它是油库最常见和多发的事故之一，流失油品及其形成的可燃气体可能诱发更严重的着火爆炸事故及污染事故。

(2)火灾、爆炸。火灾、爆炸是油库日常管理和作业过程中常遇到的最大危险。油库的跑(冒、漏)油等会造成油库内存在油或者油气混合物，遇到火源时就有可能发生火灾或者爆炸等危险事故。因此，预防火灾、爆炸事故是油库事故预防的首要内容。

（3）健康损害。油料及油蒸气具有毒性，长期接触或大量吸入，可能损伤人的皮肤和中枢神经。油库在收发油过程中，防爆电动机、通风机、油泵等设备运转时会发出一定的噪声并产生振动，有时噪声会超过90dB，在此环境中，若作业人员长期处于无任何防护状态，可能会情绪不稳、听力障碍。工作人员长期清洗油罐作业、抢险、维修作业、日常油料化验工作，如果防护不当，都易造成健康损害。

（4）环境污染。油库对环境的污染主要是含油污水污染和油蒸气对大气的污染。

含油污水的来源最主要是油品泄漏。跑、冒、漏事故主要是由设施设备老化、锈蚀、受机械损伤以及作业过程中人员操作失误等原因引起的。储罐因腐蚀造成渗漏是其多年运行后最常发生的问题，主要是由储罐内外腐蚀，特别是罐底板腐蚀造成的。含油污水用作农业灌溉时会危害植物生长，严重时会导致植物死亡；排放到河流中会妨碍鱼类及其他生物的生长、生存；还会使土壤板结。

油蒸气对大气的污染主要是由于油品收发、输转、加注过程的油气排放，油品储存过程中的小呼吸，设备清洗、跑油事故以及火灾事故等引起的。

（5）油品质量事故。由于工作失误或工艺、设备原因导致的油品储存变质或发放质量不达标称为油品质量事故。造成油品质量事故的原因有多种，如因工作失误造成混油，因工艺流程倒错或作业不规范造成油品中混入大量水分、杂质；由于储存时间过长、未按规定化验而造成油品变质、报废；由于工艺、过滤设备等问题造成发出油品质量不达标，甚至造成飞机、汽车等用油装备损坏或故障。这类事故发生原因虽然很多，但大多是由于没有严格执行操作规程造成的。

3.环境因素

环境因素包括多个方面，有社会环境、地理与地质环境以及管理环境等。社会环境和地理与地质环境变化是影响油库安全的因素之一,由于油料自身的危险特性,在受到战争攻击及人为破坏下,在发生地震、洪水等自然灾害时,易发生二次爆炸、油料扩散、环境污染等次生灾害。良好的管理环境更是影响有效管理的重要因素。

不良的环境将迫使油库安全建设水平和管理水平提高到更高水准,要求油库具有很强的事故处置能力,在一定程度上有利于油库安全。

4.1.3 油库安全检修的一般要求

设备是油库安全的物质基础,设备技术完好是油库安全作业的物质技术保证,安全检修是确保设备完好必不可少的工作。

油库的安全措施不到位或者一时疏忽都有可能会造成火灾、爆炸、中毒、泄漏等事故的发生。由于油品固有的特殊危险性,以及油库人员没有很高的技术素质水平,致使油库设备检修工作具有特殊的安全特点。

检修前认真做好各项准备,检修中严格执行安全制度,检修后按技术要求验收和试运行,是油库设备安全检修的三个重要环节,也是油库设备安全检修的一般要求。

1.准备工作要求

无论是计划安排的设备检修,还是计划外的设备抢修,都必须按有关规定办理作业票证,如动火作业票、进罐作业票等。作业票证的申请、审核和批准是油库设备安全检修准备工作的重要内容。除此之外,还应在组织领导、安全措施、安全教育、设备材料等方面做好准备。

(1)组织领导。油库安全检修的组织领导应根据设备检修作业的项目和内容、工作量和性质、场所的危险等级等建立检修作业临时指挥机构。检修作业临时指挥机构应编制和审核检修计划，明确检修项目、内容及人员分工，使项目负责人充分了解工程细节、施工的技术要求和要领；明确项目或工区及岗位的安全负责人，组成安全网络，确定安全人员的职责及相互配合、联络的程序。

(2)安全措施。安全检修除了严格执行动火、动土、罐内作业、电气、高空作业等安全规定外，还应根据检修作业的内容和性质、涉及范围、场所的危险等级提出补充安全要求，制定相应的安全检修措施，明确作业程序及消防人员和消防器材的配置，进入现场的安全纪律，以及安全人员现场宣传、检查、监督的职责。

(3)安全教育。油库设备检修之前应召集参加检修的全体人员及相关人员进行安全教育。安全教育应贯穿于设备检修的全过程，在安排、检查、总结工作中都要把安全当作一项重要内容抓好落实。安全教育的主要内容包括宣讲安全检修纪律、规定及安全注意事项；明确检修项目和内容，检修作业的范围和区域划分；针对发生的事故、重大事故苗头和存在问题，重申或补充有关安全检修规定；或者总结交流安全和质量方面的经验；将检修项目的内容和安全要求具体化等。

(4)技术资料。设备检修施工前必须将设备、工艺图纸，相关的标准、规范，检查和检验表格、记录，以及设备、工艺改造、整顿、变更和零部件加工图纸等准备齐全。

(5)设备材料。根据设备检修项目、内容和要求，购买所需设备、附件、材料，并检查核对数量、质量情况；对检修中所用一系列设备用具进行安全技术检查，保证安全适用；检修中所要使用的消防设备和消防器材必须进行认真检查，确保有效好用。

2.检修实施要求

安全检修的实施主要是严格执行安全制度和安全措施，并贯穿于检修作业的全过程。

(1)检修开始前的检查。检修作业开始之前，必须由检修作业指挥机构的安全负责人会同检修项目负责人和安全人员检查安全措施是否全部落实,其内容如下。

①参加检修作业人员中的青年、妇女、老年是否适于承担工作。

②个人防护装具,如安全帽(带)、工作服、工作鞋等是否符合检修作业的安全要求。

③防毒面具技术状况是否经过检查,数量是否满足要求,急救措施是否落实。

④检修作业现场危险区域界标或栅栏,以及检修人员休息待命的安排是否合理。

⑤设备、工艺管道的隔离封堵、排空清洗是否按要求完成或做好准备。

⑥通风系统是否按照安全技术要求设置,技术状况是否完好。

⑦电气设备(含自带电源、手电等)是否符合危险场所使用要求,电气防护设施是否完备。

⑧起重机械、吊具、索具是否经过检验,技术状况如何。

⑨高空作业的脚手架是否搭设牢固、可靠,安全标志是否符合要求。

⑩)动火、动土、罐内、高空作业等是否办妥审批签证(票)。

⑪危险场所是否按安全技术要求进行了检测,检测结果如何。

⑫消防设施和消防器材是否经过技术检查,配置和数量是否符合要求。

⑬检修作业所需的设备、附件、材料等规格、数量、质量是否符合检修要求;检修所用工具是否符合使用场所安全要求。

所列项目并不是每项检修作业都有,但凡是涉及安全的都要进行检查。如发现不落实之处,应责成有关部门和人员限时解决。

(2)安全检修作业。检修作业开始后,各级安全人员应加强安全检查和监督,使安全制度和安全措施真正落实,付诸检修作业的活动之中。安全检修作业的主要内容如下。

①每次进入作业现场前，都应检查个人防护装具和工具，并清点人数。

②动火、动土、罐内、高空作业时，应按有关安全技术要求进行检查和检测。

③工程技术人员必须在现场指导、检查检修人员的作业活动，发现问题及时解决。

④安全负责人或项目负责人应进行巡回安全检查，岗位安全人员应检查督促检修人员严格按操作规程和安全要求进行作业。

⑤必要时应派出安全监督员，监视油品、油蒸气的泄漏，检测危险场所有害气体的浓度，控制在危险场所的作业时间等。

⑥检修作业中应随时检验检修质量，发现问题及时采取补救措施。

⑦检修作业中，应对检修内容、设备的缺陷、作业方法、更换的附件等做详细记录，并对每道检修工序按有关标准进行质量检查，做好记录。

⑧每次作业结束时，项目负责人和安全负责人必须进行安全检查，组织清理现场，切断电源，清点人数，认为无误后，方可撤离现场。

(3)加强安全宣传教育和监督检查。在整个检修作业过程中，各级负责人和安全人员，应采取多种形式进行安全宣传教育和监督检查，主要内容如下。

①班前结合检修作业内容提出或宣讲安全检修规定、安全注意事项。班中随时注意提醒检修人员严格执行操作规程和安全规定，班后讲评安全工作情况。

②加强现场的安全巡回检查，如发现违章指挥、违章作业时，除及时制止外，根据情节给予批评或处罚。

③加强检修作业现场特别是危险区域的监护，严禁与检修无关人员进入，保证危险区域界标或栅栏的完好。

④检修现场应经常清理，设备、材料、工具放置有序，道路畅

通无阻。

⑤对动火、动土、罐内、高空作业及起重和电气设备的检修尤应重视，严格监护检查，确保有关安全制度和安全措施的严格执行。

假若发生事故，应及时向上级报告，请求救援。

3.安全验收要求

验收和试运行是油库安全检修作业在项目、工序质量检查基础上的综合质量检验和评价，是检修作业总结的重要组成部分，也是检修后投入运行的准备。

(1)检修结束前的安全检查。检修作业结束前，项目负责人和安全负责人员应组织有关检修人员进行一次全面的安全检查。必要时，请操作人员参加，为验收和试运行做好准备。

(2)验收和试运行。在检修作业指挥机构的领导下，指定专人组织工程技术、检修和操作人员对检修项目进行验收和试运行。

(3)小修和计划外检修。以上所述是中修、大修作业的一般安全要求，其原则精神也适用于小修和计划外检修。大、中修与小修只是参加检修人员以及作业的工作量和范围差别而已，其危险性和安全要求是相同的，绝不能因作业的工作量小，参加检修人员少而忽视安全。

4.2 油库设备安全管理

油库设备是保证油库能安全、及时、准确地储存和收发油料的重要技术装备，是保证油料供应的重要物质技术基础。油库设备技术性能的好坏，不仅直接关系到油库管理的效益，而且影响油库的安全。对油库设备的管理应贯彻“安全第一，预防为主，综合治理”的方针，及时发现和消除油库设备存在的不安全因素，使油库设备经常处于良好的技术状态。

4.2.1 油库设备安全管理的特点

随着使用时间的推移，由于油库设备自身运动和外界条件的作用影响，技术状况会发生变化，出现腐蚀、泄漏、变形等故障。为了保持油库设备良好的技术状况，除了加强平时的维护管理外，还应加强对油库设备的检查和技术鉴定，准确掌握油库设备的技术状况，以便有针对性地采取检修措施，恢复其技术性能。油库设备安全管理主要包括油罐、输油管路、泵、阀门、电气设备、消防设备、防腐设备的运行与管理，一般来说，油库设备管理主要有如下特点。

1.复杂性

(1)油库设备主要包括油罐、输油管线、输油泵以及各种配电设备、锅炉设备、自动化仪器仪表、通风设备、用于各种修理作业的维修设备和消防设备、装卸油设施等。

(2)油库设备不但数量多，而且种类繁杂，涉及机械、电工、电子、金属材料等多个专业。

2.危险性

油品固有的物质危险性决定了油库设备检修的危险性。油库设备主要用于储存、输送及收发油料或用于保证油库主要作业的进行。油库设备和工艺管道中都会残留着易燃易爆有毒的油品，在客观上具备了发生火灾、爆炸、中毒等事故的物质条件，稍有疏忽就会发生重大事故。因此，油库设备所处的环境危险性较大，油库设备的维修作业通常必须在危险性场所中进行，而且，检修作业环境条件差，施工困难，危险性大，如动火、动土作业等。油库检修作业中跑油、着火、爆炸、中毒等事故屡有发生，造成了人员的伤亡、财产的损失和区域环境污染。

3.技术性

(1)油库设备管理中大量的工作是设备的检查和修理。设备检查是对各种设备的运行情况及可能存在的故障进行检查,以期及早发现故障并排除故障,使设备能经常处于良好的工作状态。

(2)设备检修中的任何疏忽,轻则给以后的操作带来不便,重则可能引起设备损坏,影响油库生产作业、影响作业人员的身体健康,甚至引起火灾爆炸及人身伤亡事故,尤其是油库设备种类多,涉及面广,如果没有较强的技术能力是难以较好地完成设备管理任务的。

4.频繁性

油库经过多年的运行,设备的腐蚀、磨损严重,设备老化问题突出。再加上任务和油品种类的变化,油库设备和工艺的改造、整顿、扩建、更新任务繁重,计划内和计划外的检修作业极为频繁。

5.复杂性

油库设备和工艺虽然较为简单,但涉及多种应用科学和工程技术知识,要求专业技术人员及检修人员具有丰富的知识和技术,熟练掌握不同设备的结构、性能和特点。再加上油库设备检修的频繁,计划检修的变更,计划外检修的无法预测,检修作业人员和方式的变动,洞内和露天检修作业受环境、天气的制约,高空和地面、设备内外检修作业的交错,临时人员进入检修现场工作较多等,这些情况充分说明油库设备检修的复杂程度。

6.人员流动性大

由于油库专业技术人员及检修作业人员流动性大,且经过专门技术培训的少。在实际中经常有组织指导者和检修人员都是初次参加某项检修作业的情况,且不了解设备的结构、性能、特点,以及工艺管道的彼此关系,这对保证设备检修安全和质量极为不利。

油库设备检修的这些特点，决定了设备安全检修的重要性。实现油库设备安全检修，不仅可以确保检修中的安全，防止事故的发生，保护人员安全和健康，而且可以确保检修质量，保证设备安全可靠地运行，为油库安全运行打下牢固的物质基础。本节主要对储油设备、输油设备、泵房设备、油库卸油设备以及油库加热设备的安全管理进行简单阐述。

4.2.2 储油设备的安全管理

1.储油罐的类型

储油罐的分类如图4-1所示。为比较各种类型储罐的消防安全性，相关资料提出了考察储罐安全度的标准，这一标准考虑了5个基本因素，即对爆炸性的敏感性、由于放空蒸汽引起火灾的敏感性、由于暴露于火灾引起破坏的敏感性、对灭火效率的依赖关系、对机械配件安全的依赖关系。各种类型储罐的安全度见表4-1。

表4-1 各种类型储罐的安全度

罐的类型	A	B	C	D	E	F
理想罐	20	20	20	20	20	100
无保护的锥顶罐	0	0	0	0	20	20
标准锥顶罐	5	5	5	5	15	35
有保护的锥顶罐	20	10	15	15	5	60
升降顶罐(套顶)	20	10	10	10	10	60
惰性气体保护的低压罐	20	15	15	10	10	70
水滴形球罐	20	15	15	10	10	70
大气保护的浮顶罐	15	15	15	15	10	75
内附盖罐(内浮顶罐)	15	20	20	10	20	85
浮顶罐	20	15	15	20	10	85
惰性气体保护的膜顶罐	20	10	10	10	10	60

注：A表示对爆炸性的敏感性；B表示由于放空蒸汽引起火灾的敏感性；C表示由于暴露于火灾引起破坏的敏感性；D表示对灭火效率的依赖关系；E表示对机械配件安全的依赖关系；F表示消防安全度。

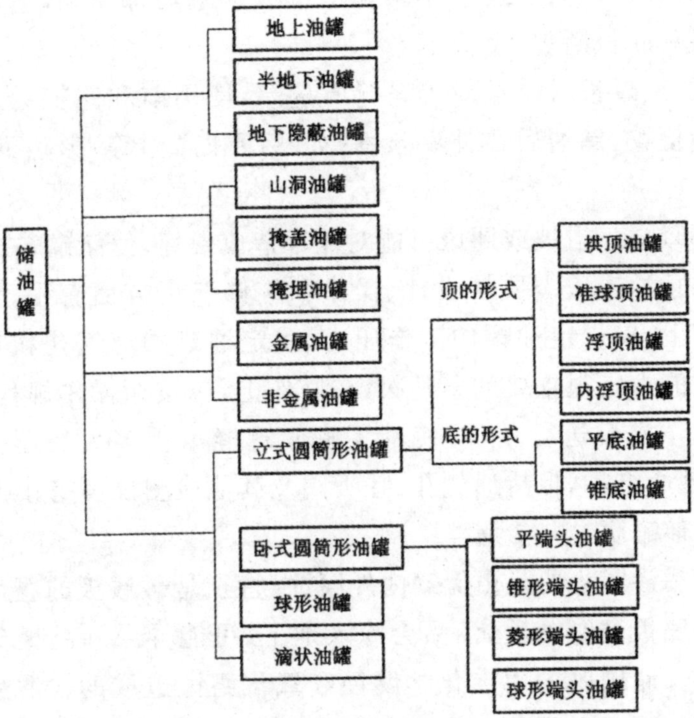

图 4-1 储油罐的分类

从表 4-1 可以看出，浮顶罐、内浮罐的安全度较高，是储存油料较为理想的设备。锥顶罐的安全度较低，其火灾危险性较大。

无力矩油罐的消防安全度应介于标准锥顶罐和升降顶罐之间，拱顶油罐消防安全度比无力矩顶油罐的消防安全度高。

2.储油罐的危险因素与安全处理

1)储罐破裂

储罐破裂是油库最严重的安全事故之一。储罐储油后，下部罐壁受到较大压力，大型储罐在第一道环焊缝附近环向应力最大，因此储罐破裂事故多发生在罐壁下部。若高液位下罐体发生突发性开裂，可能会造成全部油品外泄，将防火堤冲毁，若失控的漫流油品遇火源被点燃后，将形成大面积的油库流火。引起储罐破裂的原因主要有以下几方面。

(1)储罐基础选址或处理不当。若基础设计失误或基础处理不好，储罐储油后会发生不均匀下沉或地基局部塌陷，造成罐壁撕裂或罐底板断裂。

(2)储罐板材质量差或焊缝质量差，使用前和完工后未做全面质量检查，储油后在外界条件(如寒冷和高温等)影响下，罐体破裂。

(3)地震、滑坡或飓风可能对储罐造成毁坏，使储罐破裂。

防止油罐破裂要从设计、操作和维修三个方面着手。首先，在设计上，应规定油罐的工作压力，确定油罐的通气孔和呼吸阀的工作能力是很重要的。其次，在操作上，应按照操作规程操作，要对操作人员进行培训，使其了解储罐能承受多大的压力。最后，应精心维护，保持通气孔、呼吸阀及其他检测仪表完好。

2)储罐腐蚀与渗漏

储罐渗漏主要是由储罐内外腐蚀，特别是罐底板的腐蚀造成的。罐底板被腐蚀后，油品会渗入地下，可能导致油品聚集而发生火灾。储罐腐蚀由电化学腐蚀和氧化腐蚀造成的。油品的含水率高、含盐高、温度高或含氧量、含硫量较高时，均有利于电化学腐蚀的发生，应在罐内壁上涂刷防腐涂料，保护罐壁。在罐外壁上涂刷防锈涂层可起到将罐壁与空气隔离的作用，从而防止罐壁氧化。

3)油罐吸瘪事故

由于油罐承压能力很低，如果使用不当、管理不善就可能造成罐内真空度过大而使油罐吸瘪。油罐正负压力的调节是由呼吸阀进行的。在收发油过程中，为保证罐内的正负压不超过允许值，收油时必须排出油气混合气，发油时必须吸入新鲜空气，这就是“大呼吸”过程。地面式和半地下式油罐的大呼吸是通过呼吸阀或量油孔进行，洞库油罐则通过呼吸管进行。

为防止油罐吸瘪事故发生，常采用以下预防措施：设计上，油罐呼吸阀的呼吸量应与油罐进出油流量相匹配；油罐每年至少清洗一次，每月至少校查一次，在气温较低时每周至少校查一次，遇到气温骤降、台风等特殊情况应随时检查、清理和吹扫呼吸阀、阻火器或呼吸管路，以防其堵塞；如果已经发生油罐吸瘪的情况，要冷静正确地处理，要做到慢慢打开检尺口，关闭出（入）口阀门，停止收发油作业；对于洞库油罐，应立即停止收发油作业，查找原因，如果是呼吸阀失灵或堵塞，可以慢慢打开放水阀，放入空气，平衡罐内压力；如果是呼吸管道积油或积水造成了堵塞，应慢慢排除呼吸管内的油料或水，逐渐使罐内外压力达到平衡。

油罐吸瘪事故通常发生在油罐验收、发油、空罐闲置和气温骤降等时候，吸瘪的部位多发生在油罐的顶部，轻则引起油罐的变形，重则引起油罐严重凹瘪，不能继续使用，影响油库的正常生产，而且修复油罐较为麻烦。

4）油罐翘底、胀裂

油罐翘底、胀裂的原因是由于油罐内部正压超过油罐所能承受的压力。在收油过程中，导致油罐正压过高的原因主要是呼吸阀、阻火器以及呼吸管路不善、操作不当，造成了油罐超压。储油过程中，由于油料的热膨胀以及油料的蒸发性，也将使油罐超压。

油罐胀裂事故较少发生，这种破坏多发生在油罐的试压过程中，以及由于对呼吸阀、阻火器、呼吸管路操作不当，维护管理不善造成的。防止油罐翘底、胀裂的措施与防止油罐吸瘪的措施相同，只是前者事故多发生在收油过程中，后者事故多发生在发油过程中。

5）内浮顶油罐浮盘沉没事故

内浮顶油罐由于浮盘变形、浮盘立柱松落失去支撑作用、液泛、浮盘密封圈损坏并撕裂翻转、中央排水管升降不灵活、浮盘和船舱腐蚀、操作管理不当、责任心不够、维护不及时等都会造成浮盘沉没。内浮顶油罐浮盘沉没应在设计和日常管理两方面采取措施。

（1）设计方面。改进浮舱与单盘的连接形式，增加其连接强度，提高其抗疲劳破坏的能力；采取有效措施，增加单盘的刚度，防止或减轻单盘的变形；增加浮顶导向管，避免浮顶运行时产生偏移、卡阻现象，确保浮项上下自由运行；对炼油厂油库，降低进油温度，增设油料稳定和脱气设施，保证进油蒸气在 80kPa 以下。

(2)日常管理方面。制定浮项油罐的操作、维护、保养和修理规程，严格按规程管理运行；浮顶油罐实际储存油品高度严禁超过油罐的安全储油高度；油罐浮顶不得有积水、积油等，发现积油(水)应及时排除。

6)地震对油罐的破坏及防范措施

地震时，若油罐受到震害，不仅会造成油罐的破坏，而且由于油料的易燃易爆及毒性，还将引起火灾、爆炸及长期的环境污染等更大的危害。因此了解地震对油罐可能造成的破坏，并做好防范措施，以减轻地震造成的破坏，是非常必要的。

地震对油罐的破坏形式主要有：罐壁底部圈板出现足形或菱形鼓曲；环板与罐壁连接处出现折曲变形；拱顶罐顶与罐壁连接处破损；罐体与进口管道处断裂；罐体倾斜、沉陷、溢油；浮顶罐浮船与内壁面摩擦起火；浮顶破坏；外浮顶罐梯子破坏阀门室将罐壁破坏等。

地震是不可抗拒的自然现象，但只要我们在临震期间采取一定的防范措施仍然可以达到减轻破坏的目的，主要的防范措施如下。

(1)在地震设防地区建造油罐，必须按《石油化工设备抗震鉴定标准》(SH/T 3001—2005)对罐壁进行抗震验算。

(2)使用一定年限的油罐(一般 5 年左右)要进行罐壁测厚，掌握罐壁的腐蚀情况，采取抗震加固措施。

(3)尽可能将罐内油料发出去，减少储油，减轻对油罐的静压力，降低液位，防止地震时液体对罐体的冲击破坏和溢油。

(4)按抗震要求设计防火堤。临震期间，关闭防火堤排水阀门，防止地震时跑油，减少受灾面积，减轻损失。

(5)油罐的进出油管段由刚性连接改成软连接，一般加波纹补偿器或金属软管，或者是拆开入口管线。

(6)改造油罐阀门室，将砖围墙钢筋混凝土层盖组成的刚性阀门室改为轻型柔性结构，并将阀门室与罐壁分开。

(7)罐区防火堤要按最不利情况进行设计计算。通过防火堤的管线,穿过防火堤处要完全密封并加防渗柔性套管。

(8)罐区各罐组的消防通道要保证畅通无阻,以利于出事故时抢险救灾。

(9)罐区不宜设在上风方向、不稳定地段和高陡土坡上,罐区与其他区域之间要按防火规定设置隔离带,并保持一定的防火间距。

(10)坚持夜巡回检查、加强监视。

(11)做好抢险救灾的准备工作。

7)油罐溢油事故

产生油罐溢油事故的主要原因是计量失误或油泵工作(输转)时间过长,油罐内油品超过安全储量,油品从泡沫发生器、呼吸阀等处溢出,内浮顶油罐可从罐壁通气孔溢出。当浮顶进入上止点后,油泵继续输转将导致沉顶事故。

防止溢油事故的发生,重要的是加强操作人员的工作责任心教育。一旦发现溢油事故,应立即停止油泵输转作业,检查油罐区水封井、阀门是否可靠关闭,事故现场不得进行任何产生火花的操作。

3.储罐安全附件的安全管理

储罐安全附件包括盘梯、平台及栏杆、油气管线、浮顶密封件、罐前关闭阀、放水阀、液位信号器、阴极保护装置、静电导出装置、静电接地装置、避雷装置、消防泡沫装置、自动检测报警装置、加热器、人孔、光孔、防腐层、保温层、防风圈等。

这些附件对于保证油罐使用安全、作业人员安全有重要作用。

(1)盘梯、平台及栏杆是进行油罐检查、测量及其他作业时经常通行的地方,其安全要求是:梯子和栏杆要结实、牢固,平台的支乘处应留有适当的自由位移,以免因地基不均匀沉降而引起结构破坏。

(2)油气管路是洞式油库的重要设备,其作用就是把油库油罐的气体空间与洞外的大气连通,起调节油罐大小呼吸的作用;油气管路的施工质量直接关系到油气管路及油罐的安全使用,施工中要保证其设计坡度,最少不得小于3‰,并应在最低处设放水阀;油气管路不仅要做强度试验、严密性试验,还要定期进行清理和吹扫,以免管路堵塞。

(3)在收发油料时,由于油料与管、泵等摩擦带有静电,进入油罐后,将静电传至油罐,遇到适宜的时机,就可能形成静电放电,引起油料的燃烧爆炸。因此,静电接地装置应符合安全要求。静电接地装置可兼做防雷接地装置。

(4)呼吸阀用来控制油罐气体的压力,对油罐安全起保护作用。油罐的呼吸设备有机械呼吸阀和液压呼吸阀,应安装于轻质油罐罐顶,以便降低蒸发损耗并防止罐内出现负压。

此外,使用阻火器防止火焰进入罐内引起火灾;通气阀应安装于重质油罐罐顶,以便调节罐内气压;检尺或采样孔一般为铸铝制品,对铁制检尺或采样孔须镶有铅或铜质垫圈,以防碰撞时产生火花:灭火设施一般采用泡沫箱或氟蛋白泡沫消防设施。

4.2.3 输油管路的安全管理

1.输油管路安全管理的内容

输油管路安全管理涉及从管路的设计(包括材料选定)、施工、试验、检查以及使用维护的全过程。

造成输油管路事故的因素很多,大概可以分为内在因素和外在因素两大类。内在因素主要包括内部腐蚀、温度引起的胀缩、材质不良、结构的缺陷、焊接不良和脆性破坏等。外在因素主要包括地基沉降、地层滑动、地震、地基不良、暴风、洪水、外表面腐蚀以及外力负载冲击和由其他工程引起的破坏等。要防止事故的发生,就要针对造成事故的内外因素从上述的几个阶段分别采取对策措施。

2.输油管路常见故障及预防措施

1)由温差引起的输油管内压力变化及预防措施

由于气温、日照等因素的变化,输油管内油温也将随之发生变化。由于在相同温差下,管路内油料的膨胀大于管体金属的膨胀,这样当温度升高时,会使管内压力升高,发生热胀;当温度下降时,则会使管内出现液柱分离(或称空穴)现象。当发生热胀时,管路中没有卸压保护设施,其内部压力大大超过了阀门等管件的试验压力值,造成阀门破裂等后果。

应采取的预防措施有以下几种。

(1)对于每条输油管路,应在最高位量的油罐阀门前设置胀油管。

(2)管路上设置的隔断阀应在作业后保持常开或加设旁路安全阀,以不使其形成没有泄压保护的死管段。

(3)收发油作业后,打开管路上的透气支管,放空部分管线,使油料能自由膨胀,不致在管路内形成超压。

(4)对于较长的管路,在温度有较大降低的情况下启动油泵。当压力表指示正常时,应注意缓慢打开出口阀门,使分离液柱逐渐弥合,以免产生剧烈的冲击和增压。

(5)地下管路尽管温差较小,但由于进油温度接近气温,在冬季和夏季进油温度与地下管路的温差较大时,也容易出现热胀或空穴,管路也应在罐前设置胀油管或采取其他泄压保护措施。

2)油库输油管路的腐蚀及预防措施

油库的输油管路无论是安装在洞(室)内、(室)外,还是安装在地上、地下或管沟内,由于都会与外界介质(如大气、水分、土壤、油料等)接触,加上杂散电流的影响,不可避免地都会产生化学或电化学腐蚀。目前,油库输油管路防护主要采用涂料防腐和阴极保护两种方法。

3)管路的热应力及其补偿

热应力的产生是由于管路的安装大都是在大气温度下进行的,由于输送介质的温度变化和季节的变更,管路都会随着温度的变化而产生热胀冷缩现象,若把一直管路的两端固定,此时管路不能自由伸长或缩短,由于管路受到约束,就必然在管路内产生热应力。热应力的大小与管路的截面积和长度无关,而仅与管材的性质、管路的温度和约束条件有关。管路所受的热应力可能达到很大的数值,它能造成管路本身的弯曲,断裂管路焊缝及连接处破坏,管路支点、管路与设备连接的部分发生损坏等事故。

当管路的热应力超过许用应力时,便需要寻求减少热应力的方法,这些方法称为热补偿。具体的做法包括自体补偿、填料函式补偿和波纹管补偿等。这些方法是通过其本身的柔性(即可伸缩性)来减少热应力的。

3.油库输油管路冻裂事故及预防措施

油库输油管路冻裂事故主要是由内部积水、气温降低结冰引发的。

(1)输油管道冻裂。输油管冻裂大都是由于试压后未及时放水或者排水不降,冬季结冰后胀裂、胀断,另一种情况是油品含水沉积于罐底进入排污管,结冰将有缝排污管的焊缝胀开。

(2)阀门冻裂。阀门冻裂都是由于阀内积水造成。寒区、严寒区热力系统阀门冻裂较多,储、输油系统的阀门也有冻裂的。冻裂的阀门基本都是铸铁阀。油库设备冻裂都是由于设备内积水引起的,解决办法就是入冬之前排水。油库设备完成水压试验后应及时排水;油罐底部及铸铁阀门入冬前应检查排水;热力管道(指油品加热部分)入冬前应检查排水,冬季使用后应及时排水。总之,凡是易积存水的设备或部位,入冬前都应检查排水,必要时还应采取保暖措施。

4.2.4 泵房设备的安全管理

泵房被喻为油库的心脏,设备集中,作业频繁,是事故的多发场所之一。油库泵房设备一旦发生故障，则整个油库的收发油作业将无法进行。因此，对泵房设备进行安全管理是十分重要的。

1.泵房设备设施安全管理的主要内容

泵房设备设施安全管理的内容主要包括设备的安全操作、设备设施的安全检查和设备的维护保养。具体来讲，主要有以下内容。

(1)不断完善操作规程，对泵房设备实行责任制，明确分工，使其熟悉设备性能，熟练掌握操作技能。泵房内，安全操作规程、岗位责任制、巡回检查制、交接班制、工艺流程图等应齐全、正确并张挂在墙上，阀门的开关要采用编号挂牌制。

(2)各种设备设施应清洁、整齐、无尘土和油污；空气中油气含量不大于 $300mg/m^3$；电气设备和关联设备物应符合防爆要求；噪声等级不大于 90dB；通向室内的管沟，必须在室外 5m 以外阻断并填塞密实。

对设备要按规定进行安全检查，检查时要认真仔细，通过看、听、摸，及时发现问题，及时予以处理，防患于未然，避免事故的发生。

(3)对设备要进行定期的维护保养，消除可能发生的事故隐患，使设备经常处于完好状态，保证收发油作业的正常进行。

(4)设有可靠的报警和联络设施；手提式灭火器材和灭火工具应放在拿取方便的地方并按标准配置。对消防器材要经常检查、保养，并组织有关人员训练，保证发生事故时，器材要好用，人人要会用。

(5)室内不得存放无关物品，操作人员应穿戴防静电服装、鞋帽及棉线手套，不准用化纤织物擦拭设备和地面。泵房的全部建筑结构应由耐火材料建造，地面应为混凝土抹灰地坪，室内通风良好；泵房内不得有闷顶夹层，房基不能与泵基连在一起。

2.常用泵的种类及用途

泵的类型复杂，品种规格繁多，按其工作原理可分为以下三大类。

(1)叶片泵。它利用叶片和液体相互作用来输送液体,如离心泵等。

(2)容积泵。它利用工作室容积周期性变化来输送液体,如齿轮泵、螺杆泵等。

(3)其他类型的泵。只改变液体位能的泵,如水车等;利用液体能量来输送液体的泵,如射流泵、水环式真空泵等。

在油库中通常装备的泵有离心泵、水环式真空泵、齿轮泵和螺杆泵等,离心泵用于输送轻质燃料油;水环式真空泵用于为离心泵及其吸入系统抽真空引油和抽吸油罐车底油;齿轮泵用于输送润滑油;螺杆泵用于输送润滑油、专用燃料油或柴油。

3.各种泵安全检查的主要内容

(1)泵基础牢固,运行中不颤动,纵向横向调平,垫铁露出机座10～30mm,地脚螺栓紧固。

(2)轻油泵的输送量大于50m^3/h者,其轴封应为机械密封,渗漏小于2滴/min。作业不频繁的、输送量小于50m^3/h的泵可采用填料密封,其渗漏量不大于15滴/min。黏油泵也宜采用机械密封,如采用填料密封渗漏量不应超过8滴/min。

(3)用手转动联轴器、传动轮时,无轻重不均匀的感觉。离心泵允许有4～6mm的轴向窜动量。转动或拨动费力,有卡涩现象时,不准启动,应查明原因后排除故障。

(4)运转时轴承温升不得超过70℃,填料函的温度不得高出环境温度45℃。

(5)转动轴的振幅当转速为1500r/min时,不大于0.09mm,当转速为300r/min时,不大于0.06mm。

(6)泵应运转平稳,无异常的震动、杂音和撞击现象。压力、真空、流量、电压、电流、功率和转速等运行参数,都应在规定的范围之内。

(7)旁通阀、安全阀、润滑系统等设备完好,工作正常可靠。

(8)在寒冷地区,水环式真空泵的介质,在气温低于0℃时可用低凝点油料代替，但气温高于 0℃后，应及时换成水，减少蒸发损耗，避免泵体过热发生火灾事故。

(9)泵房内泵机组应排列整齐，管线排列有序。油泵、阀门、管线不渗漏，附件仪表齐全。

4.泵房设备维护保养的要求

(1)严格贯彻执行“专机专责，职责分明”，设备维护保养要由专人负责，按规定进行。

(2)设备操作人员对所操作的设备必须做到“四懂三会”。“四懂”即懂设备结构、懂设备工作原理、懂设备性能、懂设备可能发生的故障及预防处理措施，“三会”即会操作、会维护、会小修。

(3)操作人员必须正确使用设备，不准让设备超温、超压、超速、超负荷运转。为此在操作过程中应注意：按规定顺序启动，做好运转中的调整工作，做好故障预防及正确处理。

(4)操作人员应保持设备本身的清洁，做到设备见本色。

(5)设备操作人员应经常检查设备的振动及轴承温度变化情况，保证润滑系统、冷却系统良好。

(6)做好停用或备用设备的防冻、防锈、防火等安全维护工作。杜绝“三漏一跑”，即漏油、漏水、漏气和跑油。

4.2.5 油库卸油设备的安全管理

油库装卸油设备是使用较为频繁的设备之一。对于收发铁路油罐车油料的油库，其装卸油设备为铁路装卸油设备，它包括铁路专用线和装卸油栈桥。对于收发油船油料的油库，其装卸油设备为码头装卸油设备，它包括平台和引桥、趸船、绝缘连接和静电接地、装卸油设备及码头的安全设施。此外，油库还向汽车油罐车发放油料的公路发油设备。油库装卸油设备的安全措施有以下几点。

(1)栈台或码头要严格落实禁火制度，严禁吸烟、随便用火，或从事撞击、摩擦容易发火的作业等。

(2)加强栈桥或码头的管理与维护,提高设备良好率,严防跑、冒、滴、漏事故发生。一经发现,要及时清除,不留后患。

(3)作业中,严格遵守操作规程和安全规定,提倡文明装卸,反对野蛮作业,加强责任心,防止设备破坏。

(4)铁路、油罐车防雷和防静电及防杂散电流的设施要完好,并定期进行检查和检测。

(5)码头输油管应有良好的接地,金属软管质量要好,连接要牢固,弯曲度要合适,跨接静电连线要接好。

(6)维修用火的安全措施要落实,动火人、看火人要经过培训,审批人要深入现场,严格把关。

4.2.6 油库加热设备的安全管理

1.油库常用锅炉及型号

油库所选用的蒸汽锅炉现多为 LSG 型立式水管锅炉、KZG 型卧式内燃回火管锅炉、WNL 型三回程机械化锅炉和 WNY 型燃油火管锅炉等。

锅炉产品型号由三部分组成,各部分之间用短横线相连。

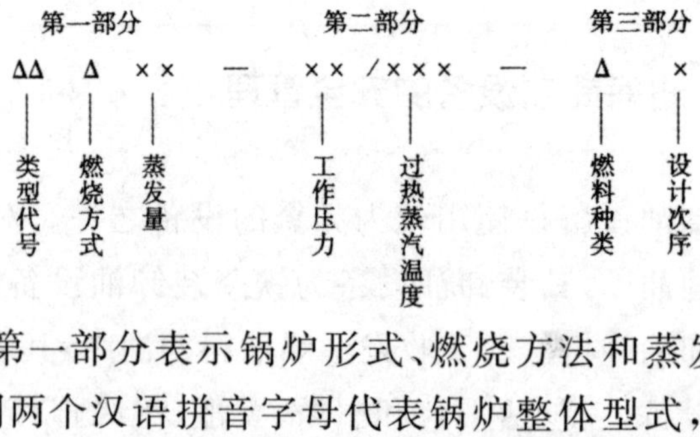

型号的第一部分表示锅炉形式、燃烧方法和蒸发量,共分三段;第一段用两个汉语拼音字母代表锅炉整体型式,见表 4-2;第二段用一个汉语拼音字母代表燃烧方式,见表 4-3;第三段用阿拉伯数字表示蒸发量为若干 t/h。各段应连续书写,互相衔接。

表 4-2 锅炉型式代号

型式	代号	型式	代号
立式水管	LS(立、水)	卧式双火筒	WS(卧、双)
立式横水管	LH(立、水)	分联箱横汽包式	FH(分、横)
卧式内燃	WN(卧、内)	双横汽包式	HH(横、横)
卧式外燃	WW(卧、外)	双汽包横置式	SH(双、横)
卧式快装	KZG(快、卧)		

表 4-3 锅炉燃烧方式代号

燃烧方式	代号	燃烧方式	代号
固定炉排	G(固)	倒转炉排加抛煤机	D(倒)
活动手撬炉排	H(活)	煤粉	F(粉)
链条炉排	L(链)	煤气	Q(汽)
抛煤机	P(抛)	燃油	Y(油)

2.油库锅炉的安全运行及科学管理

(1)锅炉点火。对新装、迁装或检修后的锅炉,在点火前应组织领导干部、操作人员、技术人员三结合小组对锅炉进行全面仔细地检查,肯定锅炉各部分均符合点火运行的要求,并要做好点火前的各项准备工作。

锅炉点火是在做好点火前的一切检查和准备工作之后才开始的。锅炉点火所需时间应根据锅炉结构形式、燃烧方式和水循环等情况而定。水循环好的锅炉从冷炉开始泡 2～3h 即可达到运行状态;水循环较差的锅炉,点火时间要长一些。由于锅炉燃用燃料和燃烧方式不同,点火时应注意的安全问题也各不相同。

要使锅炉能安全、经济地运行,必须做好锅炉运行时的管理与维护工作。锅炉正常运行时,主要应对锅炉的水位、气压和燃烧情况进行监视与控制。

(2)水位。锅炉的水位是保证正常供汽和安全运行的重要指标。锅炉在运行中应保持水位在正常水位线处有轻微的波动。负荷低时,水位稍高;负荷高时,水位稍低。在任何情况下锅炉的水位不应降低到最低水位线以下和上升到最高水位线以上。水位允许的变动范围,一般不超过正常水位线上下100mm。为了保持水位计灵敏清晰和防止堵塞。每班至少冲洗一次。当水位计内看不见水位时,应立即检验水位计,查明锅内实际水位,在未肯定锅内实际水位的情况前,不得向锅内上水。

(3)气压。锅炉在运行时,气压与负荷的变化有很大关系。负荷突然增加,气压立即下降;负荷突然减少,气压立即上升。这时要根据负荷变化,及时调整燃烧以保证锅炉的气压在正常工作范围内运行。锅炉的气压是通过压力表显示出来的,压力表的指针不得超过锅炉最高工作压力的红线。超过红线时,安全阀开始排汽。若不能排汽,必须立即用人工方法开启安全阀。为了保证压力表和安全阀的灵敏可靠,必须定期检查和冲洗。

(4)燃烧情况。用煤作燃料的锅炉,在燃烧过程中要勤扒火、通火和清炉。动作要迅速敏捷,最好选在锅炉负荷小的时候进行。锅炉在运行过程中,力求使炉膛内的火力维持均匀、稳定并达到燃料完全燃烧。燃料燃烧的好坏,一般可以从炉膛火焰的颜色、锅炉排出的炉渣和烟囱冒出的炉烟来判断。火焰的颜色反映了燃烧温度的高低,如果火焰完全为黄色或浅橙色,炉渣室白色且不夹有黑色的小煤粒,烟囱冒出的烟是浅灰色,说明炉内燃烧工况良好。反之,如果火焰暗红,炉渣带黑色,夹有煤粒、煤块,烟囱冒黑烟,则表明燃烧不好。如果火焰呈刺眼的白色,烟囱冒白烟,虽然燃料燃烧完全,但因过量空气系数太大,排烟热损失增大,反而降低了锅炉热效率。因此,锅炉操作人员要经常注意看火、勤调整。

3.停炉及停炉后的保养

1)停炉

锅炉的停炉有事故停炉和正常停炉两种情况。

(1)紧急停炉(即事故停炉)时,炉温变化快,应防止急剧降温。因此,必须根据事故的情况及时采取有效的技术措施,防止出现并发事故或事故继续扩大。

(2)正常停炉即有计划的停炉。经常遇到的是锅炉定期检修,节假日期间或供暖季节已过,需要停炉。正常停炉应遵照锅炉安全规程所规定的停炉操作步骤,按顺序进行。

2)停炉后的保养

锅炉停用后,应放出锅水。锅内温度很大,通风又不良,若长期处于潮湿状态,在空气中氧气及二氧化碳的作用下,锅的内表面会产生一层淡黄色的铁锈,即三氧化二铁。被腐蚀后的锅炉,在一定条件下仍继续与铁化合生成四氧化三铁,因而会加剧对锅炉金属的腐蚀。锅炉金属表面被严重腐蚀后,金属壁减薄,机械强度降低,必然威胁锅炉的安全运行并缩短锅炉的使用年限。因此当锅炉长时间不用时,必须对锅炉进行干法或湿法保养。

4.3 管道安全管理

我国已建成油气管道6万多千米,其中东部许多管道运行已接近或超过使用年限,逐渐进入事故多发时期。由于建设时期的技术条件有限,设计、施工水平、材质缺陷、多年运行的损伤等原因,使得管道安全存在诸多隐患。近年来,随着经济的快速发展,城市及城镇建设、厂矿及交通设施建设也日益频繁,违章施工、违章建筑损伤管道的事件增多。第三方故意破坏引发的管道泄漏事故呈上升趋势,更给管道运行安全造成严重威胁。

安全管理可以使得管道运行处于最佳状态。其保障功能主要运用于安全工程理论、方法,辨识管道运行过程中各种不安全因素,对风险作出定性或定量评价,通过各种安全手段、行为等将事故发生的可能性及造成的损失控制到可以接受的程度。

4.3.1 管道的特点及其安全管理重要性

1.输油管道的特点及其安全管理重要性

输油管道沿线建有首站(起点站)、中间站和末站。首站、末站的位置依管道特点而不同,如对于原油管道,其首站一般位于油田,末站一般为港口、炼厂等。首站的任务是收集原油,经计量后输往下站;末站的任务是接收来油和向用油单位供油。

根据管道的操作特点不同,可把长输管道分为常温输油管道、加热输油管道和顺序输送管道。

(1)常温输油管道沿线不设加热装置,油品温度近似等于管道的环境温度。

(2)加热输油管道主要输送高黏度、高凝点的油品和原油。

(3)顺序输送管道适用于多种不同性质的油品沿同一条管道分批输送。

长距离输油管道具有密闭性好、自动化程度高等特点,其安全性明显优于铁路、公路、水路等运输方式。但由于输送的油品具有易燃、易爆、易挥发和易于静电积聚等特性,一旦系统发生事故,泄漏的油气极易起火、爆炸,造成人员伤亡、财产损失及破坏环境等恶性事故。

因输油管道发生的事故所造成的直接经济损失,以及上游的油气田和下游的工矿企业停工减产的间接损失是巨大的。输油管道事故还可能污染环境,给公共卫生和环境保护带来较长时间的负面影响。在社会日益重视公众安全和环境保护的背景下,油气管道系统的安全受到了更为广泛的关注。

2.输气管道的特点及其安全管理重要性

近年来,陕京、陕京二线、西气东输等天然气管道相继投产,我国天然气管道数量呈飞速增长趋势,其安全运行对国民生活和经济的发展都有着举足轻重的作用。目前输气管道的发展趋势是大管径、长距离、高压力、大输量，且连续运行。另外，长输管道还有着共同特点是：管道穿越地域广，外部环境复杂，事故隐患较多，事故后果一般都较为严重。

事故隐患多主要表现为管道输送的外部条件差，腐蚀和第三方破坏较为严重，事故发生可能性大。

(1)天然气管道沿线地形复杂，可能途经黄土高原、山区、水网及丘陵，地质条件差，落差大，沿途山洪、山体滑坡、泥石流、地震等自然灾害频发，极大地威胁着管道的安全运行。

(2)天然气管道所经地区社会环境极其复杂，人为事故隐患多。违规建筑等占压输气管道，盗油分子打孔盗油行为给管道安全构成极大的威胁。

(3)其他一些因腐蚀、焊缝缺陷等原因也会造成管道事故。

管道事故的严重性主要表现在以下几方面。

天然气具有易燃易爆等特性，如果管道泄漏，天然气就会散发与空气混合，一旦达到爆炸条件就会发生爆炸事故。

长输管道由于跨越距离长，管道沿线可能在某些区域消防力量薄弱，一旦发生事故很难及时进行处置。

城市附近的天然气管道一旦发生事故，造成的人员伤亡和经济损失及环境破坏力将是非常大的。

可见，对输气管道进行安全管理是一项非常重要的工作。为了保证输气安全，应保证管材质量及焊接质量，重视输气管道运行安全及控制管道、设备的腐蚀。为了确保输气管道安全可靠地运行，必须从设计、施工、投产试运、日常运行管理、维修等各个环节切实抓好安全工作，严格遵守有关的安全规范及安全管理规定。

4.3.2 管道运行安全影响因素

采用管道输送是石油及天然气输送方式中最为理想的一种，目前我国已经建成石油、天然气、成品油等长输管道近60000km。这些管道是油气运输的主干线，其安全性一定要引起高度重视。在管道实际运行过程中，影响安全运行的因素主要有以下 5 个方面。

1. 设计因素

(1)强度计算。
(2)疲劳破坏。
(3)水击潜在危害。
(4)管道系统水压试验。
(5)土壤移动。

2. 施工因素

(1)检验的质量。
(2)材料的可靠性。
(3)连接的方法。
(4)防腐层补口、补伤、检漏。
(5)回填土。

3. 误操作因素

(1)设计的失误。
(1)人为运行的失误。

4. 腐蚀因素

(1)大气腐蚀。
(2)管道内腐蚀。
(3)埋地管道的金属腐蚀。

5. 第三方损坏因素

(1)管道埋深的影响。
(2)活动程度的影响。
(3)人为因素的影响。

4.3.3 输油管道运行的安全管理

1.输油管道运行的安全管理

根据长距离输油管道系统点多、线长、分散、连续和单一的特点，所输送的油品危险性大，泄漏后会污染环境，要保障管道安全运行，搞好安全管理非常重要。

1)线路保护

对管道线路的保护工作主要有以下几方面。

(1)线路标志。为便于发现和寻找埋地管道的准确位置，满足维护管理、阴极保护性能测试的需要及防止其他施工对管道的破坏，应在管道沿线设置永久性的地面标志，标志的内容至少应写明管道位置、用途、注意事项及危险警示等。

(2)一般地段的保护。为了确保管道安全和满足事故抢修的需要，管道两侧应留有一定宽度的防护带。在管道中心线两侧各5m范围内严禁取土、挖塘、修渠、修建养殖水场，排放腐蚀性物质，堆放大宗物资，以及采石、盖房、建温室、垒家畜棚圈、修筑其他建(构)筑物或者种植深根植物。

对于管道干线的防护带，在管道中心线两侧的宽度规定不少于10m，河流穿越上下游防护带宽度各为100m；在管道中心线两侧或者管道设施场区外各50m范围内严禁爆破、开山和修筑大型建(构)筑物。

(3)穿、跨越河流管段的保护。对于热油管道的穿、跨越河流管段，其管外壁一般都设有防腐层、保温层，为了防止保温层和防腐层受到破坏，应禁止行人沿管道行走。河流穿越部分的管道需采用加强级绝缘，增加管道的防腐能力。对于河流穿越部分，特别要注意管道的埋设和河床冲刷情况。

管道穿、跨越河流时，在水底敷设或顺桥平铺，或单独架设栈桥，并在岸两端设置阀室，以便控制。如果河水流速高，河床冲刷严重，应在管道外侧使用套管内灌混凝土的方法或用石笼加重，增加管道的稳定性，防止管道在水流作用下悬空。

(4)特殊地区线路保护。在水文、地质情况恶劣地区铺设的管道更需加强维护。管道经过冲刷容易被洪水冲出甚至裸露、破裂，这给管道带来三种危害：一是裸露管道的防腐层易老化，缩短了防腐层的使用寿命；二是破坏了管道埋深处的压力约束，易使管道在热力作用下拱起或弯曲；三是长距离悬空容易使管道失稳而断裂，造成严重安全事故。除了设计、施工中采取有效的防护方案外，运行中要加强检查和维护，特别在汛期更要加大巡线力度。

2)线路巡线

加强巡线检查工作，做到及时检查，及时加固薄弱环节。一般每 10km 左右设巡线员 1 名。企业负责人一般每月进行一次查线。企业应组织人员每半年用检漏仪和管道监测车进行防腐层质量和泄漏情况检查。对防腐层质量和管道热应力变形情况，也可以用挖坑的方法进行检查。

(1)巡线检查时发现薄弱环节及隐患，应及时进行维护。

(2)在巡线作业时，应对线路标志、标识进行检查。出现破损或油漆脱落的，应进行必要的维修、维护和重新刷油；线路标志、标识丢失的，应及时在原位置补齐，并分析原因，做好防范工作。有关标志、标识原始信息及维护记录应计入档案保存。

(3)积极配合当地政府向管道沿线群众进行有关管道安全保护的宣传教育。

2.输油管道系统设备的安全

各种输油管道设备的安全运行与管道系统的安全关系密切。各种设备都有其操作运行规程，必须严格执行，如图 4-2 所示。

- 各种设备的操作运行规程
  - 输油泵机组
    - 严格按照操作规程开启、关闭输油泵
    - 切换输油泵时，应采用先启动后停运的操作方式，启泵前先降低运行泵的排量
    - 应保证输油泵机组的监测报警等保护系统正常运行，及时检测并记录泵机组主要运行数据
    - 设备检修后重新投入使用时必须按规定进行验收，合格后才能投运
  - 加热炉
    - 严格按照操作规程启动、关闭及运行加热炉
    - 为防止原油结焦甚至烧穿炉管，造成事故，直接加热的加热炉在运行中，要注意炉管中油流的流速，防止过低或出现偏流现象
    - 运行中按时对炉体，炉体附件和辅助系统进行检查
    - 定期对加热炉的炉管进行检测和维修
    - 定期清灰，并注意在清灰过程中所造成的环境污染问题
    - 加强对备用加热炉的管理。为防止炉管腐蚀，应控制炉膛温度不低于水露点温度，停运的加热炉应关闭全部孔门，并采用几台加热炉轮流间歇运行，不要一台长期停运
  - 油罐
    - 防止油罐发生“冒顶”事故
    - 防止油罐发生瘪罐、胀裂事故
    - 防止发生浮顶罐浮顶沉没事故
    - 防止因静电、雷击引发油罐火灾爆炸事故
    - 防止油罐腐蚀
    - 做到信号报警、联锁

图 4-2　各种设备的操作运行规程

3. 输油管道的清管

投入正常运行的输油管道需要定期进行清管作业，以保证其安全经济运行。输油管道的清管作业不仅是清除遗留在管内的机械杂质等堆积物，还要清除管内壁上的石蜡、油砂等凝集物以及盐类的沉积物等。

1）清管作业的主要内容

（1）首次清管时，清管器应携带跟踪系统。

（2）清管前截断阀门应保持在全开状态。

(3)清管中要保持运行参数稳定,及时分析清管器运行情况。

(4)若清管器卡在中途,应及时判定卡阻的位置。

(5)首次采用机械清管器时,应确认管道的变形程度、管件情况等,才能保证清管器顺利通过。

(6)若管道有支线,应在预计清管器通过分支节点前后的一段时间内安排支线暂时停输。当确认清管器已经通过支线节点后,再恢复支线的输油。

2)清管作业的安全

清管作业时应结合清管方案认真作好准备工作,按照操作规程实施清管作业。

(1)首次清管作业时清管器应携带跟踪系统。

(2)清管作业前截断阀门应处于全开状态。

(3)清管作业中要保持运行参数稳定,及时分析清管器运行情况。

(4)若清管器在中途卡阻,应及时判定卡阻位置及原因。

(5)若管道有支线,应在预计清管器通过分支节点前后的一段时间内安排支线暂时停止作业。这可防止清管器扫下的蜡等污物进入支线,影响支线的正常运行。

4.输油管道维修和抢修的安全措施

输油管道事故主要有管道穿孔、破裂、蜡堵、凝管和伴随上述事故可能出现的跑油及火灾等。由于长输管道具有高压、易燃、易爆、站多线长、连续运行等特点,因此,一旦出现事故,必须立即组织进行抢修处理。

1)管道穿孔

管道穿孔事故一般有腐蚀穿孔、砂眼孔、缝隙孔和裂缝孔等。常用的处理措施如下。

(1)管道降压后,先用木楔把孔堵死,然后带油外焊加强板,或在漏点处贴压内衬耐油胶垫的钢板,用卡具在管道上卡紧而进行补焊。

(2)当漏油量较大,漏油处有一定压力显示时,一般需采用专用的抢修器材,如胶囊式封堵器。

2)管道破裂

(1)对小裂缝,可用带引流口的引流封堵器。

(2)管道不规则的裂缝,可用由内衬耐油橡胶垫和薄钢板构成的"多项丝"封堵器进行封堵。

(3)对需要更换管段、更换阀门、裂缝比较大的管道事故,可使用 DN 型管道封堵器进行封堵,截断油流,进行作业。

3)凝管

高凝点原油在管道输送过程中,有时因输油流速大幅度低于正常运行参数,油品性质突然变化(如改变热处理或化学处理输送工艺的交替过程),正、反输交替过程,停输时间过长等原因,都可能造成凝管事故。凝管事故是管道最严重的恶性事故。

(1)管道出现凝管苗头,处于初凝阶段时,可采取升温加压的方法顶挤。

(2)当管道开孔泄流后,管内输量仍继续下降,管道将进入凝结阶段。对于这种情况,可采用在沿线干管上开孔、分段顶挤的方法,排出管内凝油。

4.3.4 输气管道运行的安全管理

输气管道运行时,很多安全管理措施与输油管道相同,但要注意气体质量监控。管输天然气中有害成分及含量的多少,对管道的工作状况、经济效果和使用寿命有重大影响。气体质量问题是关系管道安全的根本问题,输气企业应根据管道的实际情况,对所输气体提出明确的质量标准。

天然气中有害杂质,包括机械杂质、有害气体组分(如 H_2S、CO_2、H_2O 等)、液态烃等。

我国管道输送气体质量采用以下标准:管道输送天然气必须清除机械杂质;天然气的水露点在最高输气压力下应低于周围环

境最低温度5℃，烃露点在最高输气压力下应低于周围环境最低温度；硫化氢含量应小于20mg/m³，有机硫含量应小于250mg/m³。

对天然气气体质量应在输气管道的输入、输出点进行监测和控制，主要包括天然气的水露点监测、烃露点和排污量监测、气体温度监测、含硫量监测测及天然气热值监测等。

1.输气管道试运投产的安全措施

投产前，管道的天然气置换作业是最危险的作业，由于管道在施工中有可能遗留下石块、焊渣、铁屑等物，在气流冲击下与管壁相撞可能产生火花。此时管内充满了天然气与空气的混合物，若在爆炸极限范围内，就会引起爆炸。

置换过程及清扫管道放空时，大量天然气排出管外，弥漫在放空口附近，容易着火爆炸。管道升压及憋压过程中，可能出现爆管而引发的泄漏，造成天然气外泄事故。因此在天然气置换过程中需要注意以下几点。

(1)天然气置换过程中升压要缓慢，操作要平稳，一般应保证天然气的进气速度或清管球的运行速度不超过5m/s，站内管线置换时，起点压力应控制在0.1MPa左右。

(2)置换放空时，根据情况适当控制放气量，先由站内低点排污，同时利用气体报警器测试排污点气体浓度，若天然气浓度超标时，改为高点放空点放空。

(3)在放空口附近设置检测点，直至天然气中含氧量小于2%时，才能结束置换。

(4)输气管道投产时常将天然气置换与通球清管作业结合进行，以减少混合气体段。没有清管设施的管道和站内管网常常采用放喷吹扫。用天然气放喷吹扫时，应首先进行天然气置换，置换管内空气后，先关闭放空阀，待放空区域的天然气扩散后再点火放喷。

2.管道维修及动火的安全管理

有计划地检修及事故抢修时，常需要更换管段或对漏气、破裂的管线补焊，还有时在不停输的情况下进行，即使停输后维修，也不可能完全排空长距离管线内的天然气。因此，操作中必须绝对注意防火、防爆和人身安全。

(1)严格动火管理，做到三不动火：即没有批准动火票不动火；防火措施不落实不动火；防火监护人不到现场不动火。动火过程中应随时注意环境变化，发现异常情况时要立即停止动火。

(2)动火现场安全要求：动火现场不许有可燃气体泄漏。

(3)更换大直径输气管段的安全要求：更换直径大于250mm的管段时，应首先关闭该管段上下游的截断阀，断绝气源；放空管段内余气，为了避免吸入空气，管内应留有80～120mm水柱的余压。在更换管段两端3～5m处开孔放置隔离球，隔离余气或用DN型开孔封堵器开孔，保证操作安全。

3.压缩机组的安全管理

(1)机组操作人员必须熟悉压缩机组工艺流程，了解机组结构、性能，严格遵守各项操作规程和有关安全规定。

(2)机组运行、启动前的检查应细致全面，准备工作充分。

(3)机组启动方式选择正确，操作无误。

(4)机组运行中，对控制室、机房、站场的工艺流程及设备等的检查，必须做到勤、细、准、全，输入、输出各显示参数值符合要求。

(5)机组停机步骤正确，停机工作完善。

(6)维护保养及时，在用设备完好率达到100%。

4.4 油气集输站场的安全管理

油气集输站场的功能是将油井中采出的油气混合物进行汇集储存,经初步处理后输送到处理装置中。油气集输站场在油田分布广,输送的油气性质差异大,工艺复杂,压力容器多,生产连续性强,一旦油气集输站场出现事故,会造成火灾爆炸和人员伤亡的严重后果。对油气集输站场的事故隐患采取安全对策,加强安全管理,可保障油气集输站场的安全运行。

4.4.1 油气集输站的概述

油气集输站场在石油工业内部是联系产、运、销的纽带,也是能源保障系统的重要环节。按照功能和主要任务将油气集输站场分为计量站、接转站、转油站(又称集油站)和集中处理站(也称联合站)。按集输布站方式可分为:一级布站集油流程,即井口与原油库之间只有集中处理站;二级布站集油流程,即井口与原油库之间有计量站和集中处理站;三级布站集油流程,井口与原油库之间有计量站、接转站(用于对原油或油气增压)和集中处理站。

1.原油集输站的任务

(1)负责将各油井采出的气液混合物经过油气混输管道输送至油气集中处理站(也称为联合站或油气集输站)进行气液分离,原油脱水和原油稳定等操作工艺,使处理后的原油符合国家质量标准。

(2)将分离出的天然气或伴生天然气输送到天然气处理厂进行再次脱水、脱酸处理或天然气凝液回收深加工,使之成为商品天然气以及气田副产品(液化石油气、轻烃燃气、硫磺等)。

(3)合格原油外输至油田原油库。

2.天然气集输站场

天然气集输站场是为了满足天然气集输而定点设置的专用生产场所,按使用功能的不同,可分为井场、集气站(含单井站)、增压站、阀室、清管站和集气总站等。站场的种类、数量、布置以及站内的生产工艺流程和设备配置等,与天然气的气质与条件、气井的分布状况和采用集输工艺的具体需要有关。

4.4.2 油气集输站的工艺分析

1.油气集输站的工艺

(1)计量站。油田内完成分井计量油、气、水的站称为计量站,主要由集油阀组和单井油气计量分离器组成,把数口油井生产的油气产品集中在一起,对各单井的产油气量分别进行计量,如图 4-3 所示。

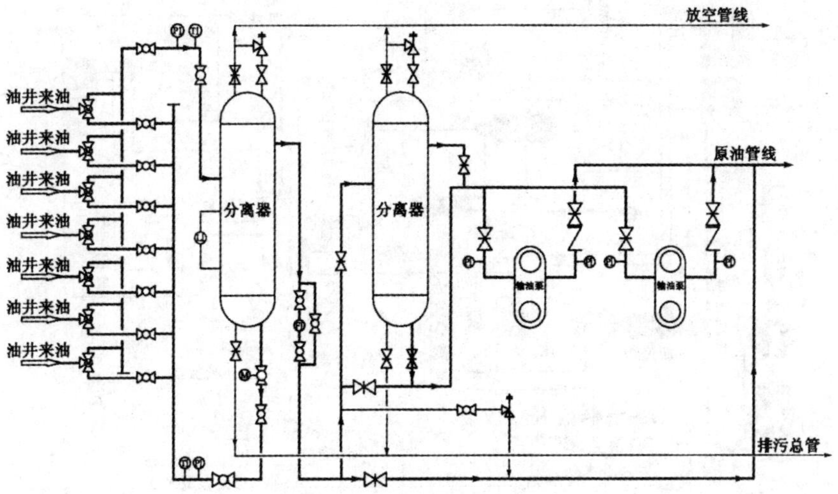

图 4-3 计量站的工艺流程

计量站主要担负单井生产出的原油与天然气或伴生气的分离、计量、加热和输送到转油站等作业。计量站可分为井口加热计量站、热水或蒸汽伴热计量站、掺油（水）计量站。在某些油气计量站因油压较低，增加了缓冲罐和输油泵等外输设备，既进行油气计量，又承担原油接转任务，在油田油气收集系统中把这种以液体增压为主的站称为接转站。

(2)转油站。转油站是把数座计量（接转）站来油集中在一起，进行油气分离、油气计量、加热沉降和油气转输等作业的中型油站，又称集油站。有的转油站还包括原油脱水作业，所以也称为脱水转油站。

油田转油站是油田油气集输流程的重要组成部分。它所承担的任务、规模是根据整个采油区块的生产能力、生产集输水平、集输经济指标和其他各系统情况综合确定的。

(3)联合站。油田内部主要对原油、天然气、采出水进行集中处理的站称为联合站。是油气集中处理联合作业站的简称，主要包括油气集中处理（原油脱水、天然气净化、原油稳定、轻烃回收等）、油田注水和污水处理。

油田原油集输联合站典型工艺流程如图 4-4 所示。

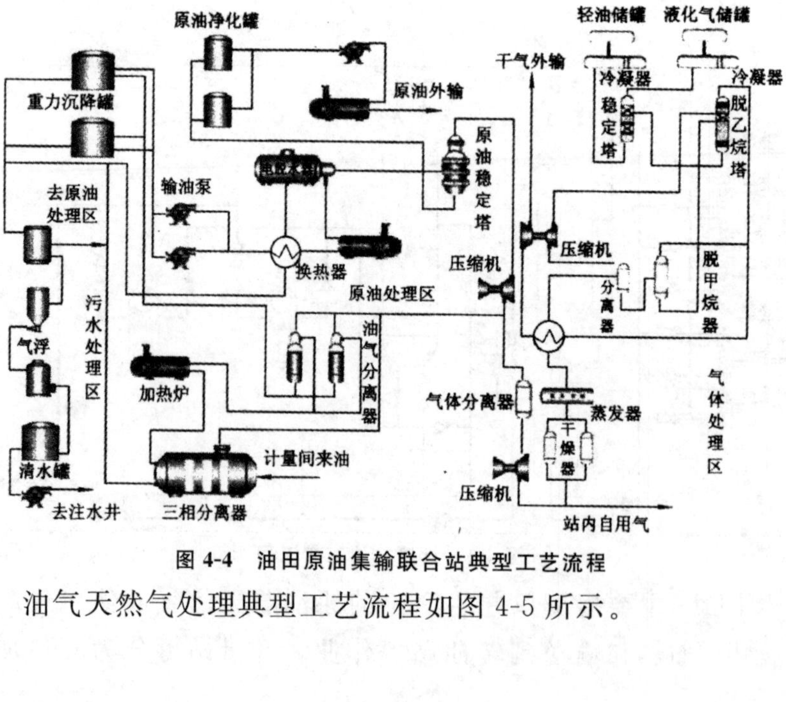

图 4-4　油田原油集输联合站典型工艺流程

油气天然气处理典型工艺流程如图 4-5 所示。

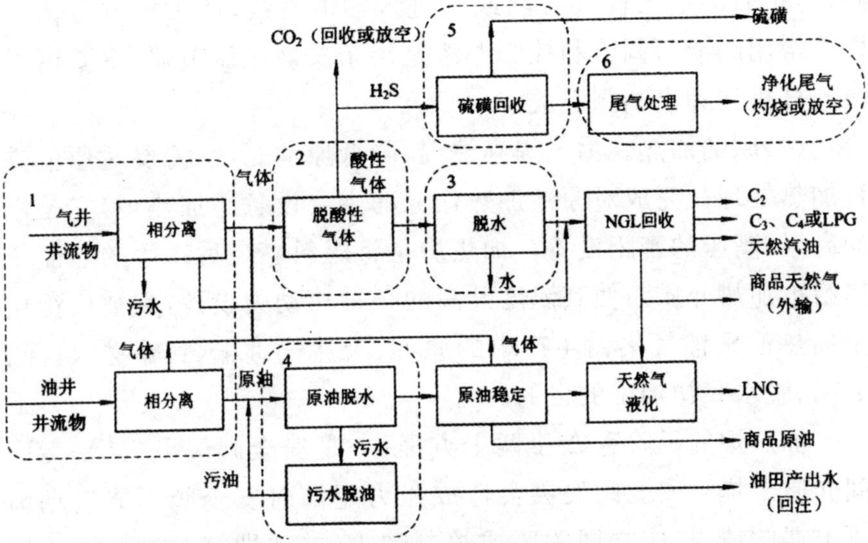

图 4-5　天然气处理典型工艺流程示意图

2. 油气集输站的工艺环节分析

(1)油气分离。油气分离是油田原油集输生产的主要生产工艺和操作过程，其目的是为了将油井生产的油、气、水混合物，利用离心力、重力等机械方法，将其分离成气、液两相，以便于更好地进行下一步处理。其工作原理为：当油、气、水混合物进入分离器后，入口分流器根据离心力的作用原理，将混合物初步分成气、液两相，脱出的轻组分气体从顶部天然气管线排出，分离出的液相引至油水界面以下进入集液区，依靠油和水的密度差，利用重力沉降进行分离。

油气分离采用较多的是多级分离，运行的关键是控制分离器的压力和液面。为了使油气分离后的原油进入油管线，必须使原油能克服油罐的静液柱压力和管道摩阻损失，因此油气分离器工作时要保持一定的工作压力。保持压力稳定的方法是在分离器的出气管线上安装压力控制阀。通常采用常闭自力式调节阀，用阀前压力控制，用阀芯的开关动作来控制分离器的压力。控制液面主要是为了防止原油进入天然气管道或气进入油管道。为了保证油气分离器的分离效果，分离器必须有稳定的气相和液相空间，防止原油进入输气管网或气进入输油管线，严重影响分离效果。常用的液面调节和控制办法是浮子式液面调节器，主要由浮漂连杆机构和出油阀组成。

(2)原油加热。为了提高油温、降低原油黏度，需要对原油进行加热处理。完成对原油加热任务的主要设备是加热炉，它是承受高温、高压的密闭设备。加热炉是将燃料燃烧后产生的热能传递给被加热介质而使其温度升高的一种热动力设备，它被广泛用于加热油田油气集输生产中的原油、天然气，以达到输送、沉降、分离、脱水和初加工的目的。

加热炉的风险存在于两个方面：一是安全阀失灵，二是无中间介质干烧。安全阀失灵会造成压力超高时安全阀不能启动泄压。遇此情况，应立即关闭或控制炉火，并立即打开炉顶泄压阀门泄压。当加热炉内无中间介质或中间介质少未得到及时补充时，如果继续加热，就会造成无中间介质干烧，很可能烧穿原油加热盘管引发火灾。如果起火，应立即采取以下措施进行处理：关闭炉火；打开油路旁通，关死加热炉原油进出口阀门；开紧急放空阀放掉管内剩余原油；用蒸汽和干粉灭火器灭火。加热炉发生事故可以直接导致人员伤亡，损毁设备，或造成原油停产。

(3)原油脱水。原油脱水是将原油中的游离水、乳化水脱除，使原油的含水量降至0.5%以下，同时使污水中的含油量控制在0.1%以下。

由于原油乳化液的性质和含水量的不同，生产中所采用的脱水方法也不同，各油田企业一般视情况而定。常用的原油脱水方法有：注入化学破乳剂在集油管内破乳脱水、重力沉降脱水、利用离心力脱水、利用亲水的固体表面使乳化水粗粒化脱水、电脱水或电化学脱水。每种脱水方法都有各自的特点和适用条件。在生产实践中，经常是综合应用上述脱水方法以求得最好的脱水效果。当前使用较多的脱水工艺是重力沉降脱水和电脱水。

(4)原油稳定。原油稳定的方法主要有负压闪蒸、正压闪蒸和分馏稳定法。当原油中的 $C_1 \sim C_4$ 质量含量在2.5%以下，原油脱水或外输温度能满足负压闪蒸的需要时，宜采用负压闪蒸稳定工艺。当原油中的 $C_1 \sim C_4$ 质量含量大于 2.5%时，可采用正压闪蒸稳定工艺或分馏稳定工艺。由于我国各油田所产部分原油的 $C_1 \sim C_4$ 质量含量均在 0.8%～2.5%，采用负压闪蒸稳定工艺进行原油稳定处理在我国得到广泛的应用。

(5)原油外输。原油外输涉及的主要设施是输油泵、容器、加热炉和工艺管线。输油泵一般设计在泵房内，输送的原油属可燃、易挥发的液体。输油泵由于长时间运行，其端面密封装置及其他部件可能会被磨损而引起泄漏。如果厂房通风效果不良，厂房内便会存在部分油品蒸气，这样会给消防安全工作带来隐患。另外，输油生产是连续运行的压力系统，如倒泵操作不当，会引起系统憋压、储油罐跑油或抽空等事故。

5 油气储运设施腐蚀与防护技术

腐蚀现象几乎遍及国民经济的一切领域，大量的金属材料、构件和设备因腐蚀而损坏报废。随着工业的迅速发展，腐蚀问题越来越严重，不仅浪费了宝贵的石油资源、污染环境，而且对人民生命财产安全造成严重威胁。但是如果采取适当的防腐蚀措施，腐蚀不仅可以得到一定程度的控制，甚至是可以避免的。因此研究油气储运设施的腐蚀规律，解决其腐蚀破坏，就成为石油工业中迫切需要解决的重大问题。

5.1 金属腐蚀理论概述

金属材料是应用最广泛的工程材料，在使用过程中，它们将受到不同形式的直接或间接破坏。在所有可能遭受的破坏中，最常见也是最重要的破坏形式是断裂、磨损和腐蚀。油气储运设施大多数采用金属材料制造，因此油气储运设施的腐蚀主要是金属腐蚀。

5.1.1 金属腐蚀对油气储运系统防腐蚀的重要性

腐蚀对石油化工、油气储运等企业的危害极大，不仅在于材料资源受到损失，更严重的还在于正常生产受到影响，因腐蚀造成设备的“跑、冒、滴、漏”，污染环境而引起公害，甚至发生火灾、爆炸、中毒等恶性事故，也会给职工人身安全带来严重威胁。

金属腐蚀发生在金属与介质间的界面上。金属与介质之间发生化学或电化学多相反应，使金属从单质转变成离子状态。金属及其环境所构成的腐蚀体系以及该体系中发生的化学和电化学反应就是金属腐蚀学的主要研究对象。

1. 腐蚀会造成重大的经济损失

腐蚀造成的经济损失可分为直接损失和间接损失两类。

(1)直接损失包括因腐蚀造成的材料损耗、材料加工成设备的费用、更换已腐蚀的设备和部件等所耗用的材料费用和制造费用，防腐蚀所需要的材料费和施工维修费等，统称为直接损失。往往由于腐蚀而破坏设备，使设备提前报废，而设备的造价远远超过材料本身的价格。

(2)除直接损失外，因腐蚀涉及造成的其他损失称为间接损失。有些间接损失不易计算，往往被忽视，但它相对于直接损失来说危害更大。如停工停产、物料损失、产品污染、效率降低、过剩设计。

2. 损耗材料，浪费能源

据统计每年因腐蚀要损耗 10%～20%的金属。另外，石油、化工、农药等工业生产中，因腐蚀所造成的设备“跑、冒、滴、漏”，不仅造成经济损失，还可能产生有毒物质的泄漏，造成环境污染，危及人类的身体健康。同时，腐蚀还可能成为生产发展和科技进步的障碍。

3. 影响管道系统可靠性及其使用寿命

据美国国家输送安全局统计，美国 45%管道损坏是由外壁腐蚀引起的。我国的地下油气管道投产 1～2 年后即发生腐蚀穿孔的情况已屡见不鲜。它不仅造成因穿孔而引起的油、气、水泄漏损失以及由维修所带来的材料和人力上的浪费，停工停产所造成的损失，而且还可能因腐蚀引起火灾。特别是天然气管道因腐蚀引起的爆炸，威胁人身安全，污染环境，后果极其严重。

4.影响油气储存系统安全及其使用寿命

钢制储罐遭受内、外环境介质的腐蚀。内腐蚀是由储存介质（油、气、水）、罐内积水及罐内空间部分的凝积水汽的作用造成的。储罐腐蚀造成产品的损失、环境污染，将带来很高的维修费用、土壤净化费用和巨额的环保处罚。

由此可见，腐蚀给国民经济带来了极大损失和危害，各国、各行业都高度重视腐蚀问题。腐蚀问题的解决与否，往往会直接影响新技术、新工艺、新材料的应用。搞好防腐工作对节省原材料、延长设备使用寿命、提高效率、保证安全生产、减少环境污染、促进新技术的应用和发展有着重大意义。一般认为，只要充分利用现有的防腐技术，就可使腐蚀损失降低25%～30%。每一种防腐技术都有其适用范围和条件，只有掌握了它们的原理、技术和工程应用条件，才能获得令人满意的防腐效果。

5.1.2 金属腐蚀程度的表示方法

金属遭受腐蚀后，其质量、厚度、力学性能以及组织结构等都会发生变化，这些物理和力学性能的变化率均可用来表示金属的腐蚀程度。在均匀腐蚀的情况下，金属的腐蚀速率可以用质量指标（重量法）来表示，也可用深度指标（年腐蚀深度）来表示。

1.重量法

重量法是以腐蚀前后的质量变化来表示。由于在生活和贸易中，人们习惯把质量称为重量，因此根据质量变化评定腐蚀速率的方法习惯上仍称为“失重法”或“增重法”。

失重法是指腐蚀后试样的质量减少。这种方法适用于均匀腐蚀，而且腐蚀产物完全脱落或很容易从试样表面清除掉的情况。用下式计算腐蚀速率：

$$v_{-}=\frac{m_0-m_1}{St}$$

式中，v_{-} 为腐蚀速率，$g/(m^2 \cdot h)$；m_0 为腐蚀前试样的质量，g；m_1 为清除腐蚀产物后试样的质量，g；S 为试样表面积，m^2；t 为腐蚀时间，h。

增重法是指腐蚀后试样质量增加，用下列公式计算腐蚀速率：

$$v_{+}=\frac{m_2-m_0}{St}$$

式中，v_{+} 为腐蚀速率，$g/(m^2 \cdot h)$；m_2 为带有腐蚀产物的试样的质量，g。

2.深度法

对于密度不同的金属，尽管质量（重量）指标相同，但腐蚀速率则不同，对于重量法表示的相同腐蚀速率，密度大的金属被腐蚀的深度比密度小的金属浅，因而用腐蚀深度来评价腐蚀速率更为合适。在工程上，构件腐蚀变薄的程度直接影响构件的使用寿命，更具有实际意义。但以质量变化表示的腐蚀速率没有把腐蚀深度表示出来，而且在衡量不同密度金属的腐蚀程度时，用腐蚀深度来表示腐蚀速率也更适用。

将金属失重腐蚀速率换算为腐蚀深度的公式为：

$$v_1=8.76\ \frac{v_{-}}{\rho}$$

式中，v_1 为腐蚀深度表示的腐蚀速率，mm/a；v_{-} 为失重腐蚀速率，$g/(m^2 \cdot h)$；ρ 为金属的密度，g/cm^3。

3.电流密度法

电化学腐蚀中，腐蚀的标志是阳极金属的溶解。根据法拉第定律，每通过的电量为 1F，即 96500C 的电量，阳极溶解金属的物质的量为 $1/n$mol。若电流强度为 I，通电时间为 t，则通过的电量为 It。阳极所溶解的金属 Δm 为

$$\Delta m=\frac{AIt}{nF}$$

式中，A 为金属的相对原子质量；n 为金属的价数，即金属阳极反应方程式中的电子数；F 为法拉第常数，$F=96500\text{C/mol}$。

对于均匀腐蚀来说，整个金属表面积可以看作是阳极面积，可得到腐蚀速率 v^- 与腐蚀电流密度 i_{corr} 间的关系：

$$v^-=\frac{\Delta m}{St}=\frac{Ai_{corr}}{nF}$$

可见，腐蚀速率与腐蚀电流密度成正比，因此可用腐蚀电流密度 i_{corr} 表示电化学腐蚀速率。若 i_{corr} 的单位用 $\mu A/cm^2$，金属密度 JD 用 g/cm^3，则以不同单位表示的腐蚀速率为

$$v^-/(gm^{-2}h^{-1})=3.73\times10^{-4}\frac{Ai_{corr}}{F}$$

以腐蚀深度表示的腐蚀速率与腐蚀电流密度的关系为

$$v_1/(mm\cdot a^{-1})=3.27\times10^{-3}\frac{Ai_{corr}}{n\rho}\times10^{-1}$$

4.金属腐蚀的力学性能指标 v_m

对于许多特殊的局部腐蚀形式，如晶间腐蚀、选择性腐蚀、应力腐蚀断裂和氢脆等，常采用腐蚀前后的强度损失率来表示其腐蚀程度：

$$v_m=\frac{m_0-m}{m_0}\times100\%$$

式中，v_m 为力学强度的损失率；m_0 腐蚀前材料的力学性能；m 为腐蚀后材料的力学性能。

常用的力学性能指标有：强度指标（屈服极限、强度极限 σ_b）、塑形指标（延伸率 δ、断面收缩率 ψ）、刚性指标（弹性模量 E）等。由于局部腐蚀一般都伴随材料使脆性增大，所以用得多的是塑形指标，用延伸率评定耐腐蚀性的标准见表 5-1。

表 5-1 延伸率变化评定耐腐蚀性的标准

耐腐蚀评定标准	延伸率的减小率/%	耐腐蚀评定标准	延伸率的减小率/%
耐蚀	<5	稍耐蚀	10～20
较耐蚀	5～10	不耐蚀	>20

5.1.3 金属的腐蚀形态

金属腐蚀若按腐蚀形态可分为全面腐蚀和局部腐蚀两大类。腐蚀分布在整个金属表面上(它可以是均匀的,也可以是不均匀的)就是全面腐蚀。如果以宏观的观察方法能够测量出局部区域的腐蚀深度明显大于邻近表面区域的腐蚀深度,就可以认为是局部腐蚀。下面重点就局部腐蚀中的电偶腐蚀、小孔腐蚀、缝隙腐蚀、晶间腐蚀、应力腐蚀破裂、腐蚀疲劳、磨损腐蚀等展开讨论。

1.电偶腐蚀

电偶腐蚀又称接触腐蚀或双金属腐蚀,指的是在电解质溶液中,当两种金属或合金相接触(电导通)时,电位较负的金属腐蚀被加速,而电位较正的金属受到保护的腐蚀现象。在工程技术中,采用不同金属连接是不可避免的,几乎所有的机器、设备和金属结构件都是由不同的金属材料部件组合而成,因此电偶腐蚀非常普遍。电偶腐蚀主要发生在两种不同金属或金属与非金属导体相互接触的边线附近,而在远离边缘的区域,其腐蚀程度要轻得多。但当在两种金属的接触面上同时存在缝隙时,而缝隙中又存留有电解液,这时构件可能受到电偶腐蚀与缝隙腐蚀的联合作用,其腐蚀程度更加严重。

根据电化学腐蚀的机理,可以得到电偶腐蚀发生必须同时满足以下条件:①同时存在两种不同电位的金属或非金属导体;②有电解质溶液存在;③两种金属通过导线连接或直接接触。

电偶腐蚀的推动力是电位差,而电偶腐蚀速率的大小与电偶电流成正比，可以用下式表示：

$$I_g=\frac{E_{0,C}-E_{0,A}}{\frac{P_C}{f_C}+\frac{P_A}{f_A}+R}$$

式中，I_g 为电偶电流强度；$E_{0,C}$，$E_{0,A}$ 为阴、阳极金属偶接前的稳定电位（腐蚀电位）；P_C，P_A 为阴、阳极金属的极化率；f_C、f_A 为阴、阳极金属的面积；R 为欧姆电阻（包括溶液电阻和接触电阻）。

由此可知，电偶电流随电位差的增大和极化率、欧姆电阻的减小而增大，从而使阳极金属腐蚀速率加大、阴极金属腐蚀速率降低。

一般把 A、B 两种金属偶接后，阳极金属（B）的腐蚀电流 i'_B 与未偶合时该金属的自腐蚀电流 i_B 之比 γ 称为电偶腐蚀效应。

$$\gamma=i'_B/i_B=(i_g+|i_{B_c}|)/i_B\approx i_g/i_B$$

式中，i_g 为电偶电流；$|i_{B_c}|$ 为阴极自腐蚀电流。

该公式表示两金属偶接后，阳极金属溶解速率增加了多少倍。γ 越大，则电偶腐蚀越严重。

电偶腐蚀与相互接触的金属在溶液中的电位有关，正是由于接触金属电位的不同，构成了电偶腐蚀原电池，接触金属的电位差是电偶腐蚀的推动力。

2. 缝隙腐蚀

缝隙腐蚀是一种常见的局部腐蚀。金属部件在介质中，由于金属与金属或金属与非金属之间形成特别小的缝隙（一般在 0.025～0.1mm 范围内），使缝隙内介质处于滞留状态，引起缝隙内金属的加速腐蚀，这种局部腐蚀称为缝隙腐蚀。

许多金属构件由于设计上的不合理或由于加工过程等关系都会形成缝隙，这些缝隙是发生隙缝腐蚀的理想场所。多数情况下的缝隙在工程结构中是不可避免的。所以缝隙腐蚀也是无法完全避免的。

缝隙腐蚀过程一般可以分为初始阶段和发展阶段。初始阶段时，缝隙内外的全部金属表面进行着金属阳极溶解和氧的阴极去极化反应。

微阳极：　$M \longrightarrow M^{n+} + ne$

微阴极：　$O_2 + 2H_2O + 4e \longrightarrow 4OH^-$

因缝隙内滞留状态使氧迅速消耗且难以得到补充，缝隙内氧化还原反应很快终止，缝内外形成氧浓差电池。此时缝隙内金属的阳极溶解过程在继续，而氧还原的阴极反应已全部转移到缝隙外金属表面进行，加之大阴极（缝外）与小阳极（缝内）的面积关系，又加速了缝内金属溶解反应，二次腐蚀产物渐渐在缝口形成，逐渐发展成为典型的闭塞电池，使缝隙腐蚀进入发展阶段，此时缝内溶液中积聚了大量溶解的带正电的金属离子。这时溶液中氯离子迁入缝内的保持电中性，同时形成金属盐类，接着发生氯化物水解，使酸度增加，pH 值降低，更加促进了缝隙内金属阳极溶解。这一过程反复循环，就形成了缝隙腐蚀的自催化过程。

3.小孔腐蚀

小孔腐蚀又称点蚀，是一种腐蚀集中在金属表面的很小范围内，并深入金属内部的小孔状腐蚀形态，蚀孔直径小、深度深，其余地方不腐蚀或腐蚀很轻微。点蚀通常发生在易钝化金属或合金中，往往在有侵蚀性阴离子与氧化剂共存的条件下发生。

点蚀可分为两个阶段，即点蚀成核（发生）阶段和蚀坑生长（发展）阶段。

1)点蚀成核（发生）阶段

点蚀从发生到成核之前有一段很长的孕育期，有的长达几个月甚至几年时间。孕育期是从金属与溶液接触一直到点蚀开始的这段时间。所以点蚀的初始阶段又称为孕育期阶段。

关于点蚀成核的理论有钝化膜破坏理论和吸附理论两种。钝化膜破坏理论认为，点蚀坑是由于腐蚀性阴离子在钝化膜表面吸附，并穿过钝化膜而形成可溶性化合物（如氯化物）所致。吸附理论认为，点蚀的发生是由于活性氯离子和氧竞争吸附的结果造成的。

金属材料表面组织和结构的不均匀性使表面钝化膜的某些部位较为薄弱，从而成为点蚀容易成核的部位，如晶界、夹杂、位错和异相组织等。

从金属与溶液接触到点蚀产生的时间称为点蚀的孕育期。孕育期随溶液中 Cl^- 浓度增加和电极电位的升高而缩短。Engell 等人发现低碳钢发生点蚀的孕育期 τ 的倒数与 Cl^- 浓度呈线性关系。即

$$\frac{1}{\tau}=k[Cl^-]$$

$[Cl^-]$在一定临界值以下时，不发生点蚀。

2)蚀坑生长(发展)阶段

蚀孔内部电化学条件发生的显著改变，对蚀孔的生长有很大的影响，因此蚀孔一旦形成，发展十分迅速。蚀孔发展的主要理论是以“闭塞电池”的形成为基础的，进而形成“活化—钝化腐蚀电池”的自催化理论。为此，应首先了解闭塞电池的形成条件。

(1)在反应体系中具备阻碍液相传质过程的几何条件，如孔口腐蚀产物的塞积可在局部造成传质困难，缝隙及应力腐蚀的裂纹也都会出现类似的情况。

(2)有导致局部不同于整体的环境。

(3)存在导致局部不同于整体的电化学和化学反应蚀孔的自催化发展过程。

以不锈钢在充气的含 Cl^- 介质中的腐蚀过程为例，说明点蚀生长过程。点蚀源形成后，孔内金属表面处于活态，电位较负；孔外金属表面处于钝态，电位较正。孔内和孔外金属构成活态—钝态微电偶腐蚀电池，具有大阴极—小阳极的面积比。阳极电流密度很大，蚀孔不断加深，孔外金属表面受到阴极保护，继续维持钝态。孔内发生阳极溶解，反应有

$$Fe \longrightarrow Fe^{2+}+2e \quad Cr \longrightarrow Cr^{3+}+3e \quad Ni \longrightarrow Ni^{2+}+2e$$

若介质为中性或弱酸性，孔外反应为

$$O_2+2H_2O+4e \longrightarrow 4OH^-$$

随着蚀孔的加深，阴、阳极位置彼此分开，二次腐蚀产物在孔

口形成。随着腐蚀的进行，孔口介质 pH 值逐渐升高，水中可溶性盐 $Ca(HCO_3)_2$ 转化为 $CaCO_3$ 沉淀。锈层和垢层在孔口堆积形成闭塞电池。

闭塞电池形成以后，溶解氧不易扩散进入，造成氧浓度差。在蚀坑内溶解的金属离子不易向外扩散，造成 Fe^{2+} 浓度不断增加，为保持电中性，坑外氯离子向坑内迁移以维持电中性，形成可溶性盐 $FeCl_3$，使坑内形成氯化物的高浓度溶液，氯离子浓度达到整体溶液的 3～10 倍。坑内氯化物水解：

$$FeCl_3 + 3H_2O \longrightarrow Fe(OH)_3 + 3H^+ + 3Cl^-$$

产生更多的 H^+ 和 Cl^-，使坑内外 pH 值下降，酸度增加，pH 值低至 2～3，促使阳极溶解进一步加快。这样，点蚀以自催化过程不断发展下去。由于自催化作用的结果，加上介质重力的影响。使蚀坑不断向深处发展，严重的甚至可把金属断面蚀穿。由此可见，点蚀的发展是化学和电化学共同作用的结果。

4.晶间腐蚀

常用金属材料，特别是结构材料，属多晶结构的材料，因此存在着晶界。晶间腐蚀是金属的晶界受到的腐蚀破坏现象。晶间腐蚀是一种由微电池作用引起的局部破坏现象，是金属材料在特定的腐蚀介质中沿着材料的晶界产生的腐蚀。这种腐蚀主要是从表面开始，沿着晶界向内部发展，使整个金属强度几乎完全丧失。

奥氏体不锈钢在氧化性或弱氧化性的介质环境中产生晶间腐蚀可用贫铬理论来解释。

含碳量高于 0.02%的奥氏体不锈钢中，碳与铬能生成碳化物（$Cr_{23}C_6$）。这些碳化物高温淬火时成固溶态熔于奥氏体中，铬呈均匀分布，使合金各部分铬含量均在钝化所需值（即 12%Cr）以上。此时合金具有良好的耐蚀性。这种过饱和固溶体在室温下虽然暂时保持这种状态，但它是不稳定的。如果固溶处理的奥氏体不锈钢若在 450～850℃温度范围内保温或缓慢冷却，此时的钢就有了晶间腐蚀的敏感性(即敏化处理),若在一定腐蚀介质中暴露一段时间,就会产生晶间腐蚀。若奥氏体不锈钢在650～750℃范围内加热一段时间,则这类钢的晶间腐蚀就更为敏感。因为加热到敏化温度范围内时,碳化物就会沿晶界析出,铬便从晶粒边界的固溶体中分离出来。由于铬的扩散速度缓慢,远低于碳的扩散速度,铬不能从晶粒内固溶体中扩散补充到边界,故碳只能消耗晶界附近的铬,造成晶粒边界贫铬区。贫铬区的含铬量远低于钝化所需的极限值(12%Cr),其电位比晶粒内部的电位低,更低于碳化物的电位。当遇到一定腐蚀介质时碳化铬和晶粒呈阴极,贫铬区呈阳极,迅速被侵蚀(图5-1)。所示。这一解释晶间腐蚀的理论称为贫铬理论。

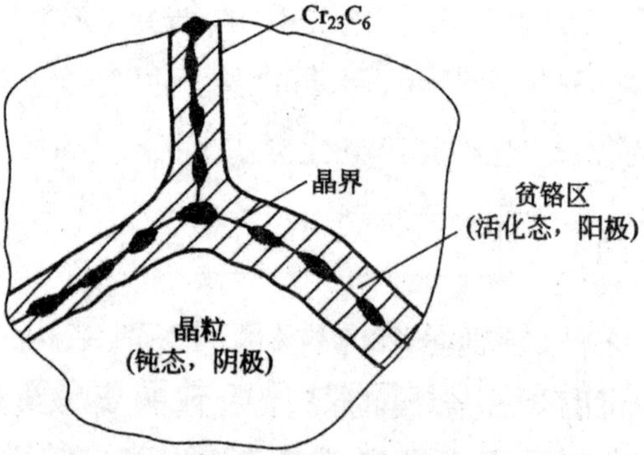

图5-1　奥氏体不锈钢晶间腐蚀示意图

5.应力腐蚀

应力腐蚀破裂(Stress Corrosion Cracking,SCC)是指受拉伸应力作用的金属材料在某些特定介质中,由于腐蚀介质与拉应力的协同作用而发生的脆性断裂现象。在腐蚀环境中,金属受到应力作用会使腐蚀加速,即在某一种特定介质中,材料不受应力作用时腐蚀很小,而受到远低于材料的屈服极限拉伸应力时,经过一段时间甚至延性很好的金属也会发生脆性断裂。

SCC事先常常没有明显征兆,金属会在腐蚀并不严重的情况下,经过一段时间后发生低应力脆断,事故的发生往往是突然的,所以会造成灾难性后果。而且SCC涉及范围很广,各种石油和化工等管路设备、建筑物、储罐、船只、核电站、航空及航天设备，几乎所有重要的经济领域都受到 SCC 的威胁。

如图 5-2 所示，应力腐蚀是一种典型的滞后破坏，破坏过程可分三个阶段。

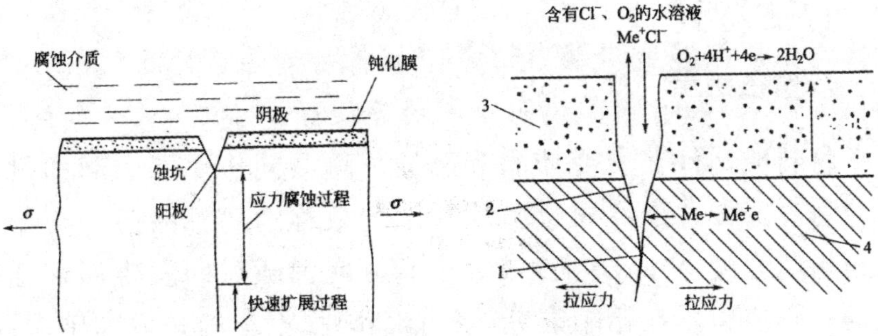

1—裂纹；2—酸性溶液；3—氧化物层；4—金属

图 5-2 应力腐蚀破裂过程示意图

(1)孕育期裂纹萌生阶段，即裂纹源的形成过程。在活性阴离子(如 Cl^-)和拉应力的共同作用下，在钝性金属表面上钝化膜有缺陷的位置上形成裂纹源。

(2)裂纹扩展期。裂纹源形成后直至发展到临界尺寸所经历的过程。这一阶段裂纹扩展主要由裂纹尖端的电化学过程控制。裂纹尖端在腐蚀介质和拉应力的共同作用下，始终不能钝化，成为“动力阳极”快速溶解。

(3)快速断裂期。裂纹达到临界尺寸后，由纯力学作用裂纹失稳瞬间断裂。由于产生应力腐蚀破裂的条件不同，孕育期有长有短，所以应力腐蚀破裂条件具备后，可能在很短时间发生破裂，也有可能在几年或更长时间才发生。

6. 磨损腐蚀

腐蚀流体和金属表面间以较高速度做相对运动而引起金属的腐蚀损坏，称为磨损腐蚀。磨损腐蚀是流动引起的腐蚀，亦称流体腐蚀。只有当腐蚀电化学作用与流体动力学作用同时存在、交互作用，磨损腐蚀才会发生，缺一不可。在腐蚀性流体作用下，金属以溶解的离子状态脱离表面，或是生成固态腐蚀产物，然后受高速流体的机械冲刷脱离表面，从而加速腐蚀。

暴露在运动流体中的所有类型的金属设备、构件都可能遭受磨损腐蚀。例如，管道系统，特别是弯头、三通，泵和阀及其过流部件，鼓风机、离心机、推进器、叶轮、搅拌桨叶，有搅拌的容器、换热器、透平机叶轮等，经常出现这类腐蚀。

7.腐蚀疲劳

材料或构件在交变应力和腐蚀环境共同作用下引起的材料疲劳强度降低并最终导致脆性断裂现象称为腐蚀疲劳。交变应力是指应力的大小、方向，或大小和方向都随时间发生周期性变化的一类应力。在船舶推进器、涡轮叶片、汽车的弹簧和轴、泵轴和泵杆、矿山的钢绳等常出现这种破坏。在化工行业中，在泵及压缩机的进出口管连接处，间歇性输送热流体的管道、传热设备、反应釜等，都有可能因承受（因振动产生的）交变应力或周期性温度变化而产生腐蚀疲劳。

5.2 腐蚀控制方法

5.2.1 正确选材与合理设计

正确地选材和合理设计，要求在设计时，除考虑选择材料、结构设计、强度核算等几方面外，还必须考虑选用什么防腐措施（如涂装、衬里、添加缓蚀剂、进行电化学保护等）及施工的可能性，并且在结构上保证能顺利完成这些措施。

1.金属材料的耐蚀性能及选用

1)金属耐蚀能力的体现

在各种腐蚀环境中，金属的耐蚀能力主要体现在以下3个方面。

(1)金属的热力学稳定性。对于各种纯金属的热力学稳定性,可按它们的标准电位值来判断。标准电极电位较正者,其热力学稳定性较高;标准电极电位越负,热力学稳定性越差,也就越容易被腐蚀。

(2)金属的钝化。不少热力学不稳定的金属在适当的条件下能发生钝化而获得耐蚀能力,可钝化的金属有锆、钛、钽、铌、铝、铬、铍、钼、镁、镍、钴、铁。它们大多数都是在氧化性介质中容易钝化,而在 Cl^-、Br^- 等离子的作用下,钝态容易受到破坏。

(3)腐蚀产物膜的保护性能。在热力学不稳定的金属中,除了因钝化耐腐蚀者外,还有因在腐蚀过程初期或一定阶段生成致密的保护性能良好的腐蚀产物膜而耐腐蚀。

2)金属耐蚀合金化的途径

根据腐蚀理论,金属的电化学腐蚀速率可用腐蚀电流的大小表征,即

$$I_{corr}=\frac{E_{e,C}-E_{e,A}}{P_C+P_A+R}$$

腐蚀电池的腐蚀电流大小在很大程度上为 R、P_A、P_C 等所控制。因此根据各种金属的不同特性,一般工业上金属耐蚀合金化有以下几种途径。

(1)提高金属的热力学稳定性(提高 $E_{e,A}$),即通过向本来不耐蚀的纯金属或者合金中加入热力学稳定性高的合金元素,制成合金。加入的元素将其固有的高热力学稳定性带给了合金,提高了合金的电极电位,从而提高了合金整体的耐蚀性能。

(2)增大阴极极化率 P_C,即减弱合金的阴极活性。这种方法适用于阴极控制的腐蚀过程。

(3)增大阳极极化率 P_A,即减弱合金的阳极活性。用合金化的方法,减弱合金的阳极活性,阻滞阳极过程的进行,以提高合金的耐蚀性,是金属耐蚀合金化措施中最有效、应用最广泛的方法。

(4)使合金表面生成电阻大的腐蚀产物膜(增大 R)。加入某些元素使合金表面生成致密的腐蚀产物膜,加大了体系的电阻也

能有效地阻滞腐蚀过程的进行。

2.正确选用材料和加工工艺

合理选材是关系到防腐设计成功与否的关键所在，而耐蚀材料的选择就是一个合理选材的问题。所谓合理选材是指要综合考虑设备中各种材料的协调一致性，要把功能与耐蚀性一起加以考虑。选材之前，必须做到以下几方面。

(1)充分了解腐蚀环境。腐蚀环境包括：介质的相态；溶液、气体、蒸汽等介质的成分、浓度和性质（如氧化性、还原性等）；空气混入程度，有无其他氧化剂；混酸、混液和杂质的含量，特别不能忽视 Cl^- 等微量杂质；液体的静止及流动状态；混入液体中的固体物所引起的磨损和侵蚀情况；局部的条件变化（如温度差、浓度差）及不同材料的接触状态；设备的操作温度以及温度的变化范围，有无急冷、急热引起的热冲击和应力变化等；有无化学反应，以及反应生成物的情况；高温、低温、高压、真空、冲击载荷、交变应力等需要特别注意的环境条件。

(2)了解工艺条件对材料的限制。在医药、食品以及石油化工三大合成材料生产的某些过程中，对产品纯度有严格的要求，因此选材时必须注意防止某些金属离子对产品的污染；有时材料的腐蚀产物或被磨蚀下来的微粒，会引起化工过程中不允许的副反应或造成某些催化反应的触媒中毒，那么这种材料就不能选用。

(3)了解设备的功能与结构。各种机器设备具有不同的功能与结构，对材料的要求也必然不同。例如，换热器除要求材料具有良好的耐蚀性外，还应有良好的导热性能；输送腐蚀液的泵要求材料具有良好的耐磨蚀性能和铸造性能，而泵轴既要耐磨蚀，又要有较高的疲劳极限等。

(4)了解运转及开停车的条件。操作条件、开停车速度、频率及安全措施等对设备材料也有要求，如开停车频繁，升降温波动大的设备，对材料还要求有良好的抗热冲击性能等。

3.防腐蚀结构设计

防腐蚀结构设计，就是在保证满足设备的功能和工艺要求的条件下，适当地改变设备及部件的形状、布局，调整其相对位置或空间位置，达到控制腐蚀的目的。在防腐蚀结构设计中，一般应遵循以下原则。

(1)对于发生均匀腐蚀的构件可以根据腐蚀速率和设备的寿命计算构件的尺寸，以及决定是否需要采取保护措施；对于发生局部腐蚀的构件的设计必须慎重考虑更多的因素。

(2)设计的构件应尽可能避免有利于形成腐蚀环境的结构。

(3)尽可能避免不同金属的直接接触而产生电偶腐蚀，特别是要避免小阳极、大阴极的电偶腐蚀。当不可避免时，接触面要进行适当地防护处理。

(4)构件在设计中要防止局部应力集中，并控制材料的最大允许使用应力；零件在制造中应注意晶粒取向，尽量避免在短横向上受拉应力；应避免使用应力、装配应力和残余应力在同一个方向上叠加，以减轻或防止应力腐蚀断裂。

(5)设计的结构应有利于制造和维护。通过维修可以使设备的抗蚀寿命得到提高。

4.防腐蚀强度设计

为了使设备在预期的寿命期间有足够的强度来保证其能够可靠运行，必须在按一般的安全系数与许用应力进行材料强度设计的基础上，加大材料的尺寸，这一加大的尺寸就称为腐蚀裕量。

(1)均匀腐蚀情况下腐蚀裕量的确定。当材料在介质中只产生均匀腐蚀时，设计过程中要把腐蚀与强度的问题分开处理。首先根据强度选取构件的尺寸和厚度，然后再根据材料在介质中的平均腐蚀速率确定一个附加厚度(腐蚀速率乘以预期工作时间，即腐蚀裕量)，两者相加即为实际确定的构件厚度。

(2)局部腐蚀情况下的强度设计。局部腐蚀类型多种多样，而且会因材料、环境介质、条件的不同而不同。对于晶间腐蚀、点蚀、缝隙腐蚀等只有采取正确选材、注意结构设计或控制环境介质等措施来防止。而对于应力腐蚀和腐蚀疲劳。如果材料的数据资料齐全,就有可能做出合适可靠地设计。

5.2.2 覆盖层保护

覆盖层又称为表面覆盖层。覆盖层保护是指用耐蚀性能良好的金属或非金属材料覆盖在耐蚀性能较差的材料表面,将基底材料与腐蚀介质隔离开来,以达到控制腐蚀的目的。在金属表面使用覆盖层保护是防止金属腐蚀最普遍而且最重要的方法。它不仅能大大提高基底金属的耐蚀性能,而且能节约大量的贵重金属和合金。

保护性覆盖层的基本要求:结构致密,完整无孔,不透过介质;与基体金属有良好的结合力,不易脱落;具有较高的硬度和耐磨性;在整个被保护表面上均匀分布。

1.钢铁表面处理对基底层的要求

钢铁工件在加工、运输、存放等过程中,表面往往带有氧化皮、铁锈、焊渣、尘土、油污等。要使覆盖层能牢固地附着在工件的表面上,在施工前就必须对工件表面进行清理。钢铁表面处理主要是采用机械或化学、电化学方法清理金属表面的氧化皮、锈蚀、油污、废漆、灰尘等,主要有以下要求。

(1)钢结构表面应平整,施工前应把焊渣、毛刺等清除掉,焊缝应平齐,有焊瘤、熔渣和缝隙的地方需要应用手提式电动砂轮或扁铲修。

(2)金属基体本身不允许有针孔、砂眼、裂纹等。

(3)金属表面应清洁,如果表面存在锈蚀、氧化物或被油、水、灰尘等污染,则会显著影响到覆盖层与金属表面的黏附力。

(4)金属表面应具有一定的粗糙度,适当提高表面粗糙度,可以增加表面与涂层(或胶黏剂)的接触面积,有利于提高黏结强度,但过大的粗糙度,在较深的凹缝处往往残留空气,反而使黏结强度降低。

2.钢铁表面处理工艺

(1)手工除锈。用铁砂纸、刮刀、铲刀及钢丝刷等工具进行除锈。该方法劳动强度大,劳动条件差,除锈不完全,只适用于较小的表面或其他清理方法无法清理的表面。

(2)机械除锈。机械除锈是一种利用机械动力以冲击和摩擦作用进行除锈的方法。常用的方法有利用风动刷、除锈枪、电动刷及电砂轮等机械打磨,或利用压缩空气喷砂以及高压水流除锈等。其中以喷砂法的质量好,效率高,已被广泛采用。喷砂法是在喷砂罐中通入0.5～0.6MPa的压缩空气,将带棱角的、质地坚硬的石英砂、金刚砂或河砂经喷嘴高速喷射到钢铁表面,依靠砂粒棱角的冲击或摩擦,将金属表面的铁锈、氧化皮及其他污垢清除掉,使表面获得一定的清洁度和不同的粗糙度。

(3)化学除锈。化学除锈是利用酸溶液和铁的氧化物发生化学反应,将其表面锈层溶解和剥离掉的一种除锈方法,又称为酸洗除锈。这种方法对小型件和形状复杂工件除锈效率高。

化学除锈常用的酸洗液为硫酸、磷酸、硝酸、盐酸等。

(4)化学除油。化学除油方法有多种,最简单的是用有机溶剂清洗,常用的溶剂有汽油、煤油、酒精、四氯化碳、三氯乙烯等。清理时可将工件浸在溶剂中,或用干净的棉纱(布)浸透溶剂后擦洗。由于溶剂多数对人体有害,所以应注意安全。

除用溶剂清洗外,还可用碱液清洗,即利用油脂在碱性介质下发生皂化或乳化作用来除油。一般用氢氧化钠及其他化学药剂配成溶液,在加热条件下进行除油处理。

(5)火焰除锈。利用钢铁和氧化皮的热膨胀系数不同,用炔—氧焰加热钢铁表面而使氧化皮脱落,此时铁受热脱水,锈层也便破裂松散而脱落。此法主要用于厚型钢结构及铸件等,而不能用于薄钢材及小铸件，否则工件受热变形影响质量。

(6)钢铁表面的化学转化。金属经表面清理后，采用化学处理方法，使金属表面生成一层薄的保护膜，使之在一段时间内不发生二次生锈，同时使金属基体有良好的附着力，此过程称为表面化学转化。

具体方法有氧化(即“发蓝”)、钝化和磷化。

3.钢铁表面处理质量要求及标准

钢铁表面处理质量对提高覆盖层质量、保证覆盖层与基底金属的良好附着和黏结力有重要影响。所以各国都制定了钢铁表面处理质量标准。我国表面处理标准《化工设备、管道外防腐设计规范》(HG/T 20679－2014)规定了设备、管道和钢结构表面处理等级以表示除锈方法的字母“Sa”“St”“F1”或“Pi”。

1)喷射或抛射除锈(Sa 级)有四个质量等级

(1)Sa1 级：设备、管道和钢结构表面应无可见的油脂和污垢，并没有附着不牢的氧化皮、铁锈和油漆等附着物。

(2)Sa2 级：设备、管道和钢结构表面应无可见的油脂和污垢，氧化皮、铁锈和涂料涂层等附着物已基本清除，其残留物应是牢固附着的。

(3)Sa2 $\frac{1}{2}$ 级：设备、管道和钢结构表面应无可见的油脂、污垢、氧化皮、铁锈和涂料涂层等附着物，任何残留的痕迹仅是点状或条纹状的轻微色斑。

(4)Sa3 级：设备、管道和钢结构表面应无可见的油脂、污垢、氧化皮、铁锈和涂料涂层等附着物，该表面应显示均匀的金属色泽。

2)手工和动力工具除锈(St 级)有两个质量等级

(1)St2 级：设备、管道和钢结构表面应无可见的油脂和污垢，并且没有附着不牢的氧化皮、铁锈和涂料涂层等附着物。

(2)St3 级：设备、管道和钢结构表面应无可见的油脂和污垢，并且没有附着不牢的氧化皮、铁锈和涂料涂层等附着物。除锈应比 St2 更彻底,底材的显露部分的表面应具有金属光泽。

3)火焰除锈(F1 级)

设备、管道和钢结构表面应无氧化皮、铁锈和涂料涂层等附着物,任何残留的痕迹应仅为表面变色(不同颜色的暗影)。

4)化学除锈(Pi 级)

设备、管道和钢结构表面应无可见的油脂和污垢,酸洗未尽的氧化皮、铁锈和涂料涂层的个别残留点允许用手工或机械方法除去,但最终表面应显露金属原貌,无再度锈蚀。

4. 非金属材料表面处理

(1)混凝土结构表面处理。混凝土和水泥砂浆的表面作防腐覆盖层要求表面平整,没有裂纹、毛刺等缺陷,油污、灰尘及其他污物都要清理干净。

新的水泥表面防腐施工前要烘干脱水,一般要求水分不大于6%。如果是旧的水泥表面,则要把损坏的部分和腐蚀产物都清理干净;基层表面如有凹凸不平或局部蜂窝麻面,可用 1∶2 水泥砂浆修补平整,完全硬化干燥后再进行防腐层施工;在施工前要用钢丝刷刷基层表面,使表面粗糙平整,并除去浮灰尘土,以增加防腐层与基层的黏结力;基层上若有油污,应用丙酮、酒精等揩擦干净。

(2)木材表面处理。在石油化工防腐中对木结构的表面处理要求不是很高,不必像涂饰木器家具那样精细,但也必须进行适当的表面处理。在涂装前必须先将木材晾干或低温(7~80℃)烘干,使其水分含量在 7%~12%,否则会因水分的蒸发而使涂膜起泡,甚至剥落。木材要求刨光,清理尘垢(注意不能用水洗),然后再填腻子、砂纸打磨、涂漆。

5. 常见应用表面覆盖层

在工业上,应用最普遍的表面覆盖层主要有金属覆盖层和非金属覆盖层两大类,此外还有用化学或电化学方法生成的覆盖层

(如“发蓝”“磷化”等)以及暂时性覆盖层等。

1)金属覆盖层

用耐蚀性较好的一种(或多种)金属或合金把耐蚀性较差的金属表面完全覆盖起来以防止腐蚀的方法,称为金属覆盖层保护。这种通过一定的工艺方法牢固地附着在基体金属上,从而形成几十微米乃至几个毫米以上的功能覆盖层称为金属覆盖层。

根据金属覆盖层在介质中的电化学行为,可将其分为阳极(性)覆盖层和阴极(性)覆盖层。阳极覆盖层在介质中的电极电位比基体金属的电极电位更负。阳极覆盖层的保护性能主要取决于覆盖层的厚度,覆盖层越厚,其保护效果越好。阳极覆盖层常用于保护在大气、淡水、海水中工作的金属设备。阴极覆盖层在介质中的电极电位比基体金属的电极电位更正。只有当它足够完整时,即没有孔或裂痕时,才能可靠地保护基体金属,否则覆盖层将会与基体金属在介质中构成腐蚀电池,加速基体金属的腐蚀。阴极覆盖层的保护性能取决于覆盖层的厚度与孔隙率,覆盖层越厚,孔隙率越低,其保护性能越好。一般情况下,碳钢表面覆盖镍、铜、铅、锡等都属于此类。

(1)电镀。将要电镀的工件作为阴极浸于含有镀层金属离子的盐溶液中,利用直流电作用从电解质中析出金属,并在工件表面沉积,从而获得金属覆盖层的方法称为电镀(或电沉积)。

用电镀方法得到的镀层多数是纯金属,如 Au、Pt、Ag、Cu、Sn、Pb、CO、Ni、Cd、Cr、Zn 等,但也可以得到合金的镀层,如黄铜、锡青铜等。

电镀时将待镀工件(如碳钢)作为阴极与直流电源的负极相连,将镀层金属(如铜)作为阳极与直流电源的正极相连。电镀槽中加入含有镀层金属离子的盐溶液(如硫酸铜溶液)及必要的添加剂。当接通电源时,阳极发生氧化反应,镀层金属溶解(如 $Cu \longrightarrow Cu^{2+} + 2e$);阴极发生还原反应,溶液中的金属离子析出(如 $Cu^{2+} + 2e \longrightarrow Cu$),使工件获得镀层。如果阳极是不溶性的,则需间歇地向电镀液中添加适量的盐,以维持电镀液的浓度。电镀层的厚度可由工艺参数和时间来控制。电镀层的性能除了受阴极电流密度、电解液的种类、浓度、温度等条件影响之外，还与被镀工件的材料及表面状态有关。

用电镀法覆盖金属有一系列优点，如可在较大范围内控制镀层厚度，镀层金属消耗较少；无须加热或温度不高；镀层与工件表面结合牢固；镀层厚度较均匀；镀层外表美观等。

(2)化学镀。利用置换反应或氧化还原反应，使金属盐溶液中的金属离子析出并在工件表面沉积，从而获得金属覆盖层的方法称为化学镀。

化学镀也和电镀一样，镀层的性能受镀液的浓度、温度、浸渍时间及被镀工件的表面状态等条件影响，而且对以上指标的控制要求更严。

在防腐中用得较多的是化学镀镍，即将工件放在含镍盐、次磷酸钠(NaH_2PO_2)及其他添加剂的弱酸性溶液中，利用次磷酸钠将Ni^{2+}还原为镍，从而在工件表面获得镀镍层。化学镀镍的工件，常用作抗碱性溶液的腐蚀。

(3)喷镀。利用不同的热源，将欲涂覆的涂层材料熔化，并用压缩空气或惰性气体使之雾化成细微液滴或高温颗粒，高速喷射到经过预处理的工件表面形成涂层的技术，称为热喷涂(或喷镀)。由此形成的几十微米到几毫米厚的附着层统称为热喷涂覆盖层。

喷涂前的工件要求表面干净，并有一定粗糙度，故多用喷砂除锈。

热喷涂金属覆盖层在石油、化工、机械、电子、航空航天等各个领域都得到广泛应用。工业上用这种方法来喷涂 Al、Zn、Sn、Pb、不锈钢等，其中以喷 Al 用得较广，主要用于对高温二氧化硫、三氧化硫的防腐。

(4)渗镀。渗镀是利用热处理的方法将合金元素的原子扩散入金属表面，以改变其表面的化学成分，使表面合金化，以改变钢表面硬度或耐热、耐蚀性能，故渗镀又称为热扩散金属覆盖层(或表面合金化)。

影响热扩散金属覆盖层的主要因素是:热扩散温度、热扩散时间、扩散元素与基体组成、扩散工艺方法等。

(5)热浸镀。热浸镀(热镀)金属覆盖层是将工件浸放在比自身熔点更低的熔融的镀层金属(如锡、铝、铅、锌等)中,或以一定的速度通过熔融金属槽,从而使工件表面获得金属覆盖层的方法。

这种方法工艺较简单,故工业上应用很普遍,例如钢管、薄钢板、铁丝的镀锌以及薄钢板的镀锡等。

影响热浸金属覆盖层的主要因素是:热浸温度、浸镀时间、从镀槽中提出的速度、基体金属表面成分组成、结构和应力状态、浸镀金属液成分组成等。

(6)金属衬里。金属衬里就是把耐蚀金属衬在基底金属(一般为普通碳钢)上,如衬铅、钛、铝、不锈钢等。

生产中除采用单一金属制的设备外,为了防止设备腐蚀、节省贵重金属材料以及满足某些由单一金属难以满足的技术要求,还可采用在碳钢和低合金钢上衬不锈钢、钛、镍、蒙乃尔合金等以及使用复合金属板来制造容器、塔器、储槽等设备。

获得这种金属衬里的方法有很多,如塞焊法、条焊法、熔透法、爆炸法等。还有一种方法叫双金属,即利用热轧法将耐蚀金属覆盖在底层金属上制成的复合材料。如在碳钢板上压上一层不锈钢板或薄镍板,或将纯铝压在铝合金上,这样就可以使价廉的或具有优良力学性能的底层金属与具有优良耐蚀性能的表层金属很好地结合起来。这类材料一般都为定型产品。

2)非金属覆盖层

在金属设备上覆盖上一层非金属材料进行保护是防腐蚀的重要手段之一。非金属覆盖层一般可分为有机非金属覆盖层和无机非金属覆盖层两类。

凡是由有机高分子化合物为主体组成的覆盖层称为有机覆盖层。有机高分子化合物都是由最基本的官能团组成的。官能团的性质和组成形态决定了有机高分子化合物的性能。因此有机覆盖层的性能与其所含官能团的性质是分不开的。有机覆盖层的主要性能指标是耐温性能、耐老化性能和力学性能（如强度、抗冲击、耐磨损性等）。

凡是以非金属元素氧化物或金属与非金属元素生成的氧化物为主体构成的覆盖层称为无机非金属覆盖层。由于其耐热、耐蚀和高绝缘等特点，近年来得到广泛发展和应用。

（1）涂料覆盖层。涂料是目前防腐中应用最广的非金属材料品种之一。用涂料保护设备、管线是应用很广的一类防护措施。

涂刷操作前的涂料调配是合理使用涂料、保证涂层质量的重要环节。涂料调配前必须熟悉层次及涂层厚度。调配时应核对涂料类别名称、型号及品种，目测涂料的外观质量，要搅拌均匀，用铜丝筛过滤掉一些不宜使用的物质。先从底层涂料开始依次进行调配。

涂料的涂覆方法有多种，可根据具体情况选择不同的涂覆方法。最简单的是涂刷法，这种方法所用的设备工具简单，能适用于大部分涂料施工，但施工质量在很大程度上取决于操作的熟练程度，工效较低；对于无法涂刷的小直径管子，可采用注涂法。喷涂法效率较高，但设备比较复杂，需要喷枪和压缩空气；热喷涂可以提高漆膜质量，还可以节约稀释剂，但需要加热装置；静电喷涂是一种利用高电位的静电场的喷漆技术，可大大降低漆雾的飞散，比一般喷漆损耗小得多，改善了劳动条件，也提高了漆膜质量，但设备更为复杂，同时由于电压很高，必须采用妥善的安全措施；电泳涂装是一种较新型的涂装技术，它与电镀相似，适用于水溶性涂料。

（2）橡胶覆盖层。橡胶材料在防腐技术中除了可以溶剂化和胶乳化制成涂料覆盖层之外，还可以通过其他工艺方法做成其他形式的橡胶覆盖层，例如，衬里覆盖层、热喷涂层等。因为橡胶具有较好的耐酸、耐碱和防渗性能，所以广泛用于过程装备中金属设备的衬里或作为其他衬里层的防渗层。

橡胶衬里技术已有百余年的历史，在防腐领域是一项重要的防护技术。目前用于衬里的橡胶中，天然橡胶约占1/3，由于合成橡胶的发展，近年来采用合成橡胶板做设备衬里层，用量也越来越多。

(3)塑料覆盖层。目前，获取塑料覆盖层的方法除了厚板衬贴和热焊以外，还有以粉末热喷涂、流化床热浸涂、静电喷涂和内衬热轧等工艺方法做成塑料覆盖层的工艺。

塑料涂层是把有关树脂、助剂、填料等制成粉末后，附着在物体表面固化成层的。如空气喷涂法，即把相关塑料粉末通过特制喷枪喷到被预热的零部件上，塑料粉末受热初步塑化后，进一步在烘烤炉中加热到全塑化后，再迅速冷却固化成层。

除了将塑料粉末喷涂在金属表面，经加热固化形成塑料涂层(喷塑法)外，也可用层压法将塑料薄膜直接黏结在金属表面形成塑料覆盖层。有机涂层金属板是近年来发展最快的，不仅能提高耐蚀性，而且可制成各种颜色、各种花纹的板材(彩色涂层钢板)，用途很广。常用的塑料薄膜有：丙烯酸树脂薄膜、聚氯乙烯薄膜、聚乙烯薄膜等。

(4)搪瓷涂层。搪瓷又称珐琅，是类似玻璃的物质。搪瓷涂层是将K、Na、Ca、Al等金属的硅酸盐，加入硼砂等熔剂，喷涂在金属表面上烧结而成。为了提高搪瓷的耐蚀性，可将其中的SiO_2成分适当增加(如大于60%)，这样的搪瓷耐蚀性特别好，故称为耐酸搪瓷。耐酸搪瓷常用作各种化工容器衬里。它能抗高温高压下有机酸和无机酸(氢氟酸除外)的侵蚀。由于搪瓷涂层没有微孔和裂缝。所以能将钢材基体与介质完全隔开，起到防护作用。

(5)硅酸盐水泥涂层。将硅酸盐水泥浆料涂覆在大型钢管内壁，固化后形成涂层。由于它价格低廉，使用方便，且膨胀系数与钢接近，不易因温度变化而开裂，因此广泛用于水和土壤中的钢管及铸铁管线。防腐效果良好。硅酸盐水泥涂层厚度为0.5～2.5mm，使用寿命可达60年。硅酸盐水泥涂层带碱性，因此易受酸性气体机酸溶液的侵蚀，另一缺点是不耐机械冲击及热冲击。

(6)陶瓷涂层。陶瓷涂层在许多环境中具有优异的耐蚀、耐磨性能。采用热喷涂技术可以获得各种陶瓷涂层。涂层主要是氧化铝、氧化锆等耐高温氧化物，厚度为0.3～0.5mm，工作温度可达1000℃以上。陶瓷涂层具有耐高温、抗氧化、耐腐蚀、耐磨、耐气体冲蚀，以及良好的耐热震性和绝热、绝缘性能。主要用于喷气发动机、燃气涡轮机等高温环境。近年来采用湿化学法获得陶瓷涂层的技术获得迅速的发展，其典型是溶胶—凝胶法。在金属表面涂覆氧化物的凝胶。可以在几百摄氏度的温度下烧结成陶瓷薄膜和不同薄膜的微叠层，具有广泛的用途。

(7)砖板衬里。砖板衬里指的是用耐蚀砖板材料衬于钢铁或混凝设备内部，将腐蚀介质与被保护表面隔离开的方法。这是一种防腐性能好、工程造价高的防腐蚀技术。

砖板衬里材料以无机材料为主，常用材料包括耐酸瓷板、耐酸砖、化工陶瓷、辉绿岩板、天然石材、人造铸石、玻璃、不透性石墨板等。

所有硅酸盐耐酸材料的耐酸性能都很好，耐酸砖、板和辉绿岩板等对于硝酸、硫酸、盐酸等都可采用。然而，耐碱性则辉绿岩板要好得多，它除熔融碱外对一般碱性介质都耐腐蚀。所以在碱性的或酸、碱交替的环境中，以采用辉绿岩板衬里为宜。但是辉绿板的热稳定性又不及耐酸瓷板，在要求有一定的热稳定性和耐蚀性的条件下，则选择耐酸瓷板为宜，而耐酸瓷板中又以耐酸耐温瓷板的热稳定性最好。当需要耐含氟的介质(如含氟磷酸等)或需要一定的传热能力的衬里层时，则要选用不透性石墨衬里。

总之，材料的选择不仅要考虑耐蚀性，还要考虑其他性能指标。除了耐酸度以外，最重要的指标为吸水率和热稳定性，要进行综合性的全面考虑后确定，并在施工前必须严格检查。

5.2.3 电化学保护

电化学保护方法，就是根据电化学原理，在金属设备或设施上施加一定保护电流或保护电位，从而防止或减轻金属腐蚀的一种防腐技术。

按照电位改变的方向不同，电化学保护技术分为阴极保护技术和阳极保护技术两种。

1. 阴极保护

阴极保护是将金属电位向负值移动到其腐蚀电池的阳极平衡电位以下，此技术目前成为埋地金属构件的标准做法。近年来，阴极保护在石油地面储罐、海洋金属构件，甚至在钢筋混凝土桥梁等领域的应用也日益增多。

阴极保护原理可用图 5-3 所示的极化图加以说明。

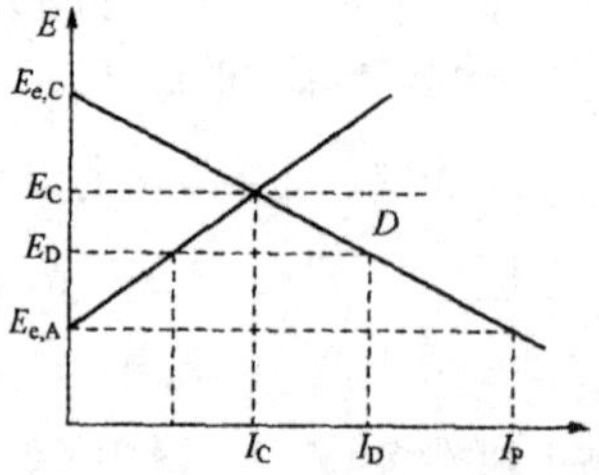

图 5-3　阴极保护的极化图解

以外加电流阴极保护为例，暂不考虑腐蚀电池的回路电阻，则在未通电流保护以前，腐蚀原电池的自然腐蚀电位为 E_C，相应的最大腐蚀电流为 I_C。通上外加电流后，由电解质流入阴极的电流量增加，由于阴极的进一步极化，其电位将降低。如流入阴极电流为 I_D，则其电位降至 E，此时由原来的阳极流出的腐蚀电流将由 I_C 降至 I'。I_D 与 I'的差值就是由辅助阳极流出的外加电流量。为了使金属构筑物得到完全的保护，即没有腐蚀电流从其上流出，就需进一步将阴极极化到使总电位降至阳极的初始电位 $E_{e,A}$，此时外加的保护电流为 I_P。从图 5-3 中可以看出，要达到完全的保护，外加的保护电流要比原来的腐蚀电流大得多。

显然，腐蚀电池的控制因素决定了保护电流 I_P 与最大腐蚀电流 I_C 的差值。受阴极极化控制时，两者的差值要比受阳极极化时小得多。因此，采用阴极保护的经济效果较好。

2.阳极保护

将金属电位向正值移动到致钝电位以上使金属钝化的技术称为阳极保护。这种方法特别适合强腐蚀环境的金属防腐，我国硫酸工业中已有应用。

利用可钝化体系的金属阳极钝化性能，向金属通以足够大的阳极电流，使其表面形成具有很高耐蚀性的钝化膜，并用一定的电流维持钝化，利用生成的钝化膜来防止金属的腐蚀，如图 5-4 所示。

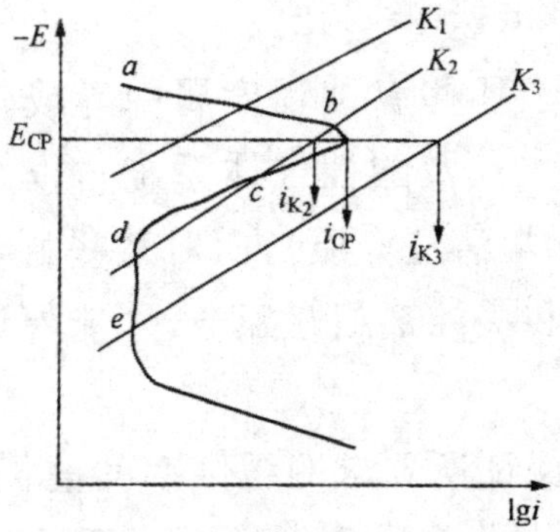

图 5-4　阳极保护原理示意图

若某种活性—钝性金属在一定介质中(如第二种情况，金属可能处于活化态 b 点，也可能处于钝化态 d 点)，此时可利用外部直流电源提供阳极电流，当达到临界电流密度 i_{CP} 时(对应的电位是临界电位 E_{CP})，金属发生从活化状态到钝化状态的转变，随后当电位继续升高时金属进入钝化状态，并用一定的电流维持钝化，金属的溶解速度会降至很低的值，并且在一定电位范围内基本保持这样一个溶解速度很低的值，此时对应的电流密度为维钝电流密度 i_{CP}。这种钝化叫作阳极钝化或电化学钝化。

阳极保护不仅可以防止均匀腐蚀，而且还可以防止孔蚀、晶间腐蚀、应力腐蚀破裂及选择性腐蚀等局部腐蚀，是一种经济有效的腐蚀控制措施，可使金属材料的腐蚀率降低 1～3 个数量级。

5.2.4 缓蚀剂保护

防腐方法之一就是对环境(或腐蚀)介质进行处理。介质处理主要是通过减少或除去其中的有害成分,降低介质对金属的腐蚀作用,或加入缓蚀剂抑制金属的腐蚀。以适当的浓度和形式存在于环境(介质)中,可以防止或减缓金属材料腐蚀的化学物质或复合物质称为缓蚀剂或腐蚀抑制剂。这种保护金属的方法通称为缓蚀剂保护。缓蚀剂的用量较少,一般为百万分之几到千分之几,个别情况下用量可达1%～2%。

缓蚀剂主要用于那些腐蚀程度属中等或较轻系统的长期保护(如用于水溶液、大气及酸性气体系统),以及对某些强腐蚀介质的短期保护(如化学清洗介质),而对某些特定的强腐蚀介质环境可能要通过选材和缓蚀剂相互配合,才能保证生产设备的长期安全运行。

工业缓蚀剂在保证所要求的缓蚀率的前提下,通常首先选择易得、无毒、价廉的化学物质作缓蚀剂。缓蚀剂的选择应符合下列条件。

(1)抑制金属腐蚀的缓蚀能力强或缓蚀效果好。在腐蚀介质加入缓蚀剂后,不仅金属材料的平均腐蚀速率值要低,而且金属不发生局部腐蚀、晶间腐蚀、选择性腐蚀等。

(2)缓蚀剂的化学稳定性要强。缓蚀剂与溶脱下来的腐蚀产物共存时不发生沉淀、分解等反应,不明显影响缓蚀效果。当时间适当延长时,缓蚀剂的各种性能不应出现明显的变化,更不能丧失缓蚀能力。

(3)使用剂量低,即缓蚀剂使用量要少。

(4)腐蚀介质工艺条件的适当波动(介质浓度、温度、压力、流速、缓蚀剂添加量)时,缓蚀效果不应有明显降低。

(5)溶解性要好。缓蚀剂的水或油溶性要好,不仅使用方便、操作简单,而且也不会影响金属表面的钝化处理。

(6)缓蚀剂的原料来源要广泛,价格力求低廉。

(7)缓蚀剂的毒性要小。选用缓蚀剂时要注意它们对环境的污染和对微生物的毒害作用,尽可能采用无毒级缓蚀剂。

缓蚀剂保护作为一种防腐蚀技术,近年来发展迅速,被保护金属由单一的钢铁扩大到有色金属及其合金,应用范围由当初的钢铁酸洗扩大到石油的开采、储运、炼制;化工装置、化学清洗、工业循环冷却水、城市用水、锅炉给水处理以及防锈油、切削液、防冻液、防锈包装、防锈涂料等。

5.3 油气设施的腐蚀与防护

5.3.1 金属储罐的防腐

我国石油、石化行业拥有大量的钢质储油罐,储罐主要分布在油田、战略储备库、油气储运公司和炼化企业。无论油罐大小,其设计使用寿命一般都为20年。但由于其储存的油品往往含有有机酸、无机盐、硫化物及微生物等杂质,会对钢铁造成腐蚀,其后果不仅造成产品介质的损失、维修费用增加、影响生产的连续性,而且造成其附近地下水污染,碳氢污染物很难清除,可能会长期滞留。因此,环境污染问题需特别给予重视。

1.原油储罐

1)原油储罐腐蚀机理

(1)拱顶原油罐。拱顶原油罐不同部位的腐蚀有以下特征。

①罐底内腐蚀包括罐底板内侧腐蚀、罐底内侧角焊缝腐蚀。罐底板内侧腐蚀以点蚀为主,大多为溃疡状的成片坑点腐蚀,容易造成穿孔。罐底沉积水和沉积物,水中的氯离子、溶解氧、硫酸盐还原菌及温度都会成为腐蚀因素。

②罐壁内腐。腐蚀严重的区域主要发生在油水界面以下和

油与空气交界处以上。罐壁与罐底相交处也是腐蚀的严重部位，也是涂层防腐的薄弱部位，一般为均匀腐蚀。角焊缝腐蚀一般表现为焊缝下边缘出现微小裂纹。主要是因为受力情况复杂，故罐底角焊缝处的腐蚀极易引起强度不足而失稳或焊缝的脆性开裂失效。

③罐顶内腐蚀。罐顶内侧较罐壁内侧腐蚀严重，以局部腐蚀为主，腐蚀因素主要是氧气、水蒸气、硫化氢、二氧化碳及温度变化等。由于温度的变化，水蒸气易在罐顶形成水膜，水膜中含有各种腐蚀成分，同时由于油罐的呼吸作用，氧气不断地进入罐内并很容易通过凝结水液膜扩散到金属表面。

④拱顶罐外腐蚀。罐顶外侧腐蚀主要发生在罐顶焊缝部位。主要是由于罐顶受力变形后，表面凹凸不平，凹陷处积水发生电化学腐蚀所致。腐蚀呈连片的麻点，严重时可造成穿孔。一般情况下，焊缝处因承受拉应力，失效破坏更加明显。

(2)浮顶原油罐。

①浮顶原油罐内腐蚀最严重的部位是罐底板，罐底板处于水相，其腐蚀形态为局部腐蚀，以蚀坑为主。主要原因为原油沉积水的腐蚀和外浮顶支柱对罐底的破坏。

②浮顶原油罐外腐蚀以外边缘板和罐底板外侧最为严重。浮顶罐外边缘板的腐蚀，尤其是在南方多雨潮湿地区最突出。罐底板外侧接触的是沥青砂，沥青砂具有良好的隔水效果，但是由于罐底板的起伏变形，在底板与基座之间形成了很多通道和空间，致使雨水能够进入罐底板的中心部位，雨水的进入会引起氧浓差腐蚀，而且这种腐蚀很难停止，腐蚀形态呈溃疡状。

2)原油储罐防腐措施

(1)涂料防护法。涂料防腐，即用覆盖层将金属与介质隔开，以对金属起到保护作用。首先，覆盖层保证没有微孔，若有的话，老化后容易出现龟裂、剥离等现象；其次，原油中沙砾的冲击，人工进罐作业都会在一定程度上对罐体覆盖层造成损伤，使裸露的金属暴露在介质中。裸露部分形成小阳极，覆盖层部分成为大阴极而产生局部腐蚀电池，则会更快地破坏漆膜。因此使用防腐涂层进行保护应符合储罐防腐蚀设计要求。

(2)涂料＋阴极保护法。总体上来说，储罐防腐是拱顶罐单独使用涂层或涂层加阴极保护，浮顶罐采用涂层加阴极保护联合措施。

拱顶罐底板内侧、罐顶下表面及罐壁油水线以下采用防腐蚀涂料，如环氧底漆＋环氧面漆，富锌底漆＋环氧类或聚氨酯类面漆，涂层干膜厚度大于 250μm。拱顶罐带有保温层时，罐顶和罐外壁采用的是环氧防腐底漆加保温层。拱顶罐不带保温层时，采用耐候性较好的涂料，如富锌底漆＋环氧云铁中间漆＋丙烯酸聚氨酯(氯化橡胶、氟碳等)。

浮顶罐底板上表面采用防腐涂层加牺牲阳极保护，下表面采用无机富锌或无机富锌＋环氧涂层，辅以深井阳极或网状阳极的阴极保护。浮顶罐船舱在焊接成型及安装后是密闭的环境，不论是预涂装还是成型后涂装，密闭环境都要经过补涂或涂覆过程，由于空间狭小，对涂料的要求更高。现在常用的涂料为无溶剂环氧涂料、水性无机富锌涂料、水性环氧涂料。

2.轻质油罐

1)轻质油罐腐蚀机理

轻质油罐主要是指储存汽油、柴油、煤油等轻质油品的储罐。这类油料储罐的罐体外壁腐蚀类似于拱顶原油罐的腐蚀。油罐内部则容易发生几种形式的腐蚀。挥发性高的轻质油品如汽油等比挥发性低的重质油品腐蚀性强，特别是在气相部位，腐蚀更严重。由于氧在轻油中的溶解度很高，一部分溶解氧可以进入罐底水中，所以罐底仍存在轻度的电池微腐蚀和氧浓差电池腐蚀。而且这类油料储罐的具体腐蚀情况也随介质而不同。如果对其防腐不好或不防腐，经过一段时间后储罐表面会出现大面积的腐蚀层或腐蚀穿孔，使储罐的使用寿命大为缩短。有的油罐使用过程中出现穿孔、开裂，给生产造成不必要的损失，同时严重影响了安全生产。由于罐体腐蚀严重，产生了大量的锈蚀产物，污染了油品。这种现象在储存轻质油品的油罐中较为严重。

油罐的内腐蚀与储存介质的种类、性质、温度和油罐形式等因素有关。油罐内部存在两个腐蚀环境，一个是液相，另一个是气相。对于温度低于100℃呈存在水相的油罐，液相又分为两层，除油层外在油罐底部通常有水层。

罐顶及罐壁上部这个部位不直接接触油品，属于气相腐蚀。根据大气腐蚀机理，其实质属于电化学腐蚀范畴，腐蚀是通过冷凝水膜，在有害气体如SO_2、CO_2、H_2S等的作用下，形成腐蚀原电池。由于水膜薄，氧容易扩散，耗氧腐蚀起主导作用。在罐壁气液结合面处的腐蚀，是氧浓差电池条件下的腐蚀，是罐壁腐蚀最严重的部位之一。

罐壁中部由于直接与油品接触，其腐蚀主要是油品的化学腐蚀，这个部位腐蚀程度最轻。但对于液位经常变化的油罐，气液结合面处的腐蚀比较严重。

罐壁下部和罐底板上表面是油罐内腐蚀最严重的部位，主要是电化学腐蚀。由于储存和运输过程中水分积存在罐底板上，形成矿化度较高的含油污水层，造成电化学腐蚀。

裸露的固定顶和罐壁属于大气腐蚀。根据大气腐蚀机理，其实质属于电化学腐蚀范畴，腐蚀是通过冷凝水膜，在有害气体如SO_2、CO_2、H_2S等的作用下，形成腐蚀原电池。由于水膜薄，氧容易扩散，耗氧型腐蚀起主导作用。工业大气和海洋大气条件下，腐蚀最为严重。

油罐底板下表面主要为土壤腐蚀和水腐蚀。另外，由于基础中心部位和周边的透气性存在差别，也会引起氧浓差电池，中心部位成为阳极而被腐蚀；地下的杂散电流也会加剧底板腐蚀；接地极可引起电偶腐蚀，采用锌接地极可以有效减小电偶腐蚀。

此外，在油罐内部结构不密闭处，如碱断焊焊缝处，存在缝隙腐蚀。

2)轻质油罐防腐措施

(1)正确选用防腐涂料。涂层保护对于轻质油品储罐来说是最实用也是最经济的保护措施。用红丹防锈漆作为底漆,银粉漆或调合漆作为面漆。银粉漆作为轻油罐的面漆,具有金属光泽,除防锈外还能反射阳光起到降低蒸发损耗的作用。沥青船底漆主要含煤焦油沥青、氧化亚铜和氧化锌等物质。用它作为油库、地下和半地下油库的油罐外壁涂料效果较好,具有很好的防潮抗水和防霉性能。

(2)阴极保护的应用。阴极保护是国内外公认的控制腐蚀的一种经济有效的方法,主要用于与沥青砂基础接触,受土壤腐蚀的储罐底板,能够补充涂层之不足,防止涂层空白点的金属腐蚀。

(3)热喷铝+防腐涂料。采用这种方法能够使热喷铝与基体金属的结合力比有机涂料好,且铝对于钢质罐壁有阴极保护作用。

(4)应用缓蚀剂。添加缓蚀剂的关键在于合理地选择。在含有水和 H_2S 的轻烃液体中通常使用吸附型膜缓蚀剂。

5.3.2 油田集输设施腐蚀与防护

油田集输系统的腐蚀是指原油及其采出液和伴生气在采油井、计配站、集输管线、集中处理站和回注系统的金属管线、设备、容器内产生的内腐蚀以及与土壤、空气接触所造成的外腐蚀。油田生产过程中内腐蚀造成的破坏一般占主要地位。由于油田所处地理位置及生产环节的不同,其腐蚀特征和腐蚀影响因素也不同。因此,有针对性地采取防腐措施,减缓大气、土壤和油气集输介质的腐蚀是十分必要的。

1. 集输管线的内腐蚀

集输管线的管底部腐蚀形态为坑蚀或沟槽状。这种腐蚀与管道内输送介质含水率有关，在含水率低于60%时，油与水能形成稳定的油包水型乳状液，降低腐蚀；含水率大于60%时，出现游离水，此时管线内液体为“油包水＋游离水”或“油包水＋水包油”的乳状液；当含水率继续升高时，游离水的量可形成“水垫”，托起油包水乳状液。此时管线底部为水，中部为油包水，上部为伴生气。管线的底部直接接触水，如果水中含有CO_2、SRB或O_2，底部的腐蚀必然严重得多。在管线不同部位挂片证实，底部腐蚀速率为中上部的2～70倍。

2.联合站设备的腐蚀

联合站是进行油、气、水三相分离及处理的场所，一般分为水区和油区两大部分。水区腐蚀比较严重，油区腐蚀常发生在水相部分或气相部分，如三相分离器底部、罐底部、罐顶部以及放水管线、加热盘管等。

3.油田集输设施腐蚀的防护措施

(1)根据不同介质和使用条件，选用合适的金属材料。在油田采油和集输系统中，出于经济性的考虑，在一般情况下油田通常采用普通钢，辅以其他防腐手段(如采用防腐层)。

(2)选用合适的非金属材料(如玻璃钢衬里及玻璃钢管线)及防腐层。耐蚀非金属材料很多，如防腐层、玻璃钢衬里、工程塑料、橡胶、水泥、石墨、陶瓷等，这些材料在油田广泛用在衬里和耐蚀部件上。除防腐层外，用量最大的是玻璃钢，如玻璃钢抽油杆、玻璃钢管等。玻璃钢管由于具有耐腐蚀性强、管内壁光滑、输送能耗低等一系列优点，目前已广泛应用于腐蚀性较强的油田地面生产系统。

(3)介质处理。介质处理主要是去除介质中促进腐蚀的有害成分，调节介质的pH值，降低介质的含水率等，以降低介质的腐蚀性。

(4)合理的防腐蚀设计及改进生产工艺流程以减轻或防止金属的腐蚀。油田中不少腐蚀问题是与生产工艺流程分不开的，如果工艺流程和布置不合理，就很可能造成许多难以解决的腐蚀问题。因此，在考虑工艺流程的同时，必须充分考虑发生腐蚀的可能性和防护措施。

(5)阴极保护。在油田生产系统中，常采用阴极保护的方法来抑制油管、站内埋地管网及储罐罐底的腐蚀。阴极保护法一般有两种形式：外加电流阴极保护和牺牲阳极阴极保护。

油田区域阴极保护系统的结构形式一般有两种：①以油水井套管为中心，分井定量给套管提供保护电流，各井间电位的差异用所谓阴极链(即均压线)来平衡。②把所保护区域地下的金属构筑物当作一个阴极整体，整个区域是一个统一的保护系统。阴极通电点一般设在保护站就近的管道上，各类管道既是被保护对象，又起传送电流的作用，油井套管是保护系统的末端。

5.3.3 气田集输系统的腐蚀与防护

原油、天然气从井口采出经分离、计量，集中起来输送到处理厂，含 CO_2 和 H_2S 的天然气也有直接进入输气干线的情况。由于所处腐蚀环境因素比较复杂，特别是大气、土壤、输送介质、水的影响，其内外壁产生比较严重的腐蚀，内腐蚀造成的破坏一般占主要地位。在集输过程中管线设备受到湿天然气的电化学腐蚀和外壁土壤腐蚀、大气腐蚀，其中最危险的是 H_2S 腐蚀，其次是 CO_2 腐蚀。

气田集输系统防腐措施如下：

(1)针对具体的气田开发现场，进行必要的研究和试验，对不同气井和区域的腐蚀性做出综合评价。

(2)对具体的防腐蚀方案、施工工艺以及防腐蚀工程管理制定出实施细则，建立防腐蚀工程系统管理程序和归口体系，做到防腐蚀工程必须由具有一定防腐蚀施工经验的专业队伍施工，加强工程管理人员的防腐蚀专业培训工作，完善和补充防腐蚀工程的各项规章制度，协调防腐蚀科研、设计和施工三方面的工作，形成科研、设计、施工、质量监督、生产管理一体化的运行机制，将气田防腐蚀作为一个系统工程来规划和管理。

(3)采用抗蚀金属材料，表面涂层保护，加注缓蚀剂，除去水、氧和其他杂质以及通过适当的系统和设备设计尽量避免或减轻各种加速腐蚀的因素等。

(4)在油气田开发方案制订时，就必须根据首先完钻的第一、第二口井的资料预测今后腐蚀性的大小，从而确定最经济的防护措施。

5.3.4 油气管道防腐与防护

输送油气的管道大多需要穿越不同类型的土壤、河流、湖泊。由于土壤的多相性，冬季、夏季的冻结、融化，地下水位的变化、植物根茎对涂层的穿透及微生物、杂散电流等复杂的埋地条件，给管道造成复杂的腐蚀环境。不同的地貌环境，不同组成的土壤的腐蚀性差别很大。例如：黏土、沼泽、淤泥土、矿渣、煤渣与相邻砂土、石灰质、砾石等交界处；穿越河流、铁路、公路点；穿出地面交界处、水线附近。盐浓度不同(含盐量3%左右的土壤腐蚀最严重)的土壤的腐蚀较严重；酸性土壤比中、碱性土壤腐蚀严重；温度高比温度低腐蚀严重；含有细菌的土壤如淤泥土腐蚀严重；受杂散电流干扰的管道腐蚀严重等。

所输送的介质也或多或少地含有腐蚀性成分，因而管道内壁和外壁都可能遭到腐蚀。一旦管道腐蚀穿孔，即造成油气漏失，不仅使运输中断，而且会污染环境，甚至可能引起火灾，造成危害。因此，防止管道腐蚀是管道工程的重要内容。

为了保证管道长期安全输送和防止管道泄漏，减缓地下管线腐蚀的主要方法如下。

1.涂层保护

涂层一般是电绝缘材料，通常它在金属表面形成一层连续的膜而起到保护作用。涂层的作用是将金属与周围的电解质溶液隔离(防止电解质溶液与金属接触),使两者之间增加一个很高的电阻,从而阻止电化学反应的发生。涂层很少单独用于埋地管线,一般与阴极保护系统联合保护,涂层的功能是减少金属管道裸露的面积,从而减少阴极保护所需要的电流。

2.电化学保护

电化学保护包括阴极保护和排流保护。在有杂散电流的环境中,利用排除杂散电流对被保护构筑物施加阴极保护称为排流保护,通常排流方法有三种,即直流排流、极性排流和强制排流。

3.常规防腐体系

为了有效地防止管道的内腐蚀,国外普遍采用防腐蚀的内涂层,涂层技术对油气井的生产影响相对较小,成本低、使用方便,因此在防腐蚀过程中应用也很广泛。在管道容器的内壁采用树脂、塑料等涂层衬里保护,已成为防止腐蚀的常用方法。该种方法用无机和有机胶体混合物溶液,通过涂覆或其他方法覆盖在金属表面,经过固化在金属表面形成一层薄膜,使物体免受外界环境的腐蚀。

4.高性能体系

钛纳米聚合物涂料体系经独特工艺制取的纳米钛粉,能大大提高普通涂料的耐磨、耐腐蚀等性能。

5.4 物联网技术在管道防腐中的应用

物联网(Internet of Things,IOT)是在计算机互联网的基础上,利用射频识别(Radio Frequency Identification,RFID)、红外感应器、全球定位系统、激光扫描器等信息传感设备,按约定的协议，把任何物品与互联网连接起来，进行信息交换和通信，以实现智能化识别、定位、跟踪、监控和管理，构造一个覆盖世界上万事万物的实物互联网，是在互联网基础上延伸和扩展的网络。通过物联网可以在任何时间、任何地点把任何事物实时联入网络，从而达到进行主动信息交换的目的。

物联网分为三个层次，一个是感知层，即以二维码、RFID、读写器、传感器为主，实现“物”的识别；二是传输（网络）层，即通过现有的网络（广域网、局域网、专用网等）实现数据的传输与计算；三是应用（控制）层，即智能化的后台数据处理，将数据进行分类、处理、分析，实现人、物间的对话，它是物联网中的数据处理中心。

随着无线移动通信技术的快速发展以及互联网技术的迅速普及，起源于感知、传感技术的物联网技术为阴极保护参数的远程监控、预警提供了有力支撑。

5.4.1 基于物联网技术的阴极保护远程监控、预警系统

基于物联网技术的阴极保护远程监控、预警系统是利用物联网技术对远端阴极保护油气管道进行监控，并完成对阴极保护运行状态评估、隐患预警等功能的智能化系统（图 5-5）。它是将传统的监控、预警技术与计算机网络技术、现代通信技术相结合的一种新型设备管理系统。该系统具有能够远程实时监控、报警（手机短信报警和终端报警）；远程故障诊断、处理；远程在线维护、调试；数据集成分析、共享共用；可追溯管理。

图 5-5 中，阴极保护信号（参数）首先被传送至无线通信适配器进行通信协议格式转换，然后传送至阴极保护监控中心；同时，无线通信适配器判定阴极保护参数正常与否，若异常则通过手机短信报警；其次，监控中心对阴极保护参数进行最终分析、处理以及故障诊断，实现远程维护、管理等，从而完成远程监测过程。

监控中心或监控终端也可对恒电位仪的控制参数进行远程修改，修改后的控制参数传送给无线通信适配器进行通信协议格

式转换，并传送给指定的恒电位仪，进而完成远程控制过程。

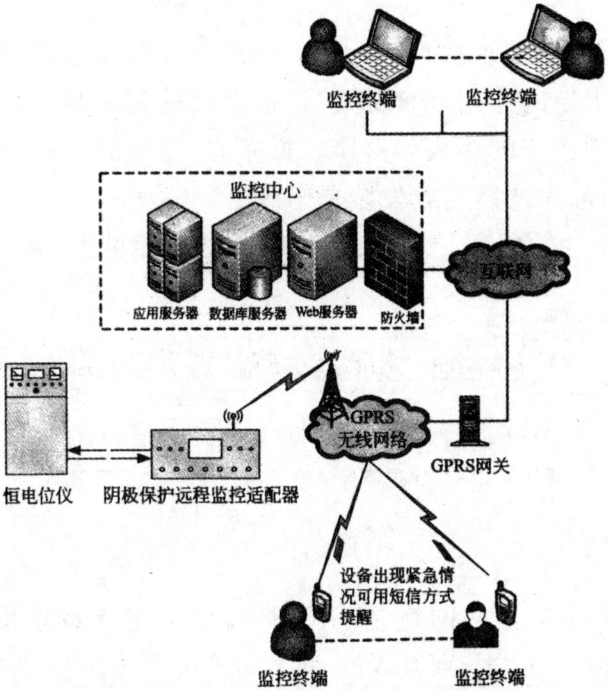

图 5-5 “基于物联网技术的阴极保护远程监控、预警系统”拓扑结构图

5.4.2 “阴极保护远程监控、预警系统”构成及功能

阴极保护远程监控、预警系统由传感器、无线通信适配器、GPRS、互联网、阴极保护监控中心及监控终端几部分组成。

1. 传感器

传感器是指那些对被测对象的某一确定信息具有“感受与检出”功能，并按照一定规律转换成与之对应的有用信号的元器件或装置（通常是将非电量信号转换成电量信号）。

阴极保护油气管道中的参比电极与恒电位仪即为具有“感受与检出”功能的阴极保护传感器，由它得到阴极保护运行参数中的控制电位、监测电位等，是物联网中信息的来源。

2.无线通信适配器

在“阴极保护远程监控、预警系统”中，无线通信适配器起到数据传输中枢的作用，阴极保护运行参数的远程传送以及远端油气管道控制指令的接收均由该装置完成，它主要由信号收发及协议转化装置、无线网络收发装置组成。

图 5-6 为阴极保护信号传输（监测、控制）过程。

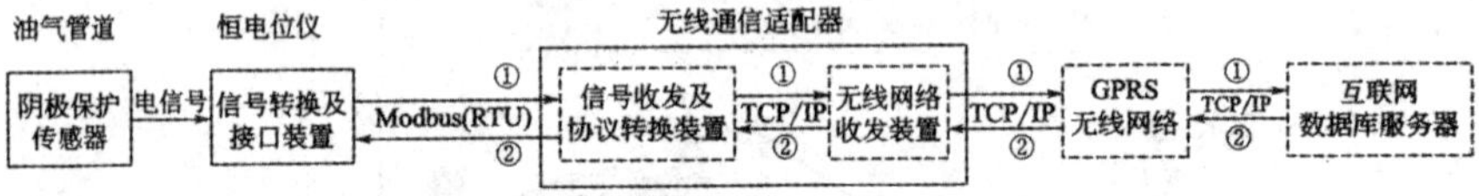

①一上传监测参数（数据）；②一下传控制指令（数据）

图 5-6 阴极保护信号传输（监测、控制）过程示意图

3.网络

图 5-6 中给出的网络是 GPRS（通用分组无线业务，General Packet Radio Service）、互联网，即广域网，它还包括卫星通信网、广播电视网、公众电话网等，是广义上的物联网网络基础；由于应用环境和目的不同，还可能涉及局域网、专用网。

局域网包括无线局域网 WLAN、Bluetooth、ZigBee 等，这类网络适合小范围内的信息传输和处理，如企业网、校园网等。

专用网如电网、气象、军用等行业的专业网络，是实现某些行业的智能物联网项目的网络基础。

与以往连续在频道传输的方式不同，GPRS 无线通信系统是以封包（Packet）方式来传输的。本质上，GPRS 与现有的 GSM 语音系统的区别在于 GSM 是一种电路交换系统，而 GPRS 是一种通用分组交换系统。GPRS 具有资源利用率高、覆盖广、传输速率高、接入时间短、支持基于标准数据通信协议的应用、运行成本低、可靠性高等特点，非常适合油气管道的阴极保护远程监控、预警。

4.阴极保护监控中心

阴极保护监控中心由一台或多台计算机和网络设备组成,是整个远程监控、预警系统的中枢。该监控中心用于管理与阴极保护物联网适配器的通信,以及与监控终端的网络数据传输,并对阴极保护运行参数进行管理、监测和评估,及时、准确预警异常,为故障的诊断和维修方案的制订提供技术支持。

阴极保护监控中心由 Web 服务器、数据库服务器和应用服务器三种类型服务器组成。其主要功能包括如下。

(1)通过物联网连接各资源节点,设置监控终端使用权限。

(2)建立中心数据库,提供基本的远程设备状态监控、数据分析、异常预警服务。

(3)当监测到发生故障时,监控中心迅速启动故障诊断程序对故障进行远程诊断,并将分析、比较、判断得出故障原因和故障处理意见返回至监控终端,实现快速处理。

5.阴极保护监控终端

阴极保护监控终端包括测控现场监控终端、监控中心工程师/测控现场工程师手机监控终端两种类型。

测控现场监控终端是连接互联网的计算机,其主要功能如下。

(1)可根据监控中心分配的权限为现场人员提供直观的图形、数据界面,监控本测控现场范围内油气管道的阴极保护运行状态。

(2)接收监控中心发送来的异常预警信息及故障原因和故障处理意见。

(3)检索监控中心数据库服务器中本测控现场范围内的所有的历史数据,为生产决策提供参考。

为确保异常预警信号的及时接收,该系统还设置了手机监控终端,监控中心工程师和测控现场工程师均可通过手机随时、随地接收异常预警信息。

6 油气储运节能技术

能源是国民经济发展和社会进步的最基本的物质基础。能源的开发和合理利用是社会发展的源泉和战略依据，并标志和决定着一个国家的竞争实力和综合国力。油气储运系统所属单位虽然是能源生产与运输单位，但也是能源消耗大户，即在石油和天然气的储存和运输过程中，消耗的各种能源在油气储运单位运营成本中占到较大比例。

6.1 节能的原理与方法

6.1.1 节能概述

1. 节能的含义

人类发现和使用化石能源如石油、煤炭等，标志着人类对能源的认识和使用有了新的突破。新能源的并发应用促进了工业突飞猛进的发展，极大地提高了劳动生产效率，使人类获得了更多的财富。然而，大量的开采及消耗石油、煤炭等不可再生资源，造成了能源危机，至此意识到能源资源是有限的，于是提出了节约能源的理念，即在利用能源的同时，必须注重节约能源，同时开发新的可再生能源。

在我国，节约能源是缓解能源供应与需求矛盾的重要手段之一。其目的在于优化能源供应与合理配置，以便于降低单位产值或单位产品的能源资源消耗，提高能源资源的利用水平。随着节能技术的发展和我国能源消费总量的增加，节能潜力将逐年增加。据专家测算，2010 年节能潜力约为 8×10^9 t 标准煤，2050 年节能潜力约为 17×10^9 t 标准煤。针对我国能源现状，《新能源和可再生能源发展纲要》明确指出：节约能源，提高能源利用效率，尽可能多地用洁净能源替代高含碳量的矿物燃料，是我国能源建设遵循的原则，还包括以廉价的商品能源替代较为昂贵的能源资源，尽可能地节约不可再生的一次能源，开发利用可再生的能源资源，同时要考虑到能源使用后的 CO_2 排放。

节能并不是简单的能源消耗数量的减少，更不能影响社会活力，降低生产和生活水平，而是要充分发挥能源利用的效果和价值，力求以最小数量的能源消耗获得最大的经济效益，为社会创造出更多的可供消费的财富，从而达到发展生产、改善生活的目的。换句话说，生产同样数量的产品或获得同样多的产值，要尽可能减少能源的耗费量，或者以同样数量的能源，能生产出更多的产品或产值，这就是节能的经济性。

2.节能的类型

节能可分为直接节能和间接节能两种。

直接节能是在满足相同需要的前提下，减少能源消耗量，所减少的数量就是节能的数量，它主要是通过技术进步来提高能源利用效率、降低产品或产值的能源消耗量实现的，也称为狭义节能。它包括生产工具、作业设备和工艺流程或作业程序及方法的改革，工艺操作方法和技能的改进，以及使用新材料、能源综合利用等所减少的能源消耗。直接节能最大特点是：它是看得见摸得着的能源实物的节约。

间接节能是通过调整结构（如产业结构、行业结构、生产结构、品种结构），提高产品工作质量，在生产中减少原材料消耗，降低成本费用，提高劳动生产率，合理分配和输送，加强能源管理等途径而减少的能源消耗，也称为广义节能。

6.1.2 节能的原理

节能原理的依据是能量守恒及能量转换的客观规律性，即对能的本性认识。对于能的本性认识的当代水平，早在20世纪的中叶就已经达到，其标志就是热力学第一定律和第二定律的建立。开展节能分析工作就是要科学地找出节能潜力与部位，制定节能措施的指导原则，规划长短期节能目标。

1.节能潜力的分析方法

节能潜力就是在经济结构、生产布局及资源等因素均不变的情况下，依靠改进技术装备和提高技术管理水平等措施，进一步提高能源开采、加工、运输、转换、使用等全过程的能源利用效率，从而节约的能量。节能潜力可以用节能量予以评估，考虑到能源消费量和所需要的有效能量随经济发展而增长，将节能量 ΔE 定义为

$$\Delta E=\frac{\eta_1 E_1}{\eta_0}-E_1=E_1\left(\frac{\eta_1}{\eta_0}-1\right)$$

式中，E_1 为对比年的能量消耗；η_0 为基准年的能源有效利用率；η_1 为对比年的能源有效利用效率。

实际上，节能量 ΔE 就是对比年的有效能量（$\eta_1 E_1$）按基准年效率折算后的能源量（$\frac{\eta_1 E_1}{\eta_0}$）与对年的实际能源投入量 E_1 之差。由于 $E_1=E_0+\Delta E'$，所以上式也可改写为

$$\Delta E=(E_0+\Delta E')\left(\frac{\eta_1}{\eta_0}-1\right)$$

式中，E_0 为基准年的能源消耗；$\Delta E'$ 为能源消费增量。

通常，对节能潜力的分析主要采用热力学第一定律分析法和第二定律分析法，另外，还可采用热经济学分析法和系统节能分析法等。

(1)热力学第一定律分析法。热力学第一定律即能量转换与守恒定律。这一定律指出:能量是物质运动的量度,能有各种不同的形式,当任何一种形式的能量被转移或转化为另一种形式的能量时,能的量不发生变化。根据这一定律可知,自然界的能量在任何情况下,既不能被创造,也不能被消灭。热力学第一定律具有原则的普遍的重要性,是人类认识自然、改造自然的有力武器。正是由于这一定律的指导,使人们解决了并正在解决着大量的科学与技术问题。热力学第一定律的思想已经深入人心,成为能的计量、能的定量计算以及分析研究有关能的各种问题的理论基础。可见,热力学第一定律所涉及的是关于能在"量"的方面的本性,说明能在"量"上的守恒性,没有区分不同形式的能在"质"上的差别。

节能问题的研究与分析由来已久,其传统的方法主要以热力学第一定律为依据,并沿用至今,称为热力学第一定律分析法。该分析法得到了广泛应用,它主要是用热效率的高低来估计节能潜力,热效率越高说明节能潜力越大。能量平衡工作正是基于这一定律,把能量的来龙去脉搞清楚,确定多少能量被利用,多少能量损失掉。其优点是简单直观,容易理解和掌握,运用得当对节能工作能起到重要作用。其缺点是,由于它所依据的仅是能量在数量上的守恒性,在挖掘节能潜力时有较大的局限性和不合理性。

(2)热力学第二定律分析法。热力学第二定律指出了能量转换的方向性,它涉及的是能在"质"的方面的本性:自然界的一切自发的变化过程都是从不平衡状态趋于平衡状态,例如,一杯热水自发地将热量传给低温的空气,最后水和空气温度相等,而不可能相反。热力学第二定律的表述方法很多,其中之一是:当任何一种形式的能量被转移或转化为另一种形式的能量时,其品位通常发生变化,但只可能降低或不变,绝不可能提高。这一定律说明,能具有丧失其可用性的特性,或者说,能在质上具有贬值的特性。能量在数量的守恒性和质量上的贬值性,就构成了能量的全面本性。

现代节能原理与传统的节能原理不同,它所依据的不仅是热力学第一定律,而是同时依据热力学第一、第二定律,并通过直观实用的方式,来体现能的全面本性,由此建立的节能理论和方法,称为热力学第二定律分析法。这种方法有两大类,熵分析法和㶲分析法。由于熵分析法比较抽象,不能评价能量的使用价值,且本身也不是一种能量,现在已被㶲分析法取代。㶲分析法认为:能量=㶲+炕。㶲是这样一种能,在给定环境的作用下,可以完全连续地转化为任何一种其他形式的能量,而炕是一种不可能转化的能量形式。㶲主要是针对热提出的,即热量中最大能转化为功的部分。采用㶲分析法,可从本质上找出能量损失。

热力学第一定律阐述了能在"量"上的守恒性,热力学第二定律阐述了能在"质"上的贬值性。因此,能量合理利用原则就是:追求供入系统的能量和系统供给用户的能量在数量上平衡,在质量上完全匹配,即能量利用的量和质匹配原则。要节约能源,必须要合理用能;只有遵照能量合理利用原则,才能达到节能目的。

(3)热经济学分析法。20 世纪 60 年代以来,在节能原理领域中又出现了一种新的发展,产生了将㶲分析法与经济因素及优化理论有机结合起来,称为热经济学,即除了研究体系与自然环境之间的相互作用外,还要研究一个体系内部的经济参量与环境经济参量之间的相互作用。一般来说,热力学第一定律和第二定律分析法,在方案比较中仅能给出一个参考方向,而不能得出具体结论。而热经济学分析法可以直接给出结果,这种方法特别适用于解决大型、复杂的能量系统分析、设计和优化问题。

(4)系统节能分析法。系统节能是近年来发展起来的新型节能技术。系统节能就是按照能量品位的高低进行梯级利用,总体安排好功、热(冷)与物料内能等各种能量之间的配合关系和转换利用,从系统高度上总体综合利用好各类能源,并取得最有利的技术经济效果。简单地说,就是利用系统工程的原理,全面考虑能源转换、传递和消费整个系统的用能,使之整体优化,以达到整个系统的节能。按照系统划分的范围不同，有企业系统节能、行业系统节能、城市或地区系统节能和国家系统节能等。

2.能源利用效率与用能效益

能源利用效率是衡量能量利用技术水平和经济性的一项综合性指标，对经济增长具有决定性作用。通过能源利用率分析，有助于改进企业的工艺和设备，挖掘节能潜力，提高能量利用的经济效果。

能源利用效率是指能量被有效利用的程度，通常用符号 η 表示。其通用计算公式为

$$\eta=\frac{有效利用能量}{供给能量}\times100\%=\left(1-\frac{损失能量}{供给能量}\right)\times100\%$$

对于不同的对象，计算能源利用率的方法也不尽相同。通常有以下几种计算方法。

1)按产品能耗计算

对于一个国家或地区可能生产多种产品，对主要的耗能产品如电力、化肥、水泥、钢铁、炼油、制碱等，按单位产品的有效利用能量和综合供给能量加权平均，即可求得总的能源利用率 η_t，即

$$\eta_t=\frac{\sum G_iE_{oi}}{\sum G_iE_i}\times100\%$$

式中，G_i 为某项产品的产量；E_{oi} 为该项产品的有效利用能量；E_i 为该项产品的综合供给能量(即综合能耗量)。

上述综合能耗量包括两部分，一部分为直接能耗，即生产该种产品所直接消耗的能量；另一部分是间接能耗，是生产该种产品所需的原料、材料和耗用的水、压缩空气、氧气等以及设备投资所折算的能耗。

2)按部门能耗计算

将一个国家或地区所消耗的一次能源，按发电、工业、运输、商业和民用四大部门，分别根据技术资料和统计资料计算各部门的有效利用能量和损失能量，求得部门的能量利用效率 η_d，即

$$\eta_d = \frac{\text{某部门有效利用能量}}{\text{某部门有效利用能量} + \text{某部门损失能量}} \times 100\%$$

全国或地区的总能量利用效率 η_t 则为

$$\eta_t = \frac{\sum \text{部门有效利用能量}}{\sum \text{部门有效利用能量} + \sum \text{部门损失能量}} \times 100\%$$

3)按能量使用用途计算

一次能源在国民经济各部门除了少数作为原料外,绝大部分是作为燃料使用。其中一类是作为各种炉窑、内燃机、炊事和采暖等的燃料直接燃烧;另一类是转换成二次能源如电力、蒸汽、煤气等再使用。因此,可按发电、锅炉、窑炉、蒸汽动力、内燃动力、炊事、采暖等用途分别计算各种用途的能源利用效率 η_p,即

$$\eta_p = \frac{\text{某用途的有效利用能量}}{\text{某用途的有效利用能量} + \text{某用途的损失能量}} \times 100\%$$

各种用途总的能量利用效率 η_t 则为

$$\eta_t = \frac{\sum \text{各种用途的有效利用能量}}{\sum \text{各种用途的有效利用能量} + \sum \text{各种用途的损失能量}} \times 100\%$$

4)按能量开发过程计算

将能源从开采、加工、转换、运输、储存到最后使用分为若干个过程,分别计算出每个过程的能源利用率 η_i,然后相乘求得总的能源利用效率 η_t,即

$$\eta_t = \prod_{i=1}^{n} \eta_i$$

5)能源消费系数

除了用上述能源利用效率来衡量能量利用的技术水平和经济性以外,还可采用能源消费系数来评价能源利用的水平。能源消费系数是指某一年或某一时间内,为实现国民经济产值平均消耗的能源量,它是一个从整个社会经济效益去考察能源有效利用的指标。其表达式为

$$\text{能源消费系数} = \frac{E}{M}$$

式中,E 为能源消费量,单位为 kg 标准煤;M 为同期国民生产总值,单位为元或美元。

6)用能效益

在节能工作中,如果运用价值工程的观点,用能效益就相当于价值,能源消耗则相当于成本,因此有如下关系:

$$用能效益=\frac{产品功能}{能源消耗}$$

不论产品的功能与能耗是增加还是减少,只要用能效益提高,就是取得了节能的效果。这样就从单纯的节能数量扩展到节能效益的范畴。根据产品功能和能耗的改变情况,有以下几种节能类型。

(1)功能不变,能耗降低,称为纯节能型。这是目前普遍采用的节能形式。

(2)功能提高,能耗不变,称为增值节能。这是一种值得提倡的节能方法。

(3)功能提高,能耗降低,称为理想节能。这种情况只有在改革工艺和改进技术后才能实现。

(4)功能大幅提高,能耗略有提高,称为相对节能。

(5)功能略有降低,能耗大量降低,称为简单节能。这是在能源短缺时不得已才允许采用的方式。

(6)功能或提高或不变或降低,但能耗为零,称为零点节能或超理想节能。例如,省去一道工序,或利用生产过程中的化学反应放热代替外供热源等,都属于零点节能形式。

6.1.3 节能的方法

一个企业、一个行业乃至一个国家的能耗水平是由错综复杂的多种因素共同影响决定的,如自然条件、政策倾向、社会因素,经济发展水平、管理水平、技术水平等。一般工业部门(如石油和化学工业)的能耗水平自然也受到多种因素的影响,但节能方法主要包括三个方面,即结构节能、管理节能和技术节能。

1.结构节能

我国的GDP能耗强度之所以高，一个重要的原因是经济结构不合理。这主要体现在产业结构不合理、产品结构不合理、企业结构不合理和地区结构不合理等方面。不同行业对资源(包括能源)的要求不同，有的行业能耗高，有的行业能耗低，所以，减少耗能型产业的比重，建立合理的产业结构，就能达到节约能源的目的。

结构节能就是主要从宏观角度通过经济结构(包括产业结构、企业结构、产品结构和能源消费结构)的调整向节能型工业体系发展，如逐步减少钢铁、化肥等耗能型产业的规模，大力增加电子、通信设备等省能型的产业比重，建立合理的产业结构。又如在同一个产业中，产品结构要向低能耗的方向调整。结构节能还包括调整企业的地区分布，充分发挥地区资源优势，减少不必要的运输、调配等中间环节，如在盛产石油的地区，建炼油、石化联合体；在煤炭集中产地，建立坑口能源联合体，把煤炭的生产、火力发电及化工生产结合起来。此外，进口高耗能产品，提高能源的经济效益等也属于结构节能。

2.管理节能

管理节能主要是指通过加强检测计量，优化能源分配，强化管理维护来实现节能目标。从管理、经营的角度，管理节能包括政府的宏观调控和企业的经营管理两个方面。各国政府都非常重视管理节能，在完善节能的法律条文和制定相关的政策方面做了大量工作。我国于1998年正式颁布了《中华人民共和国节约能源法》。为促进能源节约利用，建立资源节约和环境友好型社会，国家又先后颁布了《可再生能源法》《重点用能单位节能管理办法》《中国节能产品认证管理办法》等法律、法规和规章，制定了一系列节约能源的法律制度。各级政府、各部门、各地区以及企业也制定了相应配套的实施细则。许多企业建立了健全的能源管理机构，制定了完善的能源管理制度，并把它们落实到生产组织管理中，尽量做到能源按质合理分配与使用，从能源的采购、运输、配用等环节进行检测、核算，安装节能检测仪表，杜绝跑、冒、滴、漏等，以达到最大程度地节约能源，降低成本的目的。

3.技术节能

技术节能主要是指在技术经济全面权衡的基础上，利用先进的科学技术，在满足生产要求的条件下，对现有的生产方法、生产流程、生产工艺、生产设备等进行改进或者改造来提高现有能源利用效率，从而取得节能效益。广泛采用技术节能措施和高能效技术可以减少污染物的排放，而且可以提高经济效益，降低生产成本。

我国在推进技术节能手段的发展上，积累了很多经验，许多节能技术效益显著，现对几种典型的技术节能方式介绍如下：

(1)不同能量联供，如采用热电联产、集中供热等技术，提高热电机组的热效率。发展热能梯级利用技术，热、电、冷联产技术，全面提高热能的综合利用率。

(2)余热回收利用，即利用余热发电、余热供暖、余热助燃、热泵技术、热管技术等，可以合理利用各种余热。

(3)电动机、风机、泵类设备和系统的经济调速运行，开发、生产、推广质优、价廉的节能器材，全面提高电能利用效率。

(4)在化工领域改进工艺，采用先进的合成工艺，优化化工流程控制，使用科学的化工材料设备，全面提高化工过程能源利用率。

(5)采用节能新材料，改进建筑结构，采用新材料、新器具和新产品，提高保温隔热性能，减少采暖、制冷、照明的能耗，逐步开展建筑物的节能认证。

(6)采用自动化控制工艺代替手工操作，降低由于手工操作误差大、失误多等带来的能源浪费，并提高系统的总效率，降低运营成本。

各行各业也根据各自的生产特点，开发了许多先进的节能技术，如石油行业推广不加热油气集输工艺和轻烃回收技术；化工行业大氮肥厂实行一段炉低水碳比操作、四级闪蒸，采用新型活化剂、催化剂；小型合成氨厂的蒸汽自给和两水闭路循环系统，等等，对降低单位产品（工作量）能耗起了重要作用。对现有技术进行工艺过程、装备及材料创新的同时，大力开发能效高、污染物排放少、减排成本低廉的新技术，这对于实现化工节能减排目标与可持续发展至关重要。目前看来，我们的许多企业在节能、节水、降耗方面以及采用清洁工艺、减少排放和生产更清洁产品方面还有相当长的一段路要走。今后节能减排重点是大力推进科技创新，加快节能减排技术的研发和推广应用，努力促进清洁生产并提高能源综合利用率。

此外，按照范畴不同，节能又可分成“直接节能”和“间接节能”两个分支。

为了提高能源的有效利用率，从技术和工艺上可从以下几方面进行组织。

第一，从设备的功能和技术上提高能量传递和转换设备的效率，尽量减少转换的次数和传递的距离。

第二，大力开发研究节能新技术，如高效清洁的燃烧技术、高温燃气涡轮机、高效小温差换热设备、热泵技术、热管技术及低品质能源动力转换系统等。

第三，根据热力学原则从能量的数量和质量两方面考虑，计算能量的需求和评价能源使用方案；按能量的品质合理使用能源，尽可能防止高品位能量降级使用。

第四，按系统工程的原理，实现整个企业和地区用能系统的热能、机械能、电能、余热和余压全面综合利用，使能源利用过程实现综合优化。

第五，作为节约高品质化石能源的一个有效途径，将太阳能、风能、生物质能、地热能、海洋能等低品质低密度替代能源纳入节能技术，因地制宜地加以开发和利用。

第六，加快核能、氢能、可燃冰利用等高新技术的研究开发，推动新技术的利用和替代常规能源。

间接节能可从以下几方面进行组织。

第一，调整产业和工业结构。各种产业和工业部门的耗能量和产值差别很大，如钢铁工业耗能大，但产值较低；而纺织、仪表、电子等轻工业能耗较少，产值较高。在不影响全局的情况下，可以创造条件适当调整产业和轻重工业的比例，适当降低冶金工业的比例，发展高技术的电子产业和生物工程等。

第二，合理布局工业。我国的能源生产和能源消费在地区分布上很不均衡，能源生产主要集中在西部、西南和华北地区，能源消费则主要集中在东部和南部，因而造成了“北煤南运”“西电东送”“西气东输”的局面，从而消耗了大量运输能力和电能，增加能源消费成本。根据能源资源分布的特点，在调整工业结构时，合理布局工业是间接节能的主要措施。

第三，合理使用能源。各种能源要按品质合理使用，发挥各自优势，以取得最大的经济效益。例如，石油作为优质能源资源，除作为化工原料外，应首先用于运输机械；发电要首先选用劣质煤，因为燃煤和燃油的电厂热效率相差不大；机车应当首先实行电气化；地热资源一般温度较低，应首先应用于采暖；农村则要大力发展沼气，既是能源又是肥源。

第四，多种能源互补综合利用。在工业生产和日常生活的能源选择中，要开展多种能源的互补和综合利用。例如，燃煤电站以煤为主要燃料，可以把油作为辅助燃料来实现锅炉的点火和稳燃；在核电站中，把油作为辅助燃料，出现紧急停电事故时，各种备用的柴油发电机组即可紧急起动供电。对于缺乏能源的广大农村地区，除利用薪柴外，还可考虑利用风能、水能和太阳能，并要积极推广沼气，同时也要提供部分商品煤。

第五，企业改造、设备更新和工艺改革。通常老企业、小企业的设备落后，效率低、能耗高，而且对环境产生严重污染。因此，对老企业进行设备更新和工艺改造是降低能耗的关键；对于小煤窑、小化肥、小造纸厂和小冶炼厂必须进行关、停、并、转。我国电力工业是耗煤大户，其中，中、低压小型发电机组占相当大的比例，耗煤量大，因此必须对能耗过多的小型机组有计划地加以改造和淘汰。又如，在水泥生产中每吨水泥熟料的平均燃料消耗，湿法窑炉比悬浮预热干式窑炉要高63%。可见改革工艺同样可以大大降低能耗。

第六，改善企业的能源管理。改善企业的能源管理是节能的重要方向，可从以下几方面着手：摸清企业的耗能状况，用能水平、节能潜力、省能效果；建立节能管理网络，制定能源消耗的定额及奖惩制度；健全能源管理的规章制度，即燃料进厂—分区存放—技术档案—定量供应—定额管理—奖惩制度；加强能源计量管理；合理组织产品的生产过程；消除明显的浪费现象，如跑、冒、滴、漏，管道和设备保温不良，可燃气体的放空等。

6.2 油气储运系统节能分析

6.2.1 能量分析的基本原理

1.能量平衡分析

能量平衡分析是建立在热力学第一定律基础上的第一类热力学分析方法，是研究能量的数量关系，指出能量数量上的转换、传递、利用和损失情况，确定某个系统或装置的能量利用率的一种分析方法。

1)能量平衡模型

对于能量系统，无论它多么复杂，从能量的行为来看不外乎有两种情况：一是通过边界的传递行为；二是在体系中的转换行为。就传递来说只有能量输入和输出两种类型。而体系中的转换均可表示为系统内部能量的变化。设系统输入能量为 E_{in}，输

出能量为 E_{out}，二者之差即是系统内的能量转化 ΔE，则可得到一个基本能量平衡模型，如图 6-1 所示。

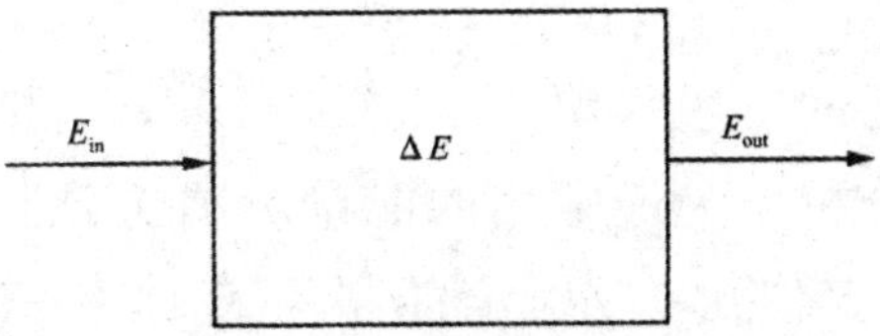

图 6-1　基本能量平衡模型

如果对输入、输出能量再作划分，输入能量可划分为外界传递给体系的能量 $E_{g,in}$（包括热量和功两种形式）和随工质流入带进体系的能量 $E_{w,in}$。输出能量可划分为排放给外界的能量和随工质流出带走的能量 $E_{w,out}$。由于在某些热力体系中，排放给外界的能量中有部分能量 E_{re} 又被回收利用，因此，排放给外界的能量又可分为彻底排放到外界的能量 $E_{g,out}$ 和回收利用的能量 E_{re} 两部分。而此时输入能量中，除了外界供给能量 $E_{g,in}$ 外，还有回收利用能量 E_{re}。这样在基本能量平衡模型基础上得到一个通用的能量平衡模型，如图 6-2 所示。

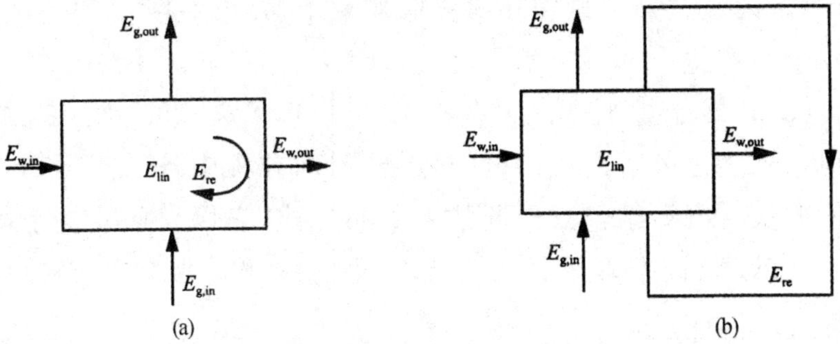

a—回收能量经由体系内回收；b—回收能量经由体系外回收

图 6-2　通用能量平衡模型

根据热力学第一定律，各种形式的能量可以相互转换，且能量在转换过程中总量保持守恒，故可根据能量平衡模型建立通用的能量平衡方程，即

$$E_{in}=E_{out}+\Delta E$$

或 $$E_{g,in}+E_{w,in}+E_{re}=E_{g,out}+E_{w,out}+E_{re}+\Delta E$$

在实际工作中，为了方便计算和评价体系的能量利用情况，常采用以下能量方程：

$$E_{in}=E_{ef}+E_{loss}$$

2)能量分析的一般步骤

能量平衡分析作为最常用的能量分析方法，已基本形成完整的程序，主要步骤依次为：划定能量平衡体系，建立能量平衡模型；列出能量方程；开展能量平衡测试；整理数据编制能量平衡表；能量平衡计算，绘制能流向图。

(1)划定能量平衡体系，建立能量平衡模型。能量平衡分析首先要将被考察的用能对象从环境中分离出来，再对其与环境之间的能量流向、形式与规模进行具体、仔细、综合的分析。进行能量平衡的系统所要考察的范围称为能量平衡体系，它的确定是能量平衡分析的首要环节。在此基础上就可以建立能量平衡模型。这一步骤具体过程：确定能量平衡体系；把输入和输出体系的各项能量分别用箭头逐项标注在方框四周，建立能量平衡模型。

(2)根据热力学第一定律列出能量平衡方程。由热力学第一定律，按能量平衡换型建立通用的能量平衡方程，即

$$E_{in}=E_{out}+\Delta E$$

(3)开展能量平衡测试。在列出了考察系统的能量方程后，要想达到能量分析的最终目的，还要明确方程中各项能量的具体求值方法。测算结合法是通常采用的方法，它以设备能量平衡测试为基础，能较准确地评价系统的用能水平并掌握系统的耗能状况。

能量平衡所要求的测算数据大致有下列几种：

①主要工艺设备的标定或计算结果、原料和产品核定的工艺条件。

②加热炉、锅炉的能量平衡标定或计算结果。

③各种机泵包括原动机的调查或选型计算结果。

④各环节正常运行时气、电、水、风的供、产、用及产出的量，并应保持数量守衡。

⑤全部换热设备和进出热流、排出物流、循环物流能量的标定或设计计算结果。

⑥设备表面散热的测算或设计计算结果。

能量平衡测试是测算结合法的重要环节，是获得主要数据的途径。能量平衡测试通过计量和测试，对供给的燃料、蒸汽、电力等各种能源所提供的能量使用状况，如利用与损失、分布与流向等进行测定。在测试前要选择好测点和安装计量仪表，正式测试必须在设备达到稳定工况后进行。

能量平衡测算具体应用时，有正平衡法和反平衡法之分。正平衡法是直接测算设备的有效利用能 E_{ef} 和供给能 $E_{g,in}$，以求得设备的能量利用率。反平衡法是通过测算各项能量损失，间接求取设备的能量利用率。对于非主要用能设备，一般可采用正平衡法。对于重点设备，一般还应做反平衡，以便搞清损失所在和有针对性地采取节能措施。

4)整理数据编制能量平衡表

测试结束后，要对测试数据进行整理和计算。计算中首先要确定计算基准，主要是基准温度和燃料发热量的取值问题。《用能设备能量平衡通则》(GB/T 2587—2009)中规定，基准温度应采用环境温度，燃料发热量取低位发热量。但也允许采用其他温度作为基准温度，例如0℃，但应当注明。

其次是热量的单位问题。热量单位应逐步向国际单位制(*SI*)的热、功、能单位焦耳过渡，但也允许使用卡为热量单位。

然后，将计算结果按照给定的格式，填入能量平衡表中。能量平衡表中的总收入能量应和总支出能量相等，即达到能量平衡。如果不平衡，要找出原因，或者有漏计、重计，或是测试数据不准、计算错误等。根据测试结果，计算出各项技术指标，如能耗、利用率、能损率等，并通过对能量平衡各项损失的分析，找出设备或装置用能中存在的问题，分析产生原因，明确提高利用率及增加回收利用等节能方向。

5)绘制能量流向图或工艺能量流程图

根据我国国家标准规定，能量平衡还需绘制成能量流向图。能量流向图可以更直观和形象地反映考察对象的用能状况，表示出能量的来龙去脉，及其能量的利用、损失情况，以便于比较、评价和剖析改进。如图 6-3 所示为一台泵的简单能流图。

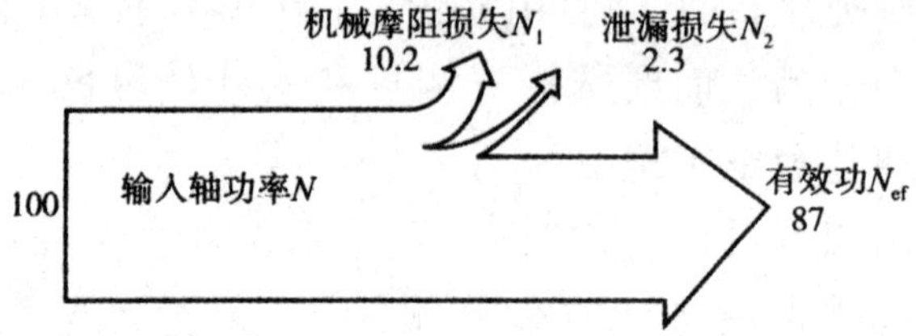

图 6-3 泵的简单能流图

能量流向图与能量平衡模型一样，在图中表示能流的输入、排出、循环等。

2. 㶲分析

㶲分析法是以热力学第一、第二定律为基础的热力学分析方法。它从能质的观点出发，对用能过程进行分析和评价，是对能量平衡法的有力补充。

1)㶲平衡模型

按照能质蜕变原理，能量在传递或转换过程中能质是逐渐降低的，即㶲是不守恒的。能量在传递或转换过程中一部分㶲逐渐转化为炁。而这种转换，对系统内部来说是内部㶲损失(也称㶲耗散或炁产)，对系统外部来说为外部㶲损失(也称炁流)。

设输入系统的㶲为 E_{xin}，输出的㶲为 E_{xout}，二者之差即为系统内的㶲耗散 E_{xlin}。这样可将系统中㶲的变化表示为如图 6-4 所示的模型，这是一个基本㶲平衡模型。

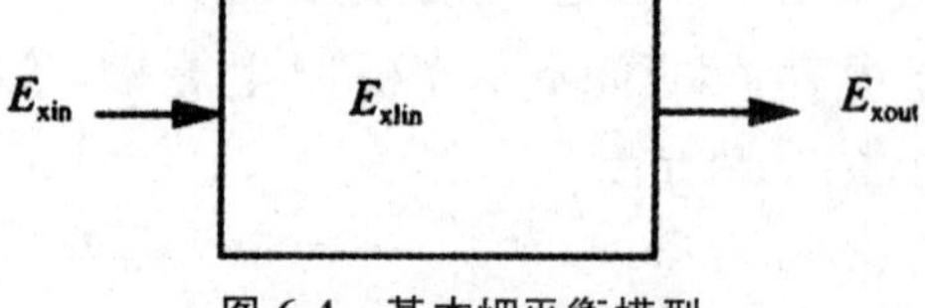

图 6-4 基本㶲平衡模型

输出㶲 E_{xout} 可再细划为外部㶲损失 E_{xlout} 和输出㶲中的有效部分,即有效输出㶲 E_{xef} 两部分。这样可得到一个通用的㶲平衡模型,如图 6-5 所示。

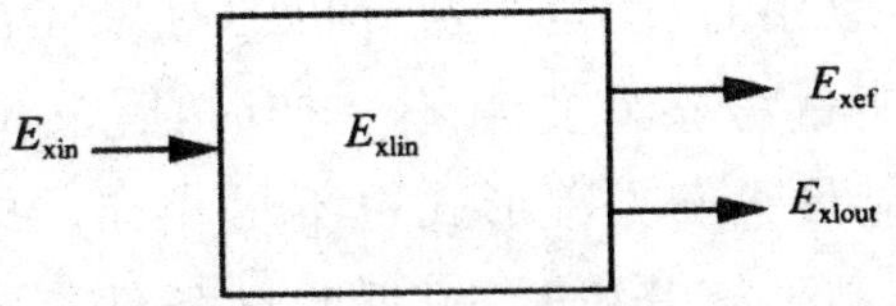

图 6-5 通用㶲平衡模型

上述两种模型是建立㶲平衡方程的基本依据。从这两种㶲平衡模型来看,需要引入㶲损失项才能建立㶲平衡方程。根据基本㶲平衡模型,引入系统内部㶲损失 E_{xlin},得到㶲平衡方程为

$$E_{xin}=E_{xout}+E_{xlin}$$

这是㶲平衡方程的基本形式,称为基本㶲方程。考虑到输出㶲 E_{xout} 可细划为 E_{xlout} 和 E_{xef} 两部分,可写成如下的形式:

$$E_{xin}=E_{xlin}+E_{xef}+E_{xlout}$$

此式为通用㶲方程,其为㶲分析的基本依据。

2)㶲分析的一般步骤

㶲分析方法对系统进行应用时,需要从系统整体和其中各个操作单元角度同时进行。这是因为能量的变化存在于系统中的各个部分,而系统又是一个整体,包含着所有能量的变化,只有从两方面同时开展工作,才能把系统用能分析透彻、清楚。因此,㶲分析的基本步骤如下。

(1)用逻辑抽象的方法分解研究系统,包括各元件或元件组合,并拟定出相应的㶲平衡式。

(2)根据流程中各设备的焓熵数据进行流股㶲流率的计算。

(3)依据上一步得到的㶲数据,对所有设备进行㶲损失、普通㶲效率的计算,分析系统内㶲损失的分布,各设备的㶲利用率,找到系统用能过程中的薄弱环节。

(4)针对具体的设备进行改造,提高㶲的利用效率,减小㶲损失,并对整个系统的热力学完善度做出评价。

6.2.2 工程分析方法

在工程实际应用时,能量平衡分析的对象往往包含复杂的能量利用过程,当能量考察侧重点不一样时,建立的能量平衡模型就会有简有繁,能量平衡方程形式也不尽相同。即使是对简单的用能设备进行能量平衡分析时,根据测试条件、分析目的不同,实际分析方法也会有所区别。工程㶲分析的方法同工程能量平衡分析一样,所列模型均与其相似,只是以㶲值取代能量值。

1."三箱"分析法

"三箱"分析法是指根据系统、各组成单元或设备在工艺过程中的能耗状况不同,分别采用黑箱分析模型、白箱分析模型和灰箱分析模型对系统及主要耗能设备的用能状况进行评价。其主要优点是,可以准确判断系统或设备的用能薄弱环节,并据此提出改进建议。

1)黑箱分析模型

黑箱分析是指将分析对象(系统、子系统或设备)视为由"不透明"的边界所包围的体系,通过相关参数计算输入、输出体系的物流或能流的值,进而获得体系的供给能(㶲)、有效能(㶲)及能(㶲)损失的一种分析方法。

以实线表示体系的"不透明"边界,以带实线箭头的能(㶲)流线表示输入能(㶲)流 E_{in}(E_{xin})、输出的能(㶲、炁)流 E_{out}(E_{xout}、E_{xlout}),以虚线箭头表示系统内转化能量 E_{lin}。或所有不可逆过程集合的总㶲损失 E_{xlin},并在各能(㶲)流线上标出能(㶲)流符号,这样就构成了一个"黑箱模型",如图 6-6 所示。

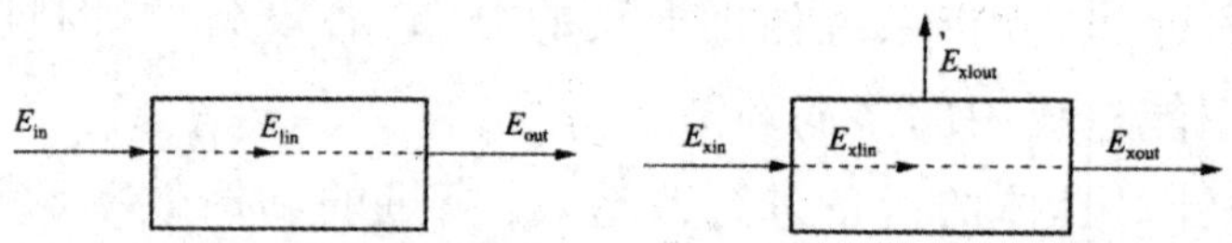

图 6-6 工程能量黑箱分析模型

据黑箱模型得到的能量(㶲)平衡方程为

$$E_{in}=E_{out}+E_{lin}$$

$$E_{xin}=E_{xlin}+E_{xout}+E_{xlout}$$

黑箱模型中实线箭头表示的能(㶲)流值,包括工质流入、流出体系带入和带出的能(㶲)流,以及体系与环境之间交换的能(㶲)流,是可以通过仪表直接测出的数据计算出来的,而虚线箭头表示的能(㶲)损值,则是依据上述的能流值计算间接得来的。只要借助于输入、输出子系统的能(㶲)流信息,而不必剖析系统内部过程,即可获得反映系统用能过程的宏观特性,这是黑箱模型的一个突出优点。

由黑箱模型分析可得到以下几项分析结果:

(1)体系的能量利用率(㶲效率)和热力学完善度。

(2)体系外部总能(㶲)损失系数及各分项能(㶲)损失系数。

(3)体系内部的总能(㶲)损失系数。

黑箱分析模型适用于系统、子系统或设备(如油气储运系统常用设备——离心泵)的评价分析。

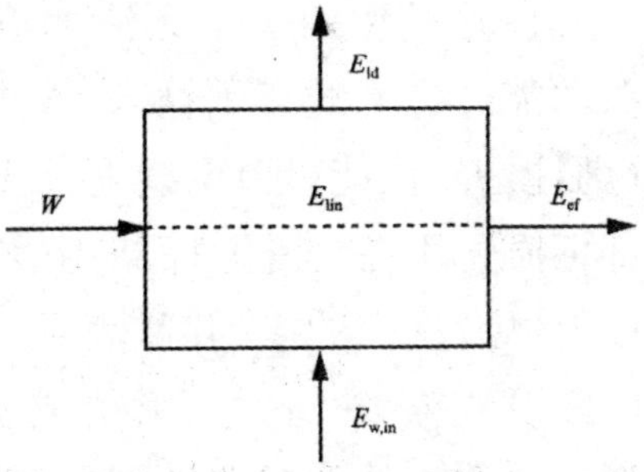

图 6-7 离心泵的黑箱模型

离心泵需要评价的是外界供给机械能向物流机械能的转换利用情况。设离心泵输入能为机械能 W,输出的有效能是工质流出时所带的机械能 E_{ef}。离心泵能量损失包括摩阻损失、冲击损失等泵内机械能转换损失 E_{lin} 和外部泄漏能量损失 E_{ld},由此得到离心泵的黑箱模型如图 6-7 所示。

由此列出离心泵的能量平衡方程为

$$W=(E_{ef}-E_{w,in})+E_{lin}+E_{ld}$$

式中,$E_{ef}-E_{w,in}=E_{efc}$ 为有效耗能,对于单位时间而言就是离心泵的有效功率。从而有

$$W=E_{efc}+E_{lin}+E_{ld}$$

离心泵的能量利用率为

$$\eta=\frac{E_{efc}}{W}\times 100\%$$

外部能损失系数为

$$\lambda_{cout}=\frac{E_{ld}}{W}$$

内部能损失系数为

$$\lambda_{cin}=\frac{E_{lin}}{W}$$

2)白箱分析模型

白箱分析是将分析对象看作是由“透明”的边界所包围的系统，从而可以对系统内的各个用能过程逐个进行解剖，计算出各过程的能量(㶲)损失的一种分析方法。除需计算输入、输出体系能流(㶲)值外，还需计算体系中各个能量传递和转换过程的能量(㶲)损失。

白箱模型的表示方法如下：以虚线表示体系的边界，以带箭头的能(㶲)流线表示输入、输出的能(㶲)流，对其中属于外部的能(㶲)损失，在能(㶲)流线上标黑点。对于㶲分析，体系内存在的内部㶲损失用在㶲流上标圆圈表示。系统内外各过程的相互关系，以能(㶲)流线的串、并联表示；在各相应的部位标出能(㶲)流和能(㶲)损失符号。这样，就构成了一个完整的白箱模型。这样的模型可以将系统内外的用能状况，在模型中清楚地显示出来。如图6-8所示为工程㶲分析的通用白箱模型。

图 6-8 中进入体系的㶲流为 $E_{xin}=\sum_i E_{xini}$；离开体系的㶲流为 $E_{xout}=\sum_i E_{xouti}$；体系内部㶲损失为 $E_{xlin}=\sum_i E_{xlini}$。对于㶲分析，离开体

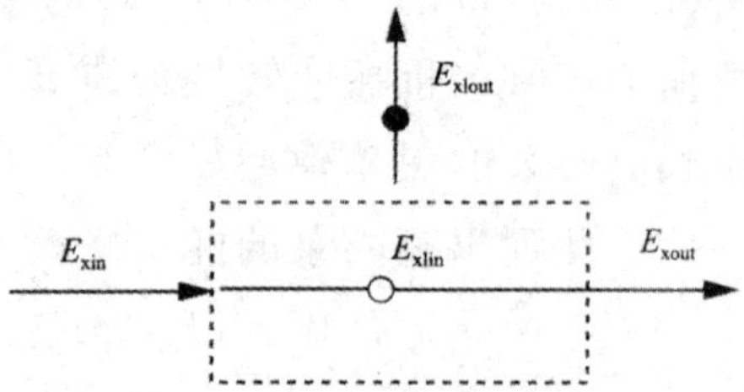

图 6-8 工程㶲分析的通用白箱模型

系的还有外部㶲损失为 $E_{\text{xlout}}=\sum_{i}E_{\text{xlout}i}$。据白箱模型的㶲平衡方程为

$$\sum_{i}E_{\text{xin}i}=\sum_{i}E_{\text{xout}i}+\sum_{i}E_{\text{xlin}i}+\sum_{i}E_{\text{xlout}i}$$

白箱分析除了可以获得黑箱分析的全部结果外,还可以计算出体系内各用能过程的能(㶲)损失系数。据此即可揭示出体系内用能不合理的环节,这是白箱分析优于黑箱分析的特点。

3)灰箱分析模型

系统灰箱模型主要用于系统整体用能状况的评价及系统中薄弱环节(设备)的判别。灰箱分析模型是将分析对象视为由"半透明"的边界所包围的体系,对象内的子系统或设备均视为黑箱,黑箱之间以能(㶲)流线连接起来形成网络。因此,灰箱模型实际上是一种黑箱网络模型。

4)"三箱"分析法的应用

对于实际的生产过程,可将其划分为系统、子系统以及设备组成的复杂系统,其用能分析过程如图 6-9 所示。

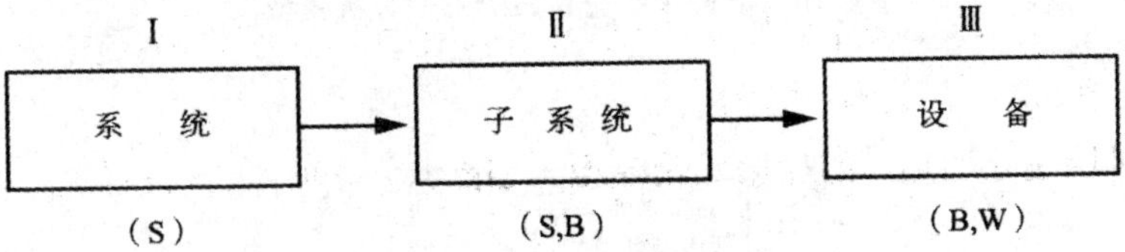

图 6-9　系统用能分析过程

S—灰箱模型;B—黑箱模型;W—白箱模型

2."三环节"分析法

由于运输、使用方便等原因,生产系统从外界获得供给的能源一般来说都是电能和煤、燃料气、燃料油等含有化学能的燃料,当然在某些系统中也有供给蒸汽或热水的。

1)三环节

"三环节"分析法的基本原理就是根据各过程设备在工艺过程中的功能不同而划分为能量转换和传输、能量利用和能量回收

三个环节，以环节为分析单元，同时又将各环节关联成为一个整体进行能量分析。该方法的突出优点是，能清楚地展示三个环节的用能状况，并能对此进行分析和评价。

图 6-10、图 6-11 所示分别为能量平衡分析的“三环节”分析模型和㶲分析的“三环节”分析模型。

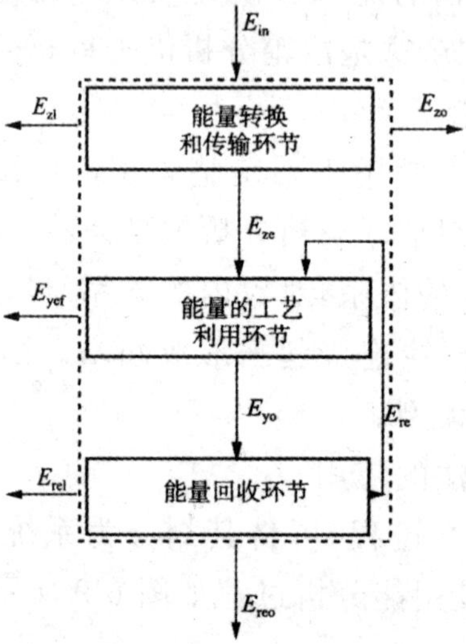

图 6-10 能量平衡分析“三环节”分析模型

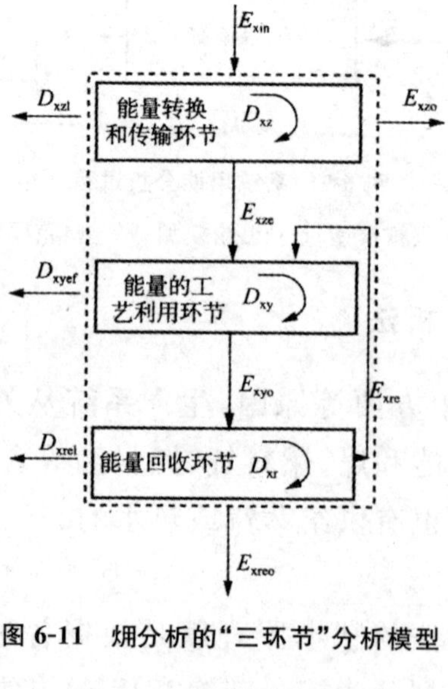

图 6-11 㶲分析的“三环节”分析模型

2)三环节法的应用

联合站是一个复杂的能量利用系统，采用三环节分析法对其进行能量分析。

(1)“三环节”划分如下。

①能量转换环节。在联合站中，所谓的能量转化与传输无非是将燃料化学能转化为热能，将电能转化为输送油气需要的动能或压力能，其中燃料化学能到热能的转化由加热炉来实现；将电能转化为动能或压力能由泵机组和压缩机组来实现。

②能量利用环节。每个联合站都有一个到几个核心的单元工艺过程，如脱水、稳定等，并对应着相应的设备。这些工段或设备单元构成了能量利用环节。

③能量回收环节。能量回收环节通常由大量换热过程构成，相应的设备是各种换热器、蒸汽发生器、冷却器等。在联合站中，回收的能量主要为污水的余热和高温外输原油的可利用能。回收循环能用于体系内部，构成工艺总用能的一部分。

(2)联合站能量系统“三环节”分析模型的建立。根据对联合站能量系统“三环节”的划分，建立联合站能量系统的“三环节”分析模型，如图 6-12 所示。

根据集输能量系统“三环节”分析模型，给出联合站能量平衡方程：

$$E_{P}+E_{R}=E_{UD}+E_{W}+E_{J}+E_{Y}+E_{R}$$

(3)能量项测量环节如下。

①能量转换与传输环节。该环节需统计各单元子系统中加热炉燃料消耗量及燃料低位发热量，记录加热炉实际运行热效率；各个环节耗电设备耗电量和对应泵机组或压缩机组的效率；以及井口来液量、来液压力、油水比和来液物性参数等。这里假定电脱水器将电能转化为电势能，转化效率为 100%。

②能量利用环节。集输系统工艺环节众多，主要包括油气输送、油气初步分离、原油脱水、原油沉降、原油稳定、原油外输等，因此工艺环节的处理相对复杂。但采用三环节分析法却避免了

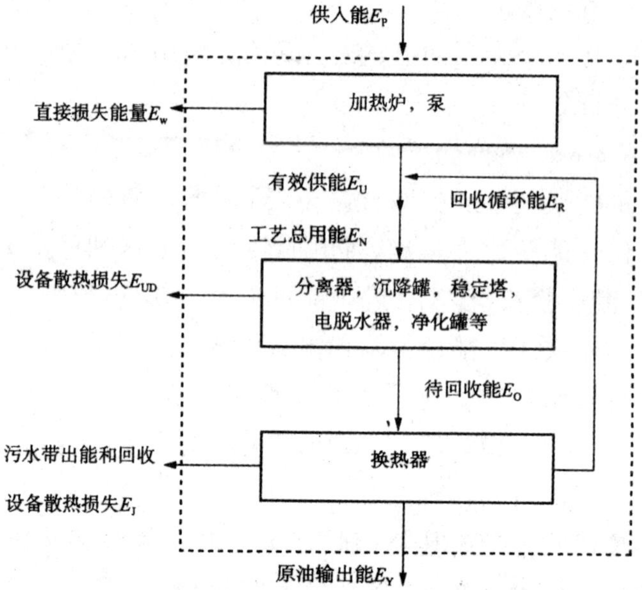

图 6-12 联合站能量系统“三环节”分析模型

这一现象。只需要计算工艺环节的主要耗散、待回收能和实际回收量等参数即可。联合站中，主要耗散为联合站中设备和管线的散热，待回收能主要为经脱水处理后污水和原油携带能量之和，实际回收量主要为污水余热回收利用量和外输油换热量之和。

③能量回收环节。集输系统的能量回收环节比较简单，只需计算产品输出能、回收循环能和排弃能。其中，回收循环能即为上述实际回收量，而产品输出能主要是指原油外输能，排弃能是指冷却介质（水或空气）排弃能、散热排弃能、污水排弃能等排弃能之和。

（4）联合站用能分析如下。

①能量转化与传输环节用能分析。在能量转化和传输环节中，主要转化和传输设备是加热炉和机泵，能量损失主要包括机泵损失和加热炉热损失两部分，因此决定该环节转化效率的主要是加热炉的热效率和泵机组效率，提高加热炉热效率和泵机组效率是提高该环节转化效率的关键。

②工艺用能环节用能分析。联合站的工艺环节实际上就是原油的脱水过程，反映该环节能量利用水平的主要指标之一是单

位质量工艺总用能。在该环节中,工艺总用能包括三部分:能量转化、传输设备的输入能,井排来液带入能以及污水、原油的回收利用能。能量输出也包括三部分,进入回收系统的污水、污油待回收能,合格原油、天然气输出能以及该环节设备的散热量。

③能量回收环节用能分析。能量回收环节的待回收能主要是油田污水和高温的外输原油。随着开采深度的加深,油井采出物的含水量越来越高,相应的采油污水量也就越来越大。但是,如果联合站没有对污水进行有效回收,而是直接排放,不仅会将余热全部浪费,而且会污染环境。尽管油田污水含有巨大的可以回收的余热资源,但由于油田污水的特殊性(温度水平高、易结垢、腐蚀性强),目前还没有成熟的利用技术。

外输原油的温度高于凝固点很多,这部分能量没有有效地加以利用,也造成了严重的热能浪费。

6.3 油气储运系统节能技术

6.3.1 集输系统节能技术

以我国东部最大的油田胜利油田为例介绍集输节能技术的发展和应用情况。迄今为止,胜利油田共有大型联合站 53 座,日处理液量 80 万 t。近年来,调整集输系统的整体布局,采用如高效游离水脱除工艺技术,推广应用高效燃烧器、高效加热炉、变频调速技术,以及应用信息技术改造传统流程,优化运行程序等新工艺、新技术和新型油气处理生产设备,实施老站技术升级改造。

这些集输系统节能改造技术的具体实施过程和取得的实际生产效果如下。2004 年胜利油田开展了 10 个集输系统效率示范区建设活动,输油泵平均效率由 45%提高到 53%,加热炉平均效率由 67%提高到 79%。2005 年又进行了 7 个集输系统提效示范区建设活动，累计节油 6063t，节气 4.1×10^4m。减少油气损耗（油当量）4743t。全油田平均原油外输含水率为 0.66%，比上年降低 0.19%。胜利油田分公司外输原油含水率为 0.52%，比上年降低 0.04%；污水处理符合率达 70.9%，比上年提高 7.1%，使油气处理能力和集输系统效率有了明显提高。

由于油气田集输系统是一个多工序、多流程、多设备的复杂系统，集输系统的节能技术涉及的设备和工艺过程也较多，依据改造的对象不同可以把上述提及的集输系统节能技术划分为三类。

第一类是单个设备或装置的节能降耗技术，主要包括高效节能设备的应用和低效设备的节能改造技术。高效节能设备的应用，如应用三元流动理论研制的高效输油泵，比原来的高效泵提高效率 2%～5%，以及高效三相分离器、多功能处理装置、高效加热炉等；低效设备的节能改造技术，如变频调速技术在低效运行的油水泵上的应用；在燃煤锅炉上开发应用了高效洁净燃烧技术，如分层燃烧、煤粉燃烧、水煤浆和添加燃煤添加剂等；在燃油、燃气炉上推广应用高效燃烧器和燃油掺水乳化燃烧技术；改进燃料经济结构，如以气代油、以煤代油、以渣油和超稠油代替原油作为燃料，提高燃烧效率，降低燃烧成本；加热炉、锅炉的应用运行参数自动调节系统等。

第二类是某个工艺环节的节能降耗技术，主要包括原油常温集输技术和放空天然气回收技术等。其中，单管常温集油、低温采出液游离水脱除、离心泵输送低温含水原油、加降黏剂等原油常温集输技术在油田得到大规模应用。而放空天然气回收技术是集输系统以节气、节油为重点的节能技术改造项目。目前，油田油气集输过程中，加大了伴生气回收利用的力度，逐步形成了按放空形式、回收利用的难度进行分类，针对不同类型的放空天然气，采用了不同方案和技术进行回收利用的模式。

第三类是集输系统的整体优化运行技术。在先进的控制水平和良好的专业员工协助下，优化系统运行参数不需要大量的投资,却可得到良好的节能效果。

虽然,我国现有的油气集输生产水平和生产效率随着设备的更新、工艺的改进和布局的优化在不断地提高,但是随着采出液含水量的不断上升,给地面集输系统油水处理、节能降耗、防腐、提高系统效率等方面带来一系列困难;同时,随着小断块、边远区块油田的开发,给集输工艺节能降耗提出了新难题。因此,我国集输节能技术仍需在以下几个方面继续进行重点攻关和科研。

(1)集油技术。深入开展环状集油和不加热集油技术界限的研究,推广不加热集油、密闭集输等低能耗工艺技术。

(2)油气混输。推广应用油气混输技术,解决边远区块进不了系统、局部区域集输回压高的问题,进一步提高油气集输密闭率。吸收引进国外混输泵技术,提高国内混输泵的可靠性和适应性。

(3)油气处理。推广应用新型高效油气处理技术、污水处理技术、输油泵变频调速技术、加热炉新型高效节能火嘴和自动化控制技术,加强低温破乳剂的开发和应用,改进原油脱水工艺,降低原油处理运行能耗。

(4)新能源与可再生能源,如太阳能(西北地区油田)、地热能(华北、大港等油田)的利用。

6.3.2 输油系统节能技术

与集输系统相同的是,为了解决泵管不匹配造成的阀门严重节流问题,输油系统应用了大量的调速技术。其中在长输管道输油泵上主要应用串级调速装置、液力耦合器、滑差离合器等。此外,同样采用新型高效节能设备,如高效炉、高效泵、节能型变压器等,改造或淘汰老旧低效设备。

在工艺改造方面,输油系统开发利用了密闭输油工艺、站场先炉后泵工艺和添加原油改性剂输送、原油热处理输送、掺稀油输送等常温或少加热输送工艺,以及清管除蜡、降黏减阻等配套技术,提高了整个系统的经济运行水平。

在系统运行方面,优化输油管道运行方案,合理调整运行参数,减少节流损失,实现系统经济运行。

多年的实践表明,在目前设备设计效率已达较高水平的情况下,提高输油企业节能效益的关键是以下两点:一是要搞好管线的优化运行工作,管线输油运行方式和参数的优化是提高输油系统能源利用率、取得节能实效的关键所在,因此要下大力气并坚持不懈地搞好优化运行工作;二是要开展输油新工艺、新技术的研究与应用,如稀释输送、低输量管线降凝输送等技术。

6.3.3 余能回收利用技术

所谓余能回收利用技术,主要是指通过余热回收装置和换热器回收各种形态(固态、液态、气态)余热来预热加热炉等的助燃空气和燃料,以提高热工设备热效率,从而在保证生产和生活需要的基础上,降低产生蒸汽和加热油品的单耗。从广义上讲,还包括增压泵余压的回收。目前,这项技术主要应用在工艺较复杂,热流体较多的炼厂和油田储运系统中,如应用热管技术,回收炼厂加热炉和油田锅炉的烟气余热,并取得了显著的成效;应用热泵技术于回收油田的污水余热,也已取得阶段性成果。

以上是我国油气储运系统节能技术的发展和应用现状。相对而言,目前国外油气储运方面的节能技术的研究和应用则更深入和多样化一点,主要表现在以下几方面。

(1)先进过程控制技术。以基础自动化单元控制、PID 控制和分布式控制系统(DCS)为基础,实现数据集成、过程操作优化和生产安全监测、事故报警处理等功能。

(2)高效保温技术。在油气集输、稠油热采工艺中,存在大量用热过程,高效保温隔热技术的广泛应用,大大提高了油田开采和用能效率。

(3)油田数字化技术。用来描述跨越地理条件限制,通过信息技术,实时或近实时地监控和管理油田所有的生产经营运行情况,使地下生产与地面经营计量一体化。

(4)注重新能源和可再生能源利用。如委内瑞拉一条32km的长距离稠油管道采用太阳能热二极管技术后,输油温度从28℃提高到60℃,输送能力提高17%。

6.4 油气储运系统优化节能技术

6.4.1 长输管道的优化节能

对于输油企业来说,除了管道建设投资及必要的维护成本外,在正常生产中可以调整的主要是管道运行参数,包括输量、电费、燃料费及可能的添加剂费用。但因为受到管道安全运行条件的限制,所以这些参数的调整余地很有限。例如,为了减少燃料费用,可以降低出站温度,但温度的调节范围又受油品的物性的限制;为了降低凝点,减少燃料消耗,可以添加降凝剂,这又需支出一笔费用。这时就需要在降凝剂费用和燃料费用之间寻求平衡。

输油管道的优化节能就是借助于最优化理论和最优化技术,构造优化运行数学模型,研究如何在输油管道工程规划设计和运行中合理地选择有关技术参数,从众多可行的运行方案中寻找出既能满足工程设计要求,又能降低工程投资、运行成本的"最优"或"次优"设计和运行方案。这对节约投资、降低能耗、提高效益、促进新技术的推广应用都有着重要的现实意义。

1.原油长输管道优化的数学模型

原油长输管道优化的基本思想是根据管道设计和运行的配套理论、方法以及管线系统本身的结构、流程及外部条件等,建立反映管道工程运行问题和符合数学规划要求的数学模型,然后采用优化方法和计算机技术自动找出给定输量下众多输油方案中的最优方案。研究原油长输管道优化的基本步骤有四步。

1)分析输油系统,找出影响能耗费用的诸参数及其函数关系

对于已投入运行的输油管道,其经济性可用能耗费用、管理成本和输油盈利三个指标来衡量。对于加剂输油管道,其支出还应包括所添加化学药剂的费用。企业盈利的关键是要降低管理成本和能耗费用。在这两者中,能耗费用占50%~60%,于是把降低能耗费用作为目标,视其为评价输油经济性的指标。能耗费用主要包括燃料费用、动力费用和添加剂费用。

为了使能耗费用 S 最低,需找出影响能耗费用的参数 $(x_1, x_2, \cdots, x_n)$ 及其函数关系 $[S=f(x_1, x_2, \cdots, x_n)]$,即确定该问题的目标函数。

在热油管道中,影响能耗费用的参数可分为以下三类。

(1)运行中可以人为控制的参数:输量 Q、出站温度 T_R、热泵站数 n_R、全线泵组合方式 C_P、添加剂的加入量 m。

(2)随第一类参数变化而相应变化的参数,如原油比热容、密度、黏度、流变特性等随温度、添加剂的加入量变化的物性参数;又如进站温度 T_z、管内壁结蜡厚度、泵组合的系统效率 η_s、加热炉效率 η_R、泵组合提供的总压力 H_P 等将随 Q、T_R、n_R 而变化的参数。其与第一类变量间的函数关系可用理论或经验公式、实验或实测曲线、生产统计表等形式给出。

(3)不以运行部门的意志为转移的自然变量,如随季节变化的地温 t_a,随含水量而变化的土壤物性,管道的长度和高程差,以及燃料和电力的价格等。

2)确定目标函数和约束条件

在一定输量下,热油管道优化运行的目标函数是单位时间的燃料费 S_f、动力费 S_p 及添加剂费 S_m 之和。

按最小费用准则,可以得出原油长输管道优化运行模型的目标函数为

$$\text{Min}\quad S=S_f+S_p+S_m$$

$$S_f=f_1(T_R,C_p)$$

$$S_p=f_2(T_R,C_p,t)$$

$$S_m=f_3(T_R,C_p,M)$$

式中，t 表示时段，M 表示添加剂量向量。

原油长输管道的约束条件主要是管线的物理条件的限制，但这些约束条件相互影响。主要包括热力约束条件、水力约束条件、流量约束、管道强度约束等。

3)建立数学模型

模型的数学表达形式可写为

$$\text{Min}\quad S=S_f+S_p+S_m$$

$$\text{s. t.}\quad T_R=T_R(M)$$

$$C_P=C_P(T_R)$$

$$Q_{i1}\leqslant Q_i\leqslant Q_{i2}\qquad(\text{输量约束})$$

$$t_{i1}\leqslant t_i\leqslant t_{i2}\qquad(\text{热力条件约束})$$

$$p_{i1}\leqslant p_i\leqslant p_{i2}\qquad(\text{强度约束})$$

$$y_i=0,1\qquad(\text{加热站开关限制})$$

4)求解该数学模型，寻求最优解

最后，依据所建数学模型的类别，采用适合的解决方法，寻求最优解。对于长输管道，要求最终得到的最优方案必须是可行方案。

2.优化方法在长输管道优化中的应用

线性规划(LP)法是管道优化中应用较早的数学规划模型之一。20 世纪 60 年代末，Karmeli，Gupta 等人先后提出了树枝状管道优化设计的 LP 模型。在树枝状管道布局和节点流量已定的情况下，事先选取管道允许采用的标准管径集合，以具有标准管径的管段长度为决策变量，则管道摩阻损失是管长的线性函数，节点压力约束是决策变量的线性不等式。管道优化设计的目标函数可考虑管道投资和经营管理费，其中管道投资是各管段长度的线性函数,泵站的经营管理费可认为是泵机组扬程的线性函数。因此,以具有标准管径的管段长度和泵机组扬程为决策变量,可构成树枝状管道优化设计的 LP 模型。但是,LP 模型只能考虑线性目标函数,一些呈非线性关系的费用项无法在模型中考虑。

从本质上讲,管道优化问题主要是数学上的多元非线性函数求极值的问题,即大多属于有约束的非线性规划(NLP)问题。由于管道运行优化问题的复杂性,无法用解析法求其偏导数,只能用直接搜索方法。常用的有约束 NLP 问题直接搜索方法有:网络法、正交网络法、复合形法、约束随机方向搜索法,但都存在计算量大或精度低的缺点。

动态规划(DP)在解决原油长输管道优化问题中也有所应用。由于 DP 法把多变量的复杂问题进行分阶段决策,变成求解多个单变量的问题,故在解决某些实际问题中,应用 DP 法求解显得更加有效和方便,如管道设计和运行中的泵机组的优化组合问题,管道线路铺设的最优化问题等。由于 DP 法在实际应用中只能做到具体问题具体分析,从而构造具体的模型。由于复杂问题在选择状态、决策、确定状态转移规律等方面,很难做到准确的分析和确定,使 DP 技术的应用受到很大限制。

20 世纪 80 年代以来,一些新颖的优化算法,如遗传算法、进化规划、混沌优化、人工神经网络、模拟退火及其混合优化策略等,通过模拟或揭示某些自然现象或过程而得到发展,并为解决复杂问题提供了新的思路和手段。这些算法独特的优点和机制引起了国内外学者的广泛重视并掀起了研究和应用的热潮,且在诸多领域得到了成功应用。由于这些算法构造的直观性与自然机理,因而通常被称作智能优化算法(10A)。智能优化算法在管道优化设计方面的应用是有广阔前景的。

6.4.2 矿场油气技术系统的节能优化

1.集油管网系统的优化运行

集油管网系统的运行优化是在集油管网的布置和站址的位置基本确定的基础上，主要通过调整各运行参数，得出最佳运行工况下的参数组合。

以常见的双管掺水流程为例，介绍集油管网系统运行优化的基本步骤和方法。

1)集输系统优化目标函数的建立

在双管掺水集输系统投入运行后，其动力与热力消耗是集输系统运行费用的重要组成部分。显然，尽量降低系统运行费用也就成为优化设计的主要追求目标。在双管掺水集输系统中，取该系统的总能量损失，包括热力损失和压力损失，并将其折合成热力费用 S_r 和动力费用 S_p，寻求能耗最小的运行参数的最优组合。

以集输管网向外界散失的能量折合成能耗费为目标函数，建立如下目标函数

$$\min S = S_r + S_p$$

式中，S 为单位能耗费用，元/h；S_r 为单位热力费用，元/h；S_p 为单位动力费用，元/h。

(1)热力费用的计算。通过对双管掺水系统的分析，系统的热力损失主要是介质沿管线向前输送的过程中，不断地向管外散热而产生的。这里的介质指油井产出液和所掺入的水。这样，热力费用可用下式计算

$$S_r = \frac{Gc\Delta T}{\eta_j Q_r} \times 3600 \times P_r$$

式中，G 为所需掺水量的质量流量，kg/s；c 为水的比热容，J/(kg·℃)；ΔT 为掺水起点温度与中转站分离水温度的差值，℃；η_j 为加热炉的效率，取 0.85；Q_r 为天然气的发热值，kJ/m^3，取 35000kJ/m^3；P_r 为天然气的价格，元/m^3，取 0.5 元/m^3。

(2)动力费用的计算。通过对双管掺水系统的分析,系统的动力损失主要是指流动介质在管道内的压力损失。这样,动力费用可按下式计算。

$$S_p=\frac{GHg}{100\eta_b\eta_d}\times P_e$$

式中,G 为水的质量流量,kg/s;H 为所选泵的扬程,m;g 为重力加速度,N/kg;P_e 为电的价格,元/kW·h,取 0.5 元/kW·h;η_b 为所用泵的效率(取 0.75);η_d 为电机的效率(取 0.95)。

2)约束条件的建立

(1)井口回压约束。为保证系统具有一定的集油半径,井口应具有一定的回压。对于集油管线,井口回压应小于许用值,即

$$p_{Oqi}\leqslant[p_O]\quad\forall i\in s_{OP}$$

式中,$[p_O]$为井口回压许用值;s_{OP}为井口回压约束节点集合。

(2)掺水压力约束。为保证掺水的正常进行,掺水管线在井口处的压力应大于许用值,即

$$p_{Mmi}\geqslant[p_M]\quad\forall i\in s_{MP}$$

式中,$[p_M]$为掺水压力许用值,一般应高于井口回压 0.2~0.4 MPa;s_{MP}为掺水压力约束节点集合。

(3)集油管线进站温度约束。为了保证原油的正常生产,防止在集输过程中发生凝固,集油管线进站温度应高于原油凝固点 3~5℃,即满足

$$T_{Omi}\geqslant[T_O]\quad\forall i\in s_{OT}$$

式中,$[T_O]$原油许用进站温度;s_{OT}原油进站温度约束节点集合。

(4)掺水温度约束。热水出供热站温度应在一定的范围之内,即

$$T^d\leqslant T\leqslant T^u$$

式中,T^u、T^d 分别为热水出供热站温度约束的上下限。

(5)掺水量约束。各井口掺水量应在一定的范围值之内,即

$$G_M{}^d\leqslant G_M\leqslant G_M{}^u$$

式中,$G_M{}^u$、$G_M{}^d$ 分别为井口掺水量约束的上下限。

(6)掺水泵扬程约束。为了保证泵(包括输油泵和掺水泵)的正常运转,其工作扬程应在允许的范围之内,即

$$H^d \leqslant H \leqslant H^u$$

式中,H^u、H^d 分别为泵工作扬程约束的上下限。

2.联合站系统的优化运行

整个联合站系统要受到很多因素的影响,这包括:站内各种设备的效率(泵效率、加热炉效率、分离器效率、脱水器效率、站内管网效率、存储设备效率、沉降设备效率等)、介质(油品)的物理化学性质等。多种因素共同的作用决定了整个联合站系统的能耗水平。联合站系统的优化节能就是在对联合站进行水力、热力计算的基础上,结合能量分析结果,以生产合格原油所需费用最少作为目标函数,建立优化设计的数学模型,并采用适当的方法求解,最后给出集输系统最佳运行参数。

由于站内设施和管线大小已定,则运行费用包括药剂费用和能耗费用(包括燃料费用和电力费用),联合站的运行费用可以表示为

$$F(\vec{x}) = F_{yj} + F_{rl} + F_d$$

式中,F_{yj}为脱水原油的药剂费用;F_{rl}为脱水原油的燃料费用;F_d为脱水原油的动力费用;F 为联合站的总运行费用。

按以下的过程和步骤实现优化目标。

(1)经过现场调研,与现场技术人员、操作人员深入交流,掌握联合站系统及其设备的运行情况,并取得系统运行数据及动力设备、热力设备、分离设备、脱水设备等各类设备的现场数据,对联合站进行水力、热力计算。

(2)在现场调研和取得的现场数据的基础上,分析设备的能耗影响因素,确定优化变量,这是优化设计的关键之一。正常运行的联合站内的各种设备包括大量的操作运行参数,这么多参数是否都要作为优化变量,需要对设备作能耗分析,并分析操作参数对运行费用的影响而确定。

(3)建立运行费用与优化变量之间的关系。确定要优化的运行参数与目标函数的关系，只有建立起确定的函数关系，才能进行优化计算。

(4)确定优化变量的约束条件。现场的操作参数都必须满足一定的工艺要求和指标，比如规定外输管线进入首站温度和压力有要求，进入电脱水器的含水量有限制等。

(5)根据数学模型的特点，选择合适的优化方法进行编程求解。

(6)分析优化计算结果，给出相应的结论，从而指导现场生产。

当然，如果要做到油气集输系统的整体优化，最好建立整个油气集输系统的优化目标函数，确定约束条件，选取算法求解目标函数，最后根据优化计算结果指导集输系统的整体运行，但是这样会使问题的复杂性增加。因此，可以在各子系统优化分析结果的基础上相互协调，从而达到油气集输整体优化的效果。

以上优化节能技术运用时涉及各种参数的采集、控制和调节，因此其应用的前提保障是系统配备有自动化控制系统。目前用于对集输系统和长输系统进行集散控制的自动化系统有 SCADA、DCS 等。

参考文献

[1]梁法春,陈婧,寇冠杰.油气储运安全技术[M].北京:中国石化出版社,2017.

[2]徐玉朋,竺振宇.油气储运安全技术及管理[M].北京:海洋出版社,2016.

[3]刘广桥.油气储运设施防腐技术[M].北京:中国石化出版社,2016.

[4]路民旭.油气工业的腐蚀与控制[M].北京:化学工业出版社,2015.

[5]赵耀江.安全评价理论与技术[M].2版.北京:煤炭工业出版社,2015.

[6]牟瑞芳.系统安全工程[M].成都:西南交通大学出版社,2014.

[7]周宁,刘亚.油气储运安全管理概论[M].北京:中国石化出版社,2012.

[8]张乃禄,肖荣鸽.油气储运安全技术[M].西安:西安电子科技大学出版社,2013.

[9]徐晓刚,贾如磊.油气储运设施腐蚀与防护技术[M].北京:化学工业出版社,2013.

[10]杨景顺,谷风涛.油气管道维抢修技术[M].北京:石油工业出版社,2013.

[11]陈军.热平衡与节能技术[M].北京:机械工业出版社,2012.

[12]吴金星.工业节能技术[M].北京:机械工业出版

社,2013.

[13]吕爱华,赵会军.油气储运节能技术概论[M].北京:中国石化出版社,2012.

[14]徐晓刚.油气储运设施腐蚀与防护技术[M].北京:化学工业出版社,2013.

[15]张清玉.油气田工程防腐蚀技术[M].北京:中国石化出版社,2009.

[16]寇杰,梁法春,陈婧.油气管道腐蚀与防护[M].北京:中国石化出版社,2016.

[17]中国石油管道公司.油气管道腐蚀控制实用技术[M].北京:石油工业出版社,2010.

[18]陈利琼.油气储运安全技术与管理[M].北京:石油工业出版社,2012.

[19]王魏,薛富津,潘小洁.石油化工设备防腐蚀技术[M].北京:化学工业出版社,2011.

[20]刘炜.天然气集输与安全[M].北京:中国石化出版社,2010.

[21]崔之健,史秀敏,李又绿.油气储运设施腐蚀与防护[M].北京:石油工业出版社,2009.

[21]胡广霞,王永柱,段晓瑞.道化学火灾、爆炸指数评价法在油库中的应用[J].石油化工安全环保技术,2011,27(4):38—41.

[22]何英勇,葛华,贾静,等.天然气集输井站安全系统设置[J].天然气工业,2008,28(10):105—107.

[23]狄彦.美国Carlsbad天然气管道事故及其启示[J].事故分析与报道,2008,8(1):7—9.

[24]路民旭,白真权,赵新伟等.油气采集储运中的腐蚀现状及典型案例[J].腐蚀与防护,2002,23(3):105—113.

[25]柴成文,路民旭,张国安.湿气管线的顶部腐蚀与防护对策[J].腐蚀与防护,2007,28(4):167—170.

[26]岑芳,李治平,张彩等.含硫气田硫化氢腐蚀[J].资源·

产业,2005,7(4):79－81.

[27]张何林.天然气输送过程中的硫化物应力腐蚀[J].河南化工,2005,22(7):10－11.

[28]邓洪达,李春福,王朋飞.高含 H_2S 和 CO_2 环境中 L80 钢的腐蚀规律[J].钢铁研究学报,2008,20(8):46－49.

[29]冷宇恒.对油气储运安全技术的探讨[J].中国石油和化工标准与质量,2011,31(11):138－138.

[30]周雪静.油气储运安全技术进展研究[J].当代化工,2015(8):1865－1867.

[31]谢维增.对油气储运安全技术的进展研究[J].科研,2017(1):00151－00152.

[32]周晨晨.刍议油气储运安全节能的发展[J].化工管理,2014,(18):176－176.

[33]李乐,易大卫,姜维庆.浅谈油气储运安全问题以及设备维护保养[J].化工设计通讯,2016,42(7):20－20.

[34]詹川孟,王洁,刘四甲.油气储运安全技术进展研究[J].工程技术:文摘版,2016(10):00272－00272.

[35]胡宝珍,秦晴.油气储运安全节能发展探析[J].石化技术,2016,23(9):286－286.

[36]王瑞婷.浅论油气储运安全技术分析[J].工程技术:引文版,2017(1):00241－00241.

[37]王梓豪.油气储运安全技术探析[J].工程技术:文摘版,2016(2):00129－00129.

[38]詹鹏辉.油气储运安全管理存在问题及措施探讨[J].工业,2017(2):00232－00232.

[39]宇双飞.加强油气储运安全管理的策略探讨[J].科技尚品,2017(4):243－243.

[40]郭超.油气储运安全技术初探[J].工程技术:文摘版,2016(8):00307－00307.

[41]衣桂影.论油气储运安全的重要性[J].工程技术:文摘

版,2016(7):00231－00231.

[42]谢红鹏,杨宇,常志浩.油气储运安全问题研究[J].经济技术协作信息,2017(20):79－79.

[43]杨晨.关于油气储运安全防范问题的探讨[J].中国化工贸易,2016,8(6).

[44]高森.浅谈我国油气储运安全相关问题[J].工业,2016(12):00092－00092.

[45]邵雪微,孙雯婷,王志颖,等.关于油气储运安全发展的探讨[J].中国石油石化,2016(22).

[46]付建山.对新形势下油气储运安全工作的探析[J].石化技术,2015,22(11).

[47]刘亮.油气储运安全技术的管理[J].青年时代,2015(13):285－285.

[48]刘智强.新时期油气储运安全技术探讨[J].中国化工贸易,2015(19):00255－00255.

[49]尤廷君.油气储运安全技术分析[J].中国化工贸易,2015,7(33).

[50]高婷婷.油气储运设施防腐蚀技术的应用与发展[J].化工管理,2013(16):92－92.

[51]张瑞东.油气田腐蚀监测技术应用[J].安全、健康和环境,2013,13(7):18－20.

[52]陈禹晗.埋地油气管道腐蚀机理及防护浅析[J].中国化工贸易,2015(36).

[53]孙岩波,崔可玉,王学军,等.储油罐腐蚀因素分析及对策[J].油气田地面工程,2004,23(1):51－51.

[54]商鹏.储罐内底板腐蚀原因分析[J].油气储运,1999,18(6):38－40.

[55]黄炳立.论油气储运设施安全的重要性[J].工业,2016(7):00075－00075.

[56]郝敏,陈保东.油气管道腐蚀原因及主要防护措施[J].

石油库与加油站,2005(4):37—39.

[57]梁晓川.油气储运系统节能技术探讨[J].现代商贸工业,2011,23(2):284—284.

[58]王东旭.油气储运系统节能技术探讨[J].工程技术:全文版:00237—00237.

[59]王强.浅论油气储运系统的节能技术要点[J].中国石油和化工标准与质量,2012,33(12):63—63.

[60]杨洪钦.油气储运系统节能技术研究[J].大众科技,2013,15(7):44—45.

[61]星静.油气储运系统节能降耗探析[J].石油石化节能,2014(8):45—46.

[62]师勇,任泉龙,梁会宁.关于油气储运安全节能发展的几点思考[J].化工管理,2014(32):87—87.

[63]成奇明,于立松.油气储运系统节能技术探讨[J].石化技术,2015(4):71—72.

[64]沈家成.油气储运安全节能发展探析[J].科研,2015,7(4):148—148.

[65]耿孝恒,郭海莹,李甲亮,等.油气储运工程专业实践教学体系构建与实践[J].高教学刊,2017(15):104—105+108.